高 等 学 校 教 材

U0771863

工程力学

第 2 版

○ 佘斌　孔海陵　编

中国教育出版传媒集团

高等教育出版社·北京

内容提要

　　本书根据教育部高等学校力学基础课程教学指导分委员会于 2019 年修订的《高等学校力学基础课程教学基本要求》中"理论力学课程教学基本要求"(B 类)的静力学部分和"材料力学课程教学基本要求"(B 类)的基本部分编写,内容精练,讲解详细,以适用、够用为度,适用于应用型本科高校工科相关专业中、少学时的工程力学课程的教学,也可供成人教育学院、民办独立学院、高等职业技术学院教学使用,以及工程技术人员和自学者参考。

　　本书静力学部分包括静力学基础、平面力系的简化与平衡、空间力系的简化与平衡等 3 章;材料力学部分包括材料力学基础、轴向拉伸与压缩、剪切与挤压、圆轴扭转、梁的平面弯曲——强度计算、梁的平面弯曲——刚度计算、组合变形、压杆稳定等 8 章。

　　为了方便读者检验学习效果,每节设置了适量的自测题,除绪论和材料力学基础两章外,每章均附有习题,书后附有自测题和习题参考答案。

图书在版编目(ＣＩＰ)数据

　　工程力学 / 佘斌,孔海陵编. --2 版. --北京:高等教育出版社,2023.11

　　ISBN 978 - 7 - 04 - 061012 - 3

　　Ⅰ.①工… Ⅱ.①佘… ②孔… Ⅲ.①工程力学-高等学校-教材 Ⅳ.①TB12

　　中国国家版本馆 CIP 数据核字(2023)第 148166 号

GONGCHENG LIXUE

策划编辑　元　方	责任编辑　元　方	封面设计　张申申　裴一丹		版式设计　李彩丽	
责任绘图　黄云燕	责任校对　刘娟娟	责任印制　赵　振			

出版发行	高等教育出版社	网　　址	http://www.hep.edu.cn	
社　址	北京市西城区德外大街 4 号		http://www.hep.com.cn	
邮政编码	100120	网上订购	http://www.hepmall.com.cn	
印　刷	北京鑫海金澳胶印有限公司		http://www.hepmall.com	
开　本	787mm×1092mm　1/16		http://www.hepmall.cn	
印　张	15.5	版　　次	2011 年 8 月第 1 版	
字　数	360 千字		2023 年 11 月第 2 版	
购书热线	010-58581118	印　　次	2023 年 11 月第 1 次印刷	
咨询电话	400-810-0598	定　　价	33.50 元	

本书如有缺页、倒页、脱页等质量问题,请到所购图书销售部门联系调换

版权所有　侵权必究

物料号　61012-00

工程力学
第2版

1　计算机访问https://abooks.hep.com.cn/61012，或手机扫描下方二维码，访问新形态教材网小程序。

2　注册并登录，进入"个人中心"，点击"绑定防伪码"。

3　输入教材封底的防伪码（20位密码，刮开涂层可见），或通过新形态教材网小程序扫描封底防伪码，完成课程绑定。

4　在"个人中心"→"我的图书"中选择本书，开始学习。

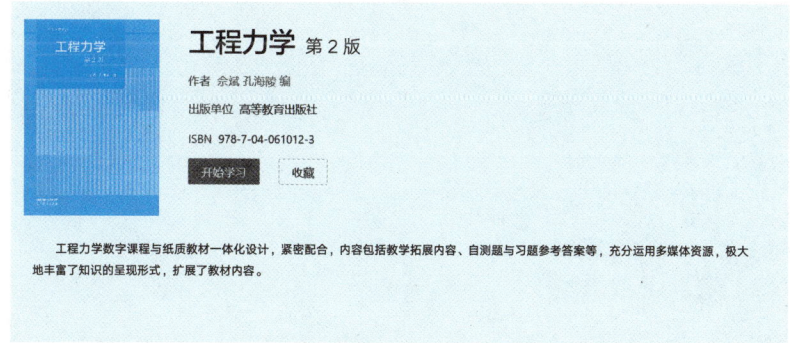

工程力学 第2版

作者 佘斌 孔海陵 编

出版单位 高等教育出版社

ISBN 978-7-04-061012-3

开始学习　　收藏

工程力学数字课程与纸质教材一体化设计，紧密配合，内容包括教学拓展内容、自测题与习题参考答案等，充分运用多媒体资源，极大地丰富了知识的呈现形式，扩展了教材内容。

绑定成功后，课程使用有效期为一年。受硬件限制，部分内容无法在手机端显示，请按提示通过计算机访问学习。

如有使用问题，请发邮件至abook@hep.com.cn。

扫描二维码
访问新形态教材网小程序

第 2 版前言

本书第 1 版于 2011 年 8 月出版以来,得到了广大高等学校的认可。为了更好地适应教学需要,我们根据使用高校的反馈意见,对教材进行了修订。本次修订主要进行了以下几个方面的工作:

1. 将原有章节内容进行了调整:绪论纳入章节序列,设置为第 1 章;新增了材料力学基础的内容,将其设置为第 5 章。

2. 对部分章节内容进行了整合与优化,修改了章节名。

3. 删去了重心、实验指导和电测法简介等内容。

4. 在第 3 章平面力系的简化与平衡部分,重新编排了内容顺序;在物体系统的平衡部分,替换了部分较难的例题和习题。

5. 适当地增加了一些具有启发性、思考性的自测题目。

6. 适当地增加和删减了一些例题和习题,增加了与工程实际密切联系的题目,以培养学生分析、解决实际问题的能力。

7. 对文字表述进行了全面梳理,力求简练、准确、规范、严谨。

8. 进行了数字资源开发与建设,读者可扫描二维码查看本书的数字资源。

本次修订由佘斌和孔海陵负责,具体分工如下:佘斌负责各篇引言、第 1—5 章、第 9 章、第 11 章和附录;孔海陵负责第 6—8 章、第 10 章和第 12 章。教材修订工作得到了盐城工学院教材出版基金的资助,也得到了学校相关部门的大力支持。南京航空航天大学唐静静审阅全稿并提出了宝贵意见,在此表示诚挚的感谢。

本次修订和出版过程中,使用本教材的众多高等学校同仁提供了宝贵的意见,谨此一并致谢。

由于编者水平有限,书中难免有错误和不妥之处,欢迎读者批评指正。

编 者
2023 年 3 月

第 1 版前言

本书是根据教育部高等学校力学教学指导委员会力学基础课程教学指导分委员会编制的《理工科非力学专业力学基础课程教学基本要求（试行）》（2008 年版）中"理论力学课程教学基本要求"（B 类）的静力学部分和"材料力学课程教学基本要求"（B 类）的基本部分编写而成的，内容精练，讲解详细，以适用、够用为度，适用于应用型本科材料、纺织、环境工程等专业中、少学时的工程力学课程的教学。

本书由静力学和材料力学两部分组成。

静力学部分包括静力学基础、平面力系、空间力系 3 章；材料力学部分包括轴向拉伸与压缩、剪切与挤压的实用计算、圆轴扭转时的强度和刚度计算、梁弯曲时的强度计算、梁弯曲时的刚度计算、组合变形时的强度计算、压杆的稳定问题 7 章。为了方便读者理解基本概念，每节之后都安排了少量的自测题，书后附有自测题参考答案。同时每章都附有习题，书后附有习题参考答案。

为了方便教师使用，本书配有用 PowerPoint 制作的教学课件。

讲授全书约需 64 学时，其中理论课约 56 学时，实验课约 8 学时。为了方便 48 学时（理论课约 44 学时，实验课约 4 学时）工程力学课程的教学，只需去掉第 3 章和第 9 章中的第 4~7 节，选做约 4 学时的实验即可。

本书的编写和出版得到了盐城工学院教材出版基金的资助，在此表示诚挚的谢意。在编写过程中，编者查阅和参考了大量文献，谨向这些文献的作者表示衷心的感谢。在大纲制定和教材编写过程中，徐文宽、王永廉等老师给予了具体的指导和帮助，特此致谢。

本书由佘斌编写绪论、第 2 篇引言、第 9 章、附录 B（其中实验 1 和实验 2 由程鲲编写）和附录 C；胡红玉编写第 1 篇引言、第 1 章、第 2 章和第 3 章；郭磊编写第 7 章和第 8章；王路珍编写第 6 章和第 10 章；蔡中兵编写第 4 章和第 5 章。全书由主编佘斌统稿，主审崔清洋教授认真审阅了全部书稿，提出了许多宝贵意见。

由于编者水平的限制，书中难免有错误和不妥之处，欢迎读者批评指正。

编　者
2010 年 12 月

目　　录

第 2 篇   材 料 力 学

第 1 章　绪　　论

1.1　工程力学的研究对象和任务

工程力学是应用于工程实际的各门力学学科的总称,内容极其广泛。本书所指的工程力学由理论力学中的静力学和材料力学中的基本内容两部分组成。

工程力学是研究宏观物体机械运动规律及其应用的科学。工程给力学提出问题,力学的研究成果改进工程设计思想。随着现代科学技术的发展,工程力学的应用已渗透到许多学科领域。

静力学的研究对象为刚体。静力学是研究力的基本性质、力系的简化方法及力系平衡的理论,并用于对物体进行受力分析和计算,是工程力学的基础部分。

静力学发端于远古时期,人类在生产劳动和对自然现象观察的基础上积累了力学知识,逐渐形成一些概念,然后对一些现象的规律进行描述。这种描述先是定性的,而后是定量的。阿基米德(Archimedes,公元前 287—公元前 212)是几何静力学(简称为静力学)的奠基人。阿基米德在研究杠杆平衡、平面图形的重心位置时,先建立一些假设,而后用数学论证的方法导出一些定理。阿基米德的著作《平面图形的平衡或其重心》被认为是关于力学的最早的科学论著。伐里农(Varignon,1654—1722)发展了古希腊静力学的几何学观点,提出了力矩的概念和计算方法,并用以研究刚体平衡问题。潘索(Poinsot, 1777—1859)首次提出了力偶的概念,还提出了任意力系的简化和平衡理论、约束的定义及解除约束原理,他的《静力学原理》一书建立了静力学的体系。

力学家小传
阿基米德

材料力学的研究对象为可变形固体。它研究构件在外力作用下的受力、变形和破坏的规律,为合理设计构件截面形状和尺寸、选择适当的材料提供有关强度、刚度和稳定性分析的基本理论和方法。

材料力学作为一门科学,从它诞生之日起就紧密地为工程服务。一般认为材料力学的创始人是意大利科学家伽利略(Galileo,1564—1642)。伽利略在 1638 年出版的《关于两门新科学的对话》①这部伟大著作中,最早尝试用力学解析的方法为建筑构件决定尺寸,而这些方法来源于自然科学的普遍方法——实验观察、假设推理、实验验证。虽然在伽利略以前,在欧洲和中国都曾出现过许多杰出的建筑师,建造过许多辉煌的建筑物,可是进行严密力学分析的并不多。从伽利略开始,科学家们将力学分析深入到工程结构的许多方面,建立了许多工程界沿用至今的解析公式和计算方法,有力地促进了工程技术的发展。人类借助于科学技术(包括力学科学)的进展,必将创造出辉煌的成就。

力学家小传
伽利略

自测题 1.1

自测题 1.1.1　工程力学是应用于工程实际的各门力学学科的总称,内容极其广泛。

---

①　原书名为意大利语,中文名为北京大学武际可翻译并于 2006 年出版的图书书名。

自测题 1.1
参考答案

本书所指的工程力学由＿＿＿＿＿＿＿和＿＿＿＿＿＿＿两部分内容组成。

自测题 1.1.2　工程力学是研究＿＿＿＿＿＿机械运动规律及其应用的科学。

自测题 1.1.3　静力学的研究对象为＿＿＿＿＿＿。

自测题 1.1.4　材料力学的研究对象为＿＿＿＿＿＿。

1.2　工程力学的地位和作用

工程力学既是基础学科,又可直接面向工程应用。它所介绍的力学基本概念、基本理论和基本方法,既可以直接用于解决工程实际问题,又是学习后续课程的重要基础。因此,学好工程力学课程非常重要。

工程力学是研究工程问题的,其研究对象和任务都与具体的工程问题相关,它的理论、方法和各种结论都是围绕工程问题形成的。可以说,离开工程问题,就没有工程力学。因此,要学好工程力学,就要建立工程概念,注意用工程的方法解决问题。

学习工程力学要着重掌握其科学的思维方法,培养发现问题、分析问题和解决问题的综合素质。在学习过程中,既要注意每部分知识在研究对象、内容和方法上的区别,又要注意后续内容对前述部分的理论和方法的应用,还要尽可能地联系工程和生活实际,在实际中发现力学问题,细心体会力学原理。

自测题 1.2

自测题 1.2
参考答案

自测题 1.2.1　写出 1~2 位你所知道的中国古代在力学方面有成就的人物:＿＿＿＿＿＿。

自测题 1.2.2　写出 1~2 个你所知道的中国古代在力学方面有成就的工程:＿＿＿＿＿＿。

第 1 篇　静　力　学

引　言

静力学是研究物体在力系作用下的平衡规律的科学。

在静力学这一篇中,将研究三个方面问题:

(1) 物体的受力分析。分析物体的受力情况,每个力的方向和作用位置。

(2) 力系的简化。用一个简单力系等效地代替一个复杂的力系。

(3) 力系的平衡。研究作用在物体上的各种力系平衡时所需满足的平衡条件,并利用平衡条件解决静力学平衡问题。

第 2 章　静力学基础

2.1　静力学的基本概念

2.1.1　力的概念

力是力学中的一个基本物理量。

什么是力？力是人们在生活、生产实践中逐渐形成的概念。如人拎水会感到手上受压；用脚踢静止的球，球会运动；用手拉橡皮筋，橡皮筋会伸长，同时手会感到橡皮筋的作用。不但人与物体之间存在作用，物体与物体之间也存在作用。因此，力的定义为：力是物体之间的相互机械作用，这种作用使物体的机械运动状态和物体的大小与形状发生改变。

力对物体作用产生的效应可分为两个方面：一是物体机械运动状态的改变，称为力的运动效应，又称为外效应；另一个是物体大小与形状的改变，称为力的变形效应，又称为内效应。

静力学主要研究力的外效应，材料力学则主要研究力的内效应。

实践表明，力对物体的作用效应取决于力的大小、方向和作用点，即力的三要素。这三个要素中只要有一个要素发生变化，力对物体的作用效应就会变化。

力的大小反映物体之间相互机械作用的强弱程度。在国际单位制（SI）中，衡量力大小的单位是牛顿（N）或千牛顿（kN），简称为牛或千牛。力的方向包括力的作用线方位和力沿作用线的指向。力的作用点是力作用位置的抽象。严格意义上讲，物体相互作用的位置不可能是一个点，而应是物体的一部分。但当力的作用范围很小时，就可将其抽象为一点，该点即为力的作用点。

综上所述，力是一个具有大小、方向和作用点的物理量，因此是一个定位矢量，可用一段带箭头的有向线段来表示（图 2-1）。

按一定的比例尺画出的矢量长度 AB 表示力的大小；矢量的方向表示力的方向；矢量的始端点 A（或终端点 B）表示力的作用点，力的始端点在作用点常表示拉，终端点在作用点常表示压。矢量 $\overrightarrow{AB}$ 所沿的直线（图 2-1 中的虚线）表示力的作用线。我们常用黑体字母 F 表示力的矢量，而用白体字母 F 表示力的大小。

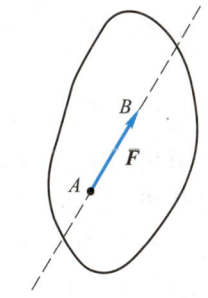

图 2-1　力的三要素

2.1.2　刚体的概念

在静力学中所指的物体是刚体。刚体是一个理想化的力学模型，是在力的作用下其内部任意两点之间的距离始终保持不变的物体。刚体的概念不能绝对化，物体受力后都会有变形，一般情况下变形都比较小，因此在研究平衡问题时可以忽略研究对象的变形，将其视为刚体。静力学研究的物体只限于刚体，故又称为刚体静力学，它也是研究材料力学的基础。

2.1.3　平衡的概念

平衡是指物体相对于惯性参考系处于静止或匀速直线运动状态,惯性参考系是指保持静止或匀速直线运动状态的参考系(一般取地球)。平衡是运动的特殊情形。

2.1.4　力系的概念

力系是指作用于物体上的一群力。

如果力系中各力的作用线都交于一点,则称此力系为汇交力系。

如果力系中各力的作用线都相互平行,则称此力系为平行力系。

如果力系中各力的作用线既不相互平行,也不相交于一点,则称此力系为任意力系。

如果力系中各力的作用线都在同一个平面内,则称此力系为平面力系,否则为空间力系。

如果作用在物体上的两个力系对物体的作用效果相同,则这两个力系互为等效力系。

如果力系作用在物体上,物体保持平衡状态,则称这个力系为平衡力系。

自测题 2.1

自测题 2.1

参考答案

自测题 2.1.1　静力学主要研究＿＿＿＿＿＿＿、＿＿＿＿＿＿＿和＿＿＿＿＿＿＿问题。

自测题 2.1.2　力的三要素是＿＿＿＿＿＿＿、＿＿＿＿＿＿＿和＿＿＿＿＿＿＿。

自测题 2.1.3　物体处于平衡状态一定是静止的。这一说法(　　　　　)。

A. 正确　　　　　　　　　　　　B. 错误

自测题 2.1.4　匀速运动的物体处于平衡状态。这一说法(　　　　　)。

A. 正确　　　　　　　　　　　　B. 错误

自测题 2.1.5　在任何情况下,内部任意两点距离保持不变的物体称为刚体。这一说法(　　　　　)。

A. 正确　　　　　　　　　　　　B. 错误

▌ 2.2　静力学公理

公理是符合客观实际的最普遍、最一般的规律。静力学公理有五个。

公理 1　力的平行四边形法则

作用在物体上同一点的两个力可以合成为一个合力。合力的作用点也在该点,合力的大小和方向由这两个力为边所构成的平行四边形的对角线确定,如图 2-2 所示。也就是说,合力矢等于这两个力矢的矢量和,即

$$F_R = F_1 + F_2 \qquad (2-1)$$

这个公理表明了最简单力系的简化规律,它也是复杂力系简化的基础。

公理 2　二力平衡公理

作用在刚体上的两个力,使刚体保持平衡的充分必要条件是:这两个力的大小相等,方向相反,且作用在同一直线上,如图 2-3 所示,即

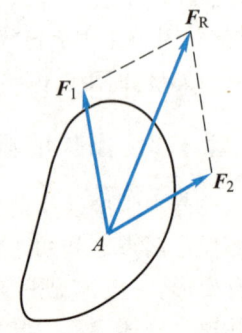

图 2-2　两个力的合成

$$F_1 = -F_2 \tag{2-2}$$

二力平衡公理指出了作用于刚体上的最简单的力系平衡时所必须满足的条件。对于刚体而言,这个条件既必要又充分;但对于变形体而言,这个条件只是必要条件。

工程上将只受两个力作用且平衡的构件称为二力构件。当二力构件的形状为杆件时,称为二力杆。根据二力平衡公理,无论二力构件的形状如何,其所受的两个力的作用线必沿此两力作用点的连线。

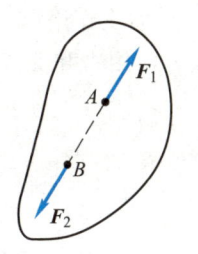

图 2-3 二力平衡条件

公理 3 加减平衡力系公理

在作用于刚体的力上加上或减去任意的平衡力系,并不改变原力系对刚体的作用效应。

这个公理是研究力系等效变换的重要依据,只适用于刚体,不适用于变形体。

根据加减平衡力系公理可以导出力的可传性原理。

力的可传性原理:作用于刚体上某点的力,可以沿着它的作用线滑移到刚体内该力作用线上任意一点,并不改变该力对刚体的作用效应。

证明:设有力 F 作用在刚体的点 A 上,如图 2-4a 所示。根据加减平衡力系公理,可在力的作用线上任取一点 B,并加上两个相互平衡的力 F_1 和 F_2,使 $F_2 = -F_1 = F$,如图 2-4b 所示。由于力 F 和 F_1 也是一个平衡力系,故可同时去除,这样只剩下一个力 F_2,如图 2-4c 所示。于是,原来的这个力 F 与力系(F, F_1, F_2)及力 F_2 均等效,即原来的力 F 沿其作用线移到了点 B。

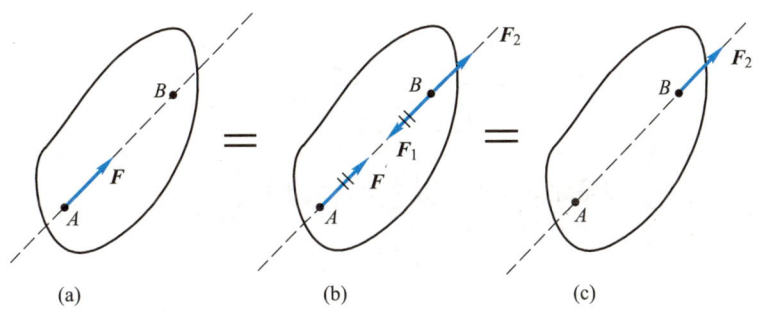

图 2-4 力的可传性

由此可见,对于刚体来说,力的作用线是决定力的作用效应的要素。因此,作用于刚体上的力的三要素是:力的大小、方向和作用线。

力的可传性原理只适用于刚体。由于作用于刚体上的力可以沿着作用线滑动,故这种矢量称为滑动矢量。

公理 4 作用与反作用定律

两个物体之间的作用力和反作用力总是同时存在,其大小相等、方向相反,沿着同一直线,分别作用在两个不同的物体上。

这个定律概括了物体间相互作用的关系,表明力总是成对出现的,有作用力必有反作用力。

如图 2-5a 所示,放置在桌面上的重物,受重力 W 和桌面的约束力 F_N 的作用(图 2-5b)。重力 W 是地球对重物的吸引力,作用在重物上;同时,重物对地球也有一个吸引力 W' 作用在地球上,这两个力是作用力和反作用力,两者等值、反向、共线,即 $W = -W'$。此外,重物对桌面也作用压力 F'_N(图 2-5c),其中力 F_N 与 F'_N 是作用力与反作用力的关系,即 $F_N = -F'_N$。作用力和反作用力用相同字母表示,其中之一在字母的右上方加"'"。

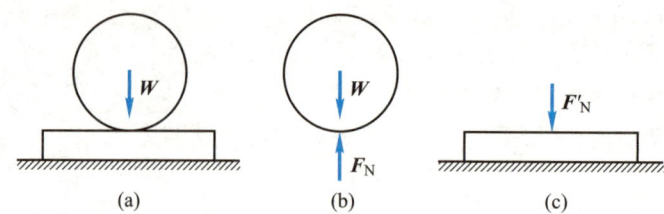

(a)　　　　　(b)　　　　　(c)

图 2-5　作用力和反作用力

注意,作用力与反作用力不是一对平衡力,因为作用力与反作用力分别作用在两个不同的物体上。

公理 5　刚化原理

若变形体在某一力系作用下处于平衡,则将此变形体刚化为刚体,其平衡状态保持不变。

如图 2-6 所示,绳索在等值、反向、共线的两个拉力作用下处于平衡,如将绳索刚化为刚体,其平衡状态保持不变。由此可见,刚体的平衡条件是变形体平衡的必要条件,而非充分条件。

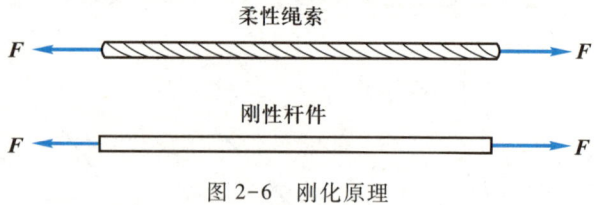

图 2-6　刚化原理

静力学的全部理论都是建立在上述五个公理之上的。

自测题 2.2

自测题 2.2.1　$F_R = F_1 + F_2$ 和 $F_R = F_1 + F_2$ 的区别是＿＿＿＿＿＿＿＿＿＿。

自测题 2.2.2　在下列法则、公理、原理和定律中,只适用于刚体的是(　　　　　)。

A. 力的平行四边形法则　　B. 加减平衡力系公理

C. 力的可传性原理　　　　D. 作用与反作用定律

自测题 2.2.3　两点受力的构件都是二力构件。这一说法(　　　　)。

A. 正确　　　　　　　　B. 错误

自测题 2.2.4　物体在两个力的作用下保持平衡的必要与充分条件是:这两个力等值、反向、共线。这一说法(　　　　)。

A. 正确　　　　　　　　B. 错误

自测题 2.2.5　如图 2-7 所示,AC 和 BC 为刚性杆,根据力的可传性原理,力可以由点 D 沿其作用线滑移到点

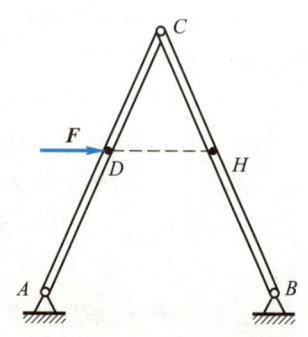

图 2-7　自测题 2.2.5 图

H。这一说法(　　　)。

    A. 正确　　　　　　　　　B. 错误

2.3 约束与约束力

　　断线的风筝在空间的位移不受任何限制。位移不受限制的物体称为自由体。而牵线的风筝,沿绳索方向向外的位移受到限制。位移受到限制的物体称为非自由体。对非自由体的某些位移起限制作用的周围物体称为约束。例如,绳索对于风筝、铁轨对于机车、轴承对于电机转子、钢索对于重物等,都是约束。

　　约束阻碍了物体的位移,是由于在限制的位移方向上产生了阻碍其位移的力,这种力称为约束力。因此,约束力的方向必与该约束所能够阻碍的位移的方向相反。应用这个准则,可以确定约束力的方向或作用线的位置。约束力的大小是未知的,可由平衡条件求出。

　　下面介绍几种在工程中常遇到的简单的约束类型和确定约束力的方法。

2.3.1　具有光滑接触表面的约束

　　重物放置在光滑的固定支承面上(图 2-8a)、啮合齿轮的齿面(图 2-9a)、机床中的导轨接触面等,当摩擦忽略不计时,都属于具有光滑接触表面的约束。

　　这类约束不能限制物体沿约束表面切线的位移,只能阻碍物体沿接触表面法线并向约束内部的位移。因此,光滑接触面对物体的约束力作用在接触点处,方向沿接触表面的公法线,并指向受力物体。这种约束力称为法向约束力,通常用 F_N 表示,如图 2-8b 中的 F_{NA} 和图 2-9b 中的 F_{NB} 等。

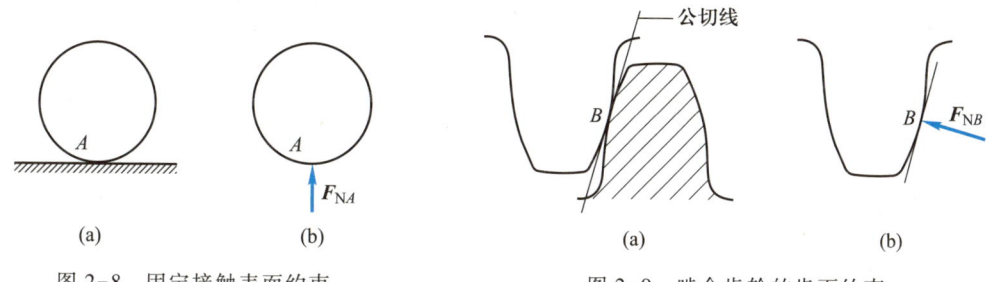

(a)　　　　(b)　　　　　　　(a)　　　　(b)

图 2-8　固定接触表面约束　　　图 2-9　啮合齿轮的齿面约束

2.3.2　由柔软的绳索、链条或带等构成的约束

　　图 2-10a 所示为绳索吊住重物。由于柔软的绳索本身只能承受拉力,所以它给物体的约束力也只可能是拉力(图 2-10b)。绳索对物体的约束力作用在接触点,方向沿着绳索背离受力物体。通常用 F_T 表示这类约束力。

　　链条或带也只能承受拉力。当它们绕在轮子上时,它们对轮子的约束力沿轮缘的切线方向(图 2-11)。

2.3.3　光滑铰链约束

　　光滑铰链约束有圆柱铰链、固定铰链支座和滚动支座等。

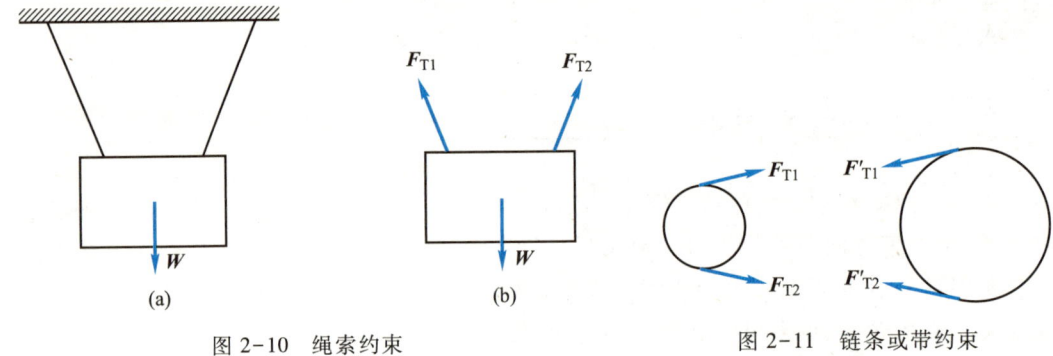

图 2-10　绳索约束　　　　　　　　　　　图 2-11　链条或带约束

1. 圆柱铰链和固定铰链支座

图 2-12a 所示的拱形结构由两个拱形构件通过圆柱铰链 C 及固定铰链支座 A 和 B 连接而成。圆柱铰链简称铰链,构件 Ⅰ 和构件 Ⅱ 上有同样大小的孔,两个构件由销 C 连接在一起(图 2-12b),其简图如图 2-12a 所示的铰链 C。如果铰链连接中有一个构件被固定在地面或机架上作为支座,则这种约束称为固定铰链支座,简称固定铰支座,如图 2-12b 所示的支座 A 和 B,其简图如图 2-12a 所示的固定铰链支座 A 和 B。

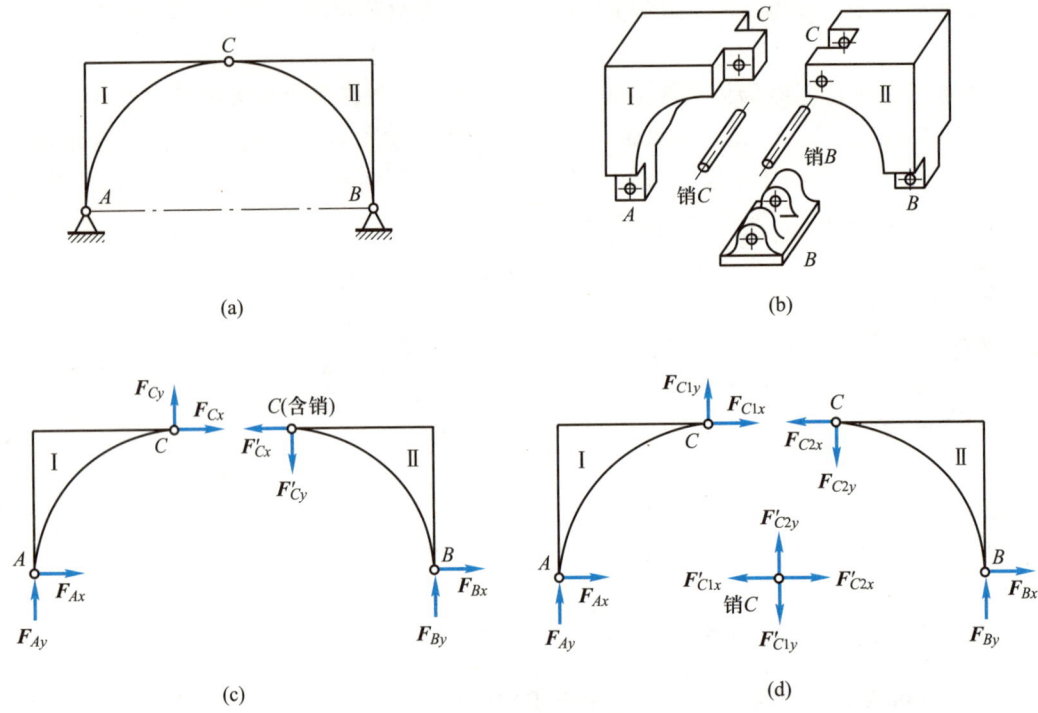

图 2-12　圆柱铰链约束

在分析铰链 C 处的约束力时,可以把销 C 固连在其中任意一个构件上,也可单独研究。如把销 C 固连在构件 Ⅱ 上,则构件 Ⅰ 、Ⅱ(含销 C)互为约束。显然,当忽略摩擦时,构件 Ⅱ(含销 C)上的销与构件 Ⅰ 的结合实际上是轴与光滑孔的配合问题。约束力的作用线不能预先定出,但约束力垂直轴线并通过铰链中心,故用两个大小未知的正交分力 F_{Cx} 、F_{Cy} 和 F'_{Cx} 、F'_{Cy} 来表示,如图 2-12c 所示。其中 $F_{Cx} = -F'_{Cx}$,$F_{Cy} = -F'_{Cy}$,表明它们互为作用与反作用关系。

同理,把销固连在支座 A 或 B 上,则固定铰支座 A、B 对构件 Ⅰ、Ⅱ 的约束力分别为 F_{Ax}、F_{Ay} 与 F_{Bx}、F_{By},如图 2-12c 所示。

当需要分析销 C 的受力时,可以把销分离出来单独研究。这时,销 C 将同时受到构件 Ⅰ、Ⅱ 上的孔对它的反作用力。其中 $F_{C1x} = -F'_{C1x}$,$F_{C1y} = -F'_{C1y}$,为构件 Ⅰ 与销 C 的作用力与反作用力;又 $F_{C2x} = -F'_{C2x}$,$F_{C2y} = -F'_{C2y}$,则为构件 Ⅱ 与销 C 的作用力与反作用力。销 C 所受到的约束力如图 2-12d 所示。

当把销 C 与构件 Ⅱ 固连为一体时,F_{C2x} 与 F'_{C2x},F_{C2y} 与 F'_{C2y} 为作用在同一刚体上的成对的平衡力,可以消去不画出。此时,力的下角不必再区分为 C_1 和 C_2,铰链 C 处的约束力仍如图 2-12c 所示。

上述两种约束(圆柱铰链和固定铰链支座)的具体结构虽然不同,但构成约束的性质是相同的,都可表示为光滑铰链。此类约束的特点是只限制两物体径向的相对移动,不限制两物体绕铰链中心的相对转动。

常见的固定铰支座如图 2-13a、b 所示,计算时所用的简图如图 2-13c、d、e 所示。固定铰支座的约束力在垂直于圆柱销轴线的平面内,通过圆柱销中心,方向不定,通常表示为相互垂直的两个分力 F_{Ax} 与 F_{Ay},如图 2-13f 所示。

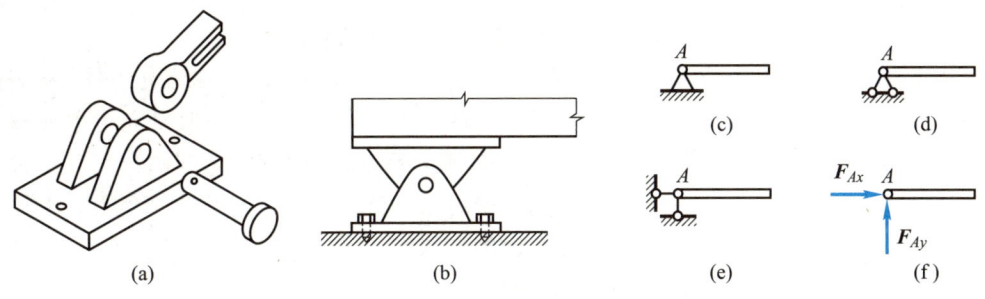

图 2-13　固定铰支座约束

2. 滚动支座

在铰链支座与光滑支承面之间装上几个辊轴,便组成滚动支座约束,如图 2-14a 所示,其简图如图 2-14b、c、d 所示。在桥梁、屋架等结构中经常采用滚动支座约束,该支座可以沿支承面移动,当温度变化时,允许结构跨度的自由伸长或缩短。其约束力必垂直于支承面,且通过铰链中心。通常表示为垂直于支承面的法向约束力,如图 2-14e 所示。

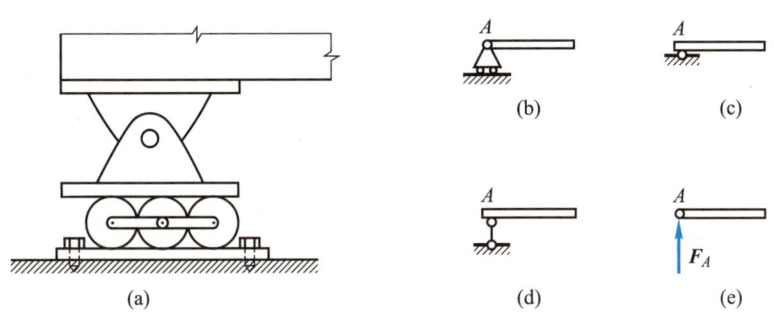

图 2-14　滚动支座约束

自测题 2.3

自测题 2.3
参考答案

自测题 2.3.1　约束是通过约束力阻碍物体运动的。这一说法（　　　　　）。

A. 正确　　　　　　　　　　B. 错误

自测题 2.3.2　光滑铰链约束中的销穿过三个构件,此时,每个构件所受的约束力与销穿过两个构件时每个构件所受的约束力不一样。这一说法（　　　　　）。

A. 正确　　　　　　　　　　B. 错误

自测题 2.3.3　销放置在不同的构件上,对构件受力没有影响。这一说法（　　　　　）。

A. 正确　　　　　　　　　　B. 错误

2.4　物体的受力分析和受力图

在工程实践中,为了求出未知的约束力,需要根据已知力应用平衡条件来求解。为此,首先要确定构件受到哪些力的作用、每个力的作用位置和作用方向如何,这个分析过程称为物体的受力分析。

作用在物体上的力可分为两类:一类是主动力,例如物体的重力、风力、气体压力等,一般是已知的;另一类是约束对于物体的约束力,为未知的被动力。

为了清晰地表示物体的受力情况,我们应该把需要研究的物体(称为受力体)从周围的物体(称为施力体)中分离出来,单独画出它的简图,这个步骤叫作取研究对象或取分离体;然后把施力物体对研究对象的作用力(包括主动力和约束力)全部画出来。这种表示物体受力的简明图形称为受力图。画物体受力图是解决静力学问题的一个重要步骤。

对研究对象进行受力分析并画出受力图的步骤如下:

(1) 取研究对象,画分离体图;

(2) 画出主动力;

(3) 根据约束类型画出约束力。

例题 2-1　光滑圆柱体重 W,放置在光滑墙面和凸台之间,如图 2-15a 所示。试画出圆柱体的受力图。

解:取圆柱体为研究对象,画分离体图。

受力分析:圆柱体受到主动力 W 的作用,光滑接触面 A 处的约束力 F_{NA} 垂直于墙面,光滑接触面 B 处的约束力 F_{NB} 垂直于圆弧表面,通过圆心 O。

在圆柱体上画出主动力 W 和约束力 F_{NA}、F_{NB},受力图如图 2-15b 所示。

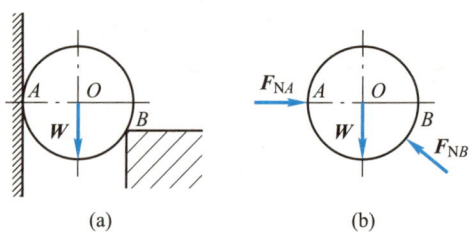

(a)　　　　　　　　(b)

图 2-15　例题 2-1 图

例题 2-2　梁 AB 如图 2-16a 所示,A 端为固定铰支座约束,B 端为滚动支座约束,支承平面与水平面夹角为 $30°$。梁中点 C 处作用力 F。不计梁的自重,试画出梁的受力图。

解:取梁为研究对象,画分离体图。

受力分析:梁受到主动力 F 的作用;A 端固定铰支座约束的约束力为两个正交的力 F_{Ax}、F_{Ay};B 端为滚动支座约束,其约束力垂直于支承平面,方向斜向上。梁的受力图如图 2-16b 所示。

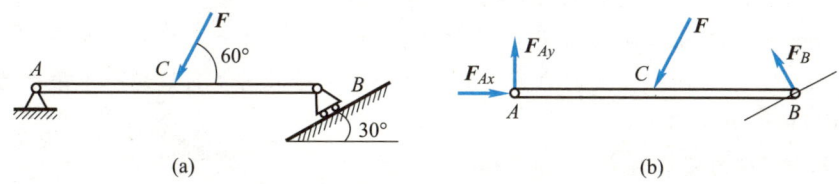

图 2-16　例题 2-2 图

例题 2-3　图 2-17a 所示的三铰拱桥由左、右两拱铰接而成。各拱自重不计,在拱 AC 上作用有载荷 F。试分别画出拱 AC 和 CB 的受力图。

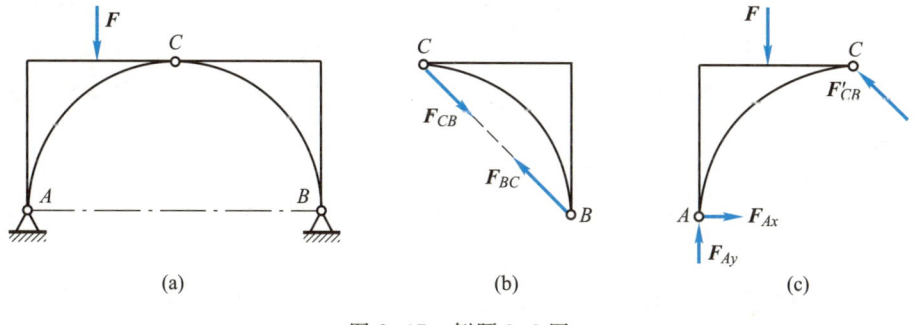

图 2-17　例题 2-3 图

解:(1) 取拱 BC 为研究对象,画分离体图。

受力分析:拱 BC 上没有主动力且自重不计,只在 B、C 两处受到铰链的约束,因此,拱 BC 为二力构件。在铰链中心 B、C 处分别受 F_{BC}、F_{CB} 两约束力的作用,且 $F_{BC} = -F_{CB}$,这两个力的方向如图 2-17b 所示。

(2) 取拱 AC 为研究对象,画分离体图。

受力分析:拱 AC 上有主动力 F,自重不计。在铰链 C 处受到拱 BC 给它的约束力 F'_{CB} 的作用,根据作用与反作用定律,$F'_{CB} = -F_{CB}$。拱在 A 处受到固定铰支座给它的约束力 F_A 的作用,由于方向未定,可用两个大小未知的正交分力 F_{Ax} 和 F_{Ay} 代替。受力图如图 2-17c 所示。

例题 2-4　杆 AC 与 BC 在 C 点用光滑铰链连接,二杆的 D、E 处用绳索连接。A 端为固定铰支座,B 端放在光滑水平面上,结构受力如图 2-18a 所示。不计杆自重,试分别画出杆 AC、BC 和整体的受力图。

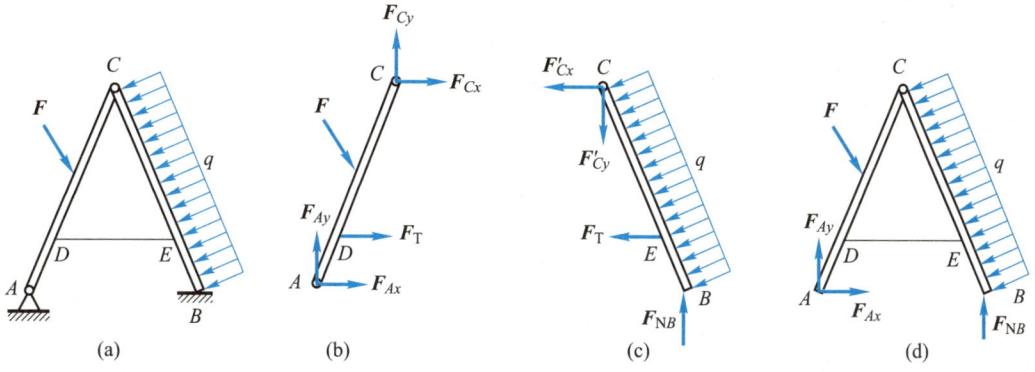

图 2-18　例题 2-4 图

解：(1) 取杆 AC 为研究对象，画分离体图。

受力分析：杆 AC 上有主动力 F；固定铰支座 A 的约束力为两个正交的力 F_{Ax}、F_{Ay}；铰链 C 处的约束力也为两个正交的力 F_{Cx}、F_{Cy}；D 处有绳子拉力 F_T，沿绳子水平向右。受力图如图 2-18b 所示。

(2) 取杆 BC 为研究对象，画分离体图。

受力分析：杆 BC 上有分布载荷 q；B 端为光滑接触面约束，约束力为 F_{NB}，垂直接触面，方向向上；铰链 C 处的约束力为两个正交的力 F'_{Cx}、F'_{Cy}，它们分别与 F_{Cx}、F_{Cy} 为作用力和反作用力；E 处有绳子拉力 F'_T，沿绳子水平向左。受力图如图 2-18c 所示。

(3) 取整体为研究对象，画分离体图。

受力分析：此机构受到固定铰支座 A 和光滑接触面 B 处的约束，绳子 DE 和铰链 C 的约束为系统内部约束。先画出主动力 F 和分布载荷 q，解除固定铰支座 A 和光滑接触面 B 处的约束，在相应位置画出约束力 F_{Ax}、F_{Ay} 和 F_{NB}，受力图如图 2-18d 所示。整体受力图也可以在原图上画出。

画受力图时必须注意以下几点：

(1) 明确研究对象。根据求解需要，可以取单个物体为研究对象，也可以取由几个物体组成的系统为研究对象。不同的研究对象，其受力图是不同的。

(2) 确定研究对象受力的数目。对每一个力都应明确它是由哪一个施力物体施加给研究对象的，不能凭空产生。同时，也不可漏掉任何一个力。一般可先画已知的主动力，再画未知的约束力。

(3) 正确画出约束力。一个物体往往同时受到几个约束的作用，这时应分别根据每个约束本身的特性来确定其约束力的方向，而不能凭主观判断。凡是研究对象与外界接触的地方，都一定存在约束力。

(4) 当分析两物体间相互作用力时，应遵循作用和反作用关系。若作用力的方向一经假定，则反作用力的方向应与之相反。在画整个系统的受力图时，系统内部物体之间的相互作用力(也称内力)不必画出，只需画出全部外力。

正确地画出物体的受力图，是分析、解决力学问题的基础。

<h2 style="text-align:center">自测题 2.4</h2>

自测题 2.4
参考答案

自测题 2.4.1　图 2-19 中各物体的受力图是否有错误？如何改正？

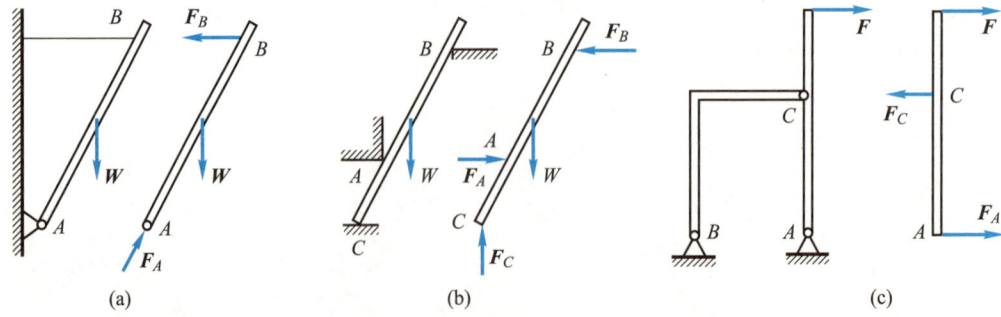

图 2-19　自测题 2.4.1 图

自测题 2.4.2　如图 2-20 所示，力 F 作用在销上，销 C 对杆 AC 和 BC 的作用力大小相等、方向相反。这一说法(　　　　)。

A. 正确　　　　　　　　　　　　B. 错误

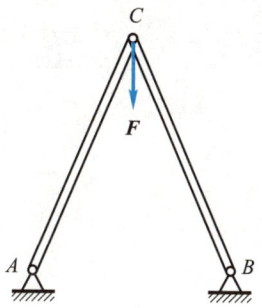

图 2-20 自测题 2.4.2 图

习   题

2.1 试画出图 2-21 中物体 A(AB 或 ABCD)的受力图。所有接触处均为光滑接触。

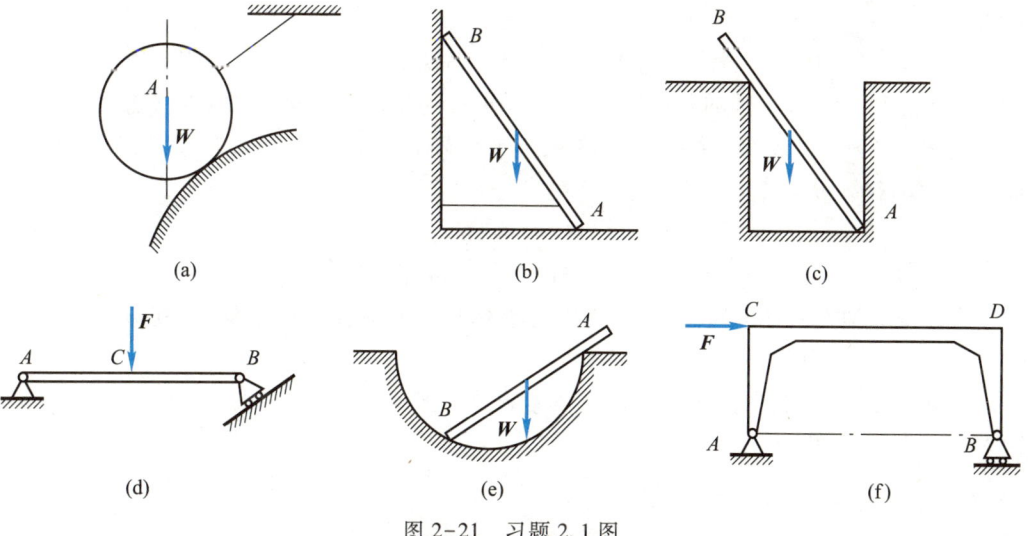

图 2-21 习题 2.1 图

2.2 试画出图 2-22 中所示各物体和整体的受力图。所有接触处均为光滑接触。

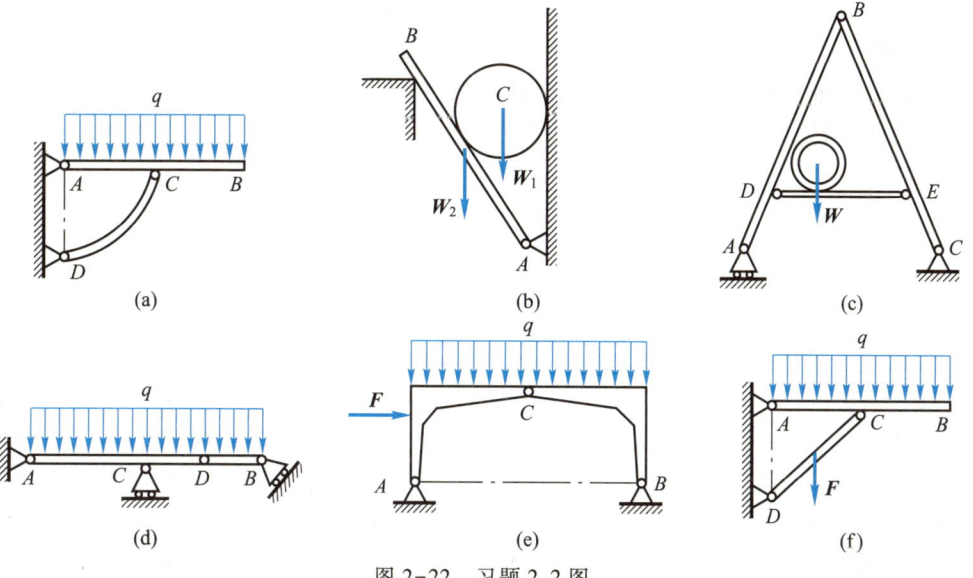

图 2-22 习题 2.2 图

第 3 章　平面力系的简化与平衡

3.1　平面汇交力系的简化与平衡

3.1.1　力的分解与力的投影

由图 3-1 可知,力 $\boldsymbol{F}$ 沿直角坐标轴 x、y 可分解为两个正交分力 $\boldsymbol{F}_x$ 和 $\boldsymbol{F}_y$,其表达式为

$$\boldsymbol{F} = \boldsymbol{F}_x + \boldsymbol{F}_y = F_x \boldsymbol{i} + F_y \boldsymbol{j} \tag{3-1}$$

式中,$\boldsymbol{i}$、$\boldsymbol{j}$ 分别为 x 轴、y 轴的单位矢量,F_x、F_y 分别为力 $\boldsymbol{F}$ 在 x 轴、y 轴上的投影。

如图 3-1 所示,已知力 $\boldsymbol{F}$ 与平面内直角坐标轴 x、y 的夹角分别为 α、β,则力 $\boldsymbol{F}$ 在 x 轴、y 轴上的投影分别为

$$F_x = F\cos\alpha$$

$$F_y = F\cos\beta = F\sin\alpha$$

力在坐标轴上的投影为代数量,当力与坐标轴之间的夹角为锐角时,其值为正;当夹角为钝角时,其值为负。

显然,已知力 $\boldsymbol{F}$ 在平面内两个正交轴上的投影 F_x 和 F_y 时,该力的大小和方向余弦分别为

$$\left.\begin{aligned} F &= \sqrt{F_x^2 + F_y^2} \\ \cos(\boldsymbol{F},\boldsymbol{i}) &= \frac{F_x}{F}, \quad \cos(\boldsymbol{F},\boldsymbol{j}) = \frac{F_y}{F} \end{aligned}\right\} \tag{3-2}$$

必须注意,力 $\boldsymbol{F}$ 在坐标轴上的投影 F_x、F_y 为代数量,而力 $\boldsymbol{F}$ 沿轴的分力 $\boldsymbol{F}_x = F_x \boldsymbol{i}$ 和 $\boldsymbol{F}_y = F_y \boldsymbol{j}$ 为矢量,二者不可混淆。

当 x 轴、y 轴不相互垂直时,力 $\boldsymbol{F}$ 沿两轴的分力 $\boldsymbol{F}_x$、$\boldsymbol{F}_y$,其大小在数值上不等于力 $\boldsymbol{F}$ 在两轴上的投影 F_x、F_y,如图 3-2 所示。

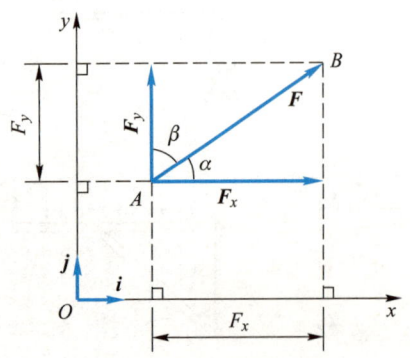

图 3-1　力在直角坐标轴上的分解与投影

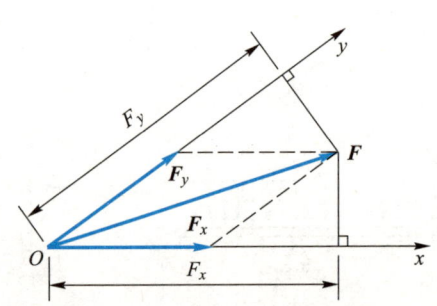

图 3-2　力在非直角坐标轴上的分解与投影

3.1.2　平面汇交力系的简化·合力投影定理

如图 3-3 所示,设刚体上作用有一平面汇交力系,由 n 个力组成,以 $\boldsymbol{F}_R$ 表示它们的合力,则有

$$\boldsymbol{F}_R = \boldsymbol{F}_1 + \boldsymbol{F}_2 + \cdots + \boldsymbol{F}_n = \sum_{i=1}^{n} \boldsymbol{F}_i \tag{3-3}$$

建立直角坐标系 Oxy,坐标原点为汇交点 O。根据式(3-1),此汇交力系的合力 $\boldsymbol{F}_R$ 为

$$\boldsymbol{F}_R = F_{Rx}\boldsymbol{i} + F_{Ry}\boldsymbol{j}$$

式中,F_{Rx}、F_{Ry} 分别为合力 $\boldsymbol{F}_R$ 在 x 轴、y 轴上的投影。

合力投影定理:合力在任一轴上的投影等于各分力在同一轴上投影的代数和。将式(3-3)向 x 轴、y 轴投影,可得

$$\left.\begin{aligned} F_{Rx} &= F_{x1} + F_{x2} + \cdots + F_{xn} = \sum_{i=1}^{n} F_{xi} \\ F_{Ry} &= F_{y1} + F_{y2} + \cdots + F_{yn} = \sum_{i=1}^{n} F_{yi} \end{aligned}\right\} \tag{3-4}$$

式中,F_{x1} 和 F_{y1},F_{x2} 和 F_{y2},$\cdots$,F_{xn} 和 F_{yn} 分别为各分力在 x 轴和 y 轴上的投影,如图 3-3 所示。

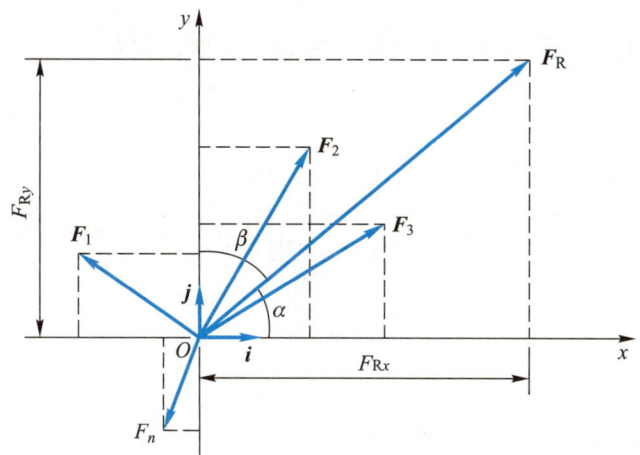

图 3-3　合力投影定理

根据式(3-2)可得合力的大小和方向余弦为

$$\left.\begin{aligned} F_R &= \sqrt{F_{Rx}^2 + F_{Ry}^2} \\ \cos(\boldsymbol{F}_R, \boldsymbol{i}) &= \frac{F_{Rx}}{F_R}, \quad \cos(\boldsymbol{F}_R, \boldsymbol{j}) = \frac{F_{Ry}}{F_R} \end{aligned}\right\} \tag{3-5}$$

由此可知,平面汇交力系简化为一个合力,合力作用点在汇交点。

例题 3-1　一平面汇交力系如图 3-4 所示。已知:$F_1 = 100\ \text{N}$,$F_2 = 200\ \text{N}$,$F_3 = 80\ \text{N}$,$F_4 = 150\ \text{N}$。试求该力系的合力。

解:根据合力投影定理求合力在坐标轴上的投影:

$$F_{Rx} = \sum_{i=1}^{4} F_x = F_1 \cos 30° - F_2 \cos 60° - F_3 \cos 45° + F_4 \cos 45°$$

$$= (100\cos 30° - 200\cos 60° - 80\cos 45° + 150\cos 45°)\ N = 36.1\ N$$

$$F_{Ry} = \sum_{i=1}^{4} F_y = F_1 \sin 30° + F_2 \sin 60° - F_3 \sin 45° - F_4 \sin 45°$$

$$= (100\sin 30° + 200\sin 60° - 80\sin 45° - 150\sin 45°)\ N = 60.6\ N$$

由式(3-5)求合力的大小和方向余弦：

$$F_R = \sqrt{F_{Rx}^2 + F_{Ry}^2} = \sqrt{36.1^2 + 60.6^2}\ N$$
$$= 70.54\ N$$

$$\cos \alpha = \frac{F_{Rx}}{F_R} = \frac{36.1}{70.54} = 0.511\ 8,$$

$$\cos \beta = \frac{F_{Ry}}{F_R} = \frac{60.6}{70.54} = 0.859\ 1$$

则合力 F_R 与 x 轴、y 轴的夹角分别为

$$\alpha = 59.22°, \quad \beta = 30.78°$$

合力 F_R 的作用线通过汇交点 O，如图 3-4 所示。

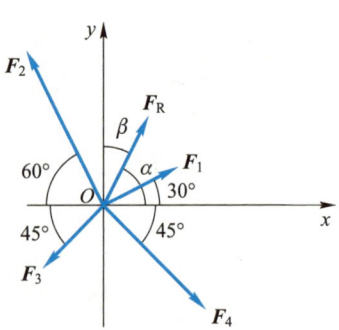

图 3-4　例题 3-1 图

3.1.3　平面汇交力系的平衡

平面汇交力系平衡的充分必要条件是其合力为零。根据式(3-4)可得其平衡方程为

$$\left.\begin{array}{c} \sum\limits_{i=1}^{n} F_{xi} = 0 \\ \sum\limits_{i=1}^{n} F_{yi} = 0 \end{array}\right\} \tag{3-6}$$

简写为

$$\left.\begin{array}{c} \sum F_x = 0 \\ \sum F_y = 0 \end{array}\right\} \tag{3-7}$$

平面汇交力系有两个独立的平衡方程，可求解两个未知量。

例题 3-2　如图 3-5a 所示，重物的重量 $W = 30\ kN$，用钢丝绳挂在支架的滑轮 B 上，钢丝绳的另一端缠绕在绞车 D 上。杆 AB 与 BC 铰接，并以铰链 A、C 与墙连接。如不计两杆和滑轮的自重，并忽略摩擦和滑轮的大小，试求平衡时杆 AB 和 BC 所受的力。

解：(1) 选取研究对象。

由于杆 AB、BC 都是二力杆，假设杆 AB 受拉力、杆 BC 受压力，如图 3-5b 所示。为了求出这两个未知力，可通过求两杆对滑轮的约束力来解决。因此选取滑轮 B 为研究对象。

(2) 画受力图。

滑轮受到钢丝绳的拉力 F_1 和 F_2（已知 $F_1 = F_2 = W$）。此外，杆 AB 和 BC 对滑轮的约束力为 F'_{BA} 和 F'_{BC}。由于滑轮的大小可忽略不计，故这些力可看作汇交力系，受力图如图 3-5c 所示。

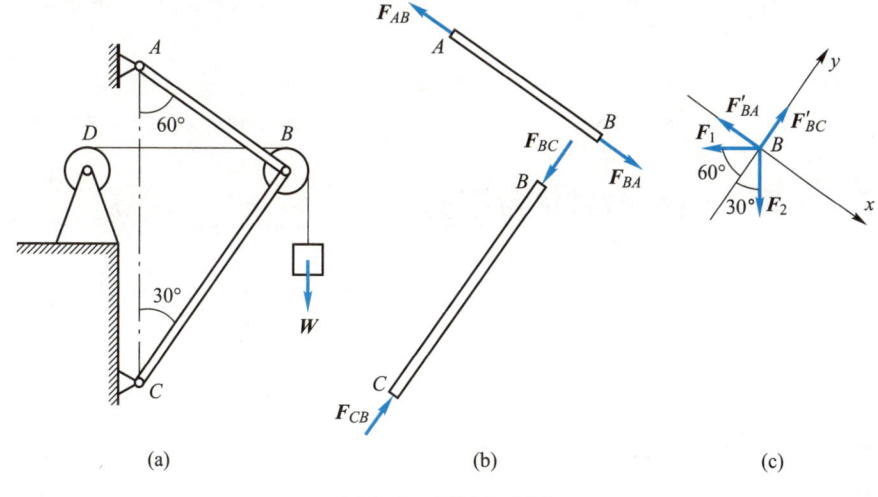

图 3-5　例题 3-2 图

（3）列平衡方程。

选取坐标轴如图 3-5c 所示。为使每个未知力只在一个轴上有投影，在另一轴上的投影为零，坐标轴应尽量取在与未知力作用线相垂直的方向，这样在一个平衡方程中只有一个未知量，不必解联立方程组，即

$$\sum F_x = 0,\quad -F'_{BA} - F_1\sin 60° + F_2\sin 30° = 0 \qquad (a)$$

$$\sum F_y = 0,\quad F'_{BC} - F_1\cos 60° - F_2\cos 30° = 0 \qquad (b)$$

（4）解方程。

由式（a）得

$$F_{BA} = F'_{BA} = -0.366W = -10.98 \text{ kN}$$

由式（b）得

$$F_{BC} = F'_{BC} = 1.366W = 40.98 \text{ kN}$$

所求结果：F_{BC} 为正值，表示这个力的假设方向与实际方向相同，即杆 BC 受压。F_{BA} 为负值，表示这个力的假设方向与实际方向相反，即杆 AB 也受压。

自测题 3.1

自测题 3.1.1　力在坐标轴上的投影一定等于力沿坐标轴分解的分力的大小。这一说法（　　　　）。

　A. 正确

　B. 错误

自测题 3.1.2　合力一定比分力大。这一说法（　　　　）。

　A. 正确

　B. 错误

自测题 3.1.3　如图 3-6 所示，F_1 在 x 轴和 y 轴上的投影分别为_____、_____，F_2 在 x 轴和 y 轴上的投影分别为_____、_____。

自测题 3.1.4　平面汇交力系简化的最终结

自测题 3.1
参考答案

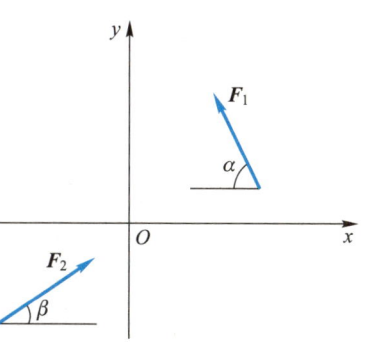

图 3-6　自测题 3.1.3 图

果是一个合力,合力的作用线通过各力的汇交点,其大小和方向由原力系中各分力的矢量和确定。这一说法( )。

    A. 正确   B. 错误

    自测题 3.1.5 平面汇交力系有____个独立的平衡方程,可求解____个未知量。

3.2 平面力偶系的简化与平衡

    力对刚体的作用效应有移动效应和转动效应,其中力对刚体的移动效应可用力来度量,而力对刚体的转动效应则可用力对点之矩(简称力矩)来度量,即力矩是度量力对刚体转动效应的物理量。

3.2.1 力对点之矩

    如图 3-7 所示,平面上作用一力 $\boldsymbol{F}$,在同平面内任取一点 O,点 O 称为矩心,点 O 到力的作用线的垂直距离 h 称为力臂,则在平面问题中力对点之矩的定义为

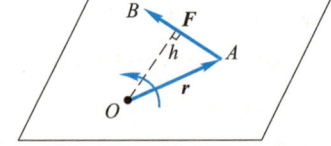

$$M_O(\boldsymbol{F}) = \pm Fh \qquad (3\text{-}8)$$

图 3-7 力对点之矩

    力 $\boldsymbol{F}$ 对点 O 之矩以记号 $M_O(\boldsymbol{F})$ 表示。在平面上力对点之矩可以作为一个代数量来处理,它的绝对值等于力的大小与力臂的乘积,单位常用牛·米(N·m)或千牛·米(kN·m)。力矩的正负可按如下方法确定:力使物体绕矩心有逆时针转动趋势时为正,反之为负。

    显然,当力的作用线通过矩心(即力臂等于零)时,它对矩心的力矩等于零。

3.2.2 合力矩定理

    合力矩定理:平面汇交力系的合力对平面内任一点之矩等于所有各分力对该点之矩的代数和。即

$$M_O(\boldsymbol{F}_{\mathrm{R}}) = \sum_{i=1}^{n} M_O(\boldsymbol{F}_i) \qquad (3\text{-}9)$$

    例题 3-3 水平梁 AB 受按三角形分布的载荷作用,如图 3-8 所示。分布载荷的最大值为 q,梁长为 l。试求合力的大小和作用线的方位。

    解:在梁上距 B 端为 x 的微段 $\mathrm{d}x$ 上,作用力的大小为 $q'\mathrm{d}x$,其中 q' 为该处的载荷强度。由图 3-8 可知,$q' = \dfrac{x}{l} q$。因此,分布载荷的合力的大小为

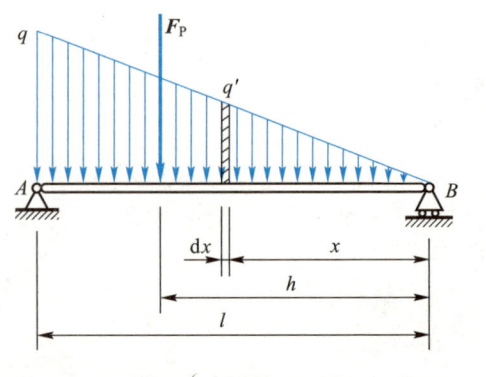

图 3-8 例题 3-3 图

$$F_{\mathrm{P}} = \int_0^l q' \mathrm{d}x = \frac{1}{2} ql$$

    设合力 $\boldsymbol{F}_{\mathrm{P}}$ 的作用线距 B 端的距离为 h,在微段 $\mathrm{d}x$ 上的作用力对点 B 的矩为 $q'\mathrm{d}x \cdot x$,全部载荷对点 B 的矩的代数和可用积分求出,根据合力矩定理可写成

$$F_{\mathrm{P}}h = \int_0^l q'\mathrm{d}x \cdot x$$

得
$$h = \frac{2}{3}l$$

结果表明:合力大小等于三角形分布载荷的面积,合力作用线通过该三角形的几何中心。

例题 3-4　如图 3-9 所示圆柱直齿轮,受到啮合力 F_{n} 的作用。设 $F_{\mathrm{n}} = 1\,400\ \mathrm{N}$。齿轮的节圆半径 $r = 60\ \mathrm{mm}$,压力角 $\alpha = 20°$。试求力 F_{n} 对轴心 O 的力矩。

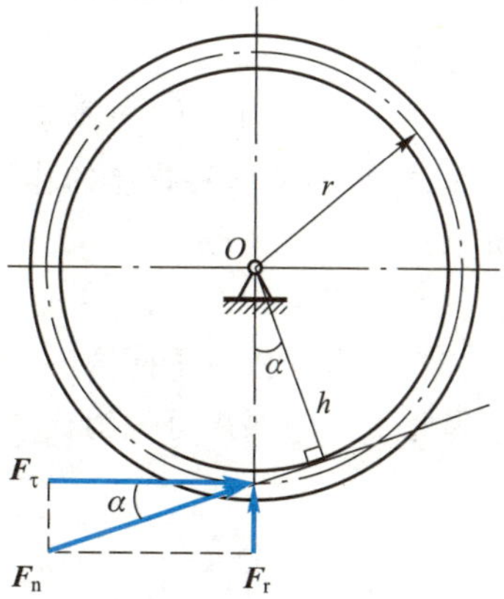

解:求啮合力 F_{n} 对点 O 的力矩,有两种方法:

方法一:直接按力矩的定义求解,即
$$M_O(F_{\mathrm{n}}) = F_{\mathrm{n}}h$$
其中力臂 $h = r\cos\alpha$,故
$$M_O(F_{\mathrm{n}}) = F_{\mathrm{n}}h = F_{\mathrm{n}}r\cos\alpha$$
$$= 1\,400\ \mathrm{N} \times 60\ \mathrm{mm} \times \cos 20° = 78.93\ \mathrm{N \cdot m}$$

方法二:应用合力矩定理,将力 F_{n} 分解为切向力 F_τ 和径向力 F_{r},由于径向力 F_{r} 通过矩心 O,所以
$$M_O(F_{\mathrm{n}}) = M_O(F_\tau) + M_O(F_{\mathrm{r}})$$
$$= \mathrm{M}_O(F_\tau) = F_{\mathrm{n}}r\cos\alpha$$
$$= 1\,400\ \mathrm{N} \times 60\ \mathrm{mm} \times \cos 20° = 78.93\ \mathrm{N \cdot m}$$

图 3-9　例题 3-4 图

由此可见,两种方法的计算结果是相同的。

3.2.3　力偶与力偶矩

实际生活中,常常见到钳工用丝锥攻螺纹、汽车司机用双手转动转向盘(图 3-10a)、电机的定子磁场对转子作用电磁力使之旋转(图 3-10b)等。在丝锥、转向盘、电机转子等物体上,都作用着一对力,它们等值、反向且作用线平行,使物体产生转动效应。这种由两个大小相等、方向相反且不共线的平行力组成的力系,称为力偶,如图 3-10c 所示,记作 (F, F')。

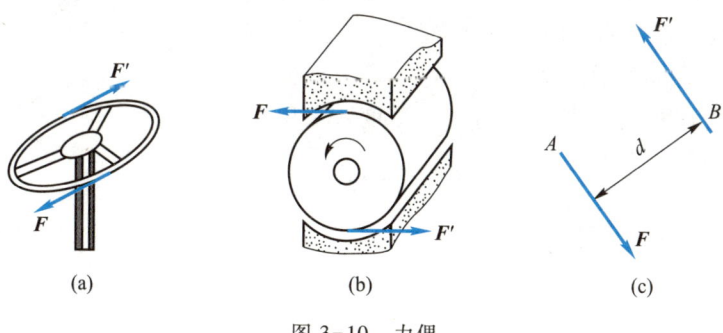

(a)　　　　　　(b)　　　　　　(c)

图 3-10　力偶

力偶的两力之间的垂直距离 d 称为力偶臂,力偶所在的平面称为力偶的作用面。

力偶不能合成为一个力,所以力偶不可用一个力来等效替换,也不能用一个力来平衡。因此,力和力偶是静力学的两个基本物理量。

力偶对物体的转动效应可用力偶矩来度量,即用力偶的两个力对其作用面内某点的矩的代数和来度量。

设有力偶$(\boldsymbol{F},\boldsymbol{F}')$,其力偶臂为$d$,如图 3-11 所示。力偶对点 O 的矩为 $M_O(\boldsymbol{F},\boldsymbol{F}')$,则

$$M_O(\boldsymbol{F},\boldsymbol{F}') = M_O(\boldsymbol{F}) + M_O(\boldsymbol{F}') = F \times aO - F' \times bO = Fd$$

矩心 O 是任意选取的。由此可知,力偶的作用效应取决于力的大小和力偶臂的长短,与矩心的位置无关。力与力偶臂的乘积称为力偶矩,记作 $M_O(\boldsymbol{F},\boldsymbol{F}')$,简记为 M。

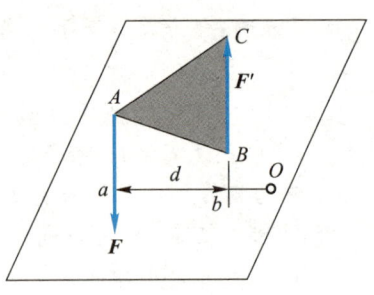

图 3-11   力偶矩

力偶在平面内的转向不同,其作用效应也不相同。因此,平面力偶对物体的作用效应由以下两个因素决定:

（1）力偶矩的大小;

（2）力偶在作用平面内的转向。

因此平面力偶矩可视为代数量,即

$$M = \pm Fd \tag{3-10}$$

由此可得结论:平面上力偶矩是一个代数量,其绝对值等于力的大小与力偶臂的乘积,正负号表示力偶的转向。一般以逆时针转向为正,反之为负。力偶矩的单位与力矩相同,也是牛·米（N·m）或千牛·米（kN·m）。

3.2.4   平面力偶系的简化

平面力偶等效定理:在同一平面内的两个力偶,如果力偶矩相等,则两力偶彼此等效。

如图 3-12 所示,在同一平面内有力偶$(\boldsymbol{F}_1,\boldsymbol{F}_1')$、$(\boldsymbol{F}_2,\boldsymbol{F}_2')$、$(\boldsymbol{F}_3,\boldsymbol{F}_3')$,它们的作用力不一样,力偶臂也不一样,但它们的力偶矩相等,都为 20 N·m,逆时针转向。因此,它们对物体的作用效应是一样的,可以说这几个力偶是等效的。

由此可得结论:任一力偶可以在它所在的作用面内任意移转,只要保持力偶矩的大小和力偶的转向不变,可以同时改变力偶中力的大小和力偶臂的长短,而不改变力偶对刚体的作用效应。

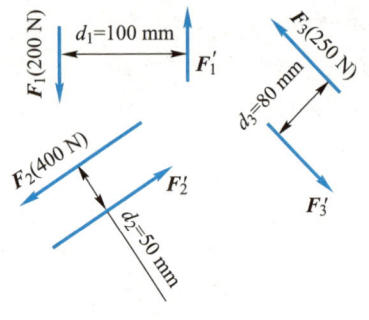

图 3-12   等效力偶

由此可见,力偶的臂和力的大小都不是力偶的特征量,只有力偶矩是力偶作用的唯一量度。常用图 3-13 所示的符号表示力偶,M 为力偶矩。

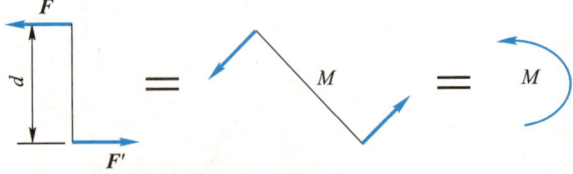

图 3-13   力偶的表示

在同一平面内的 n 个力偶可合成为一个合力偶,合力偶矩等于各个力偶矩的代数和,可写为

$$M = \sum_{i=1}^{n} M_i \tag{3-11}$$

平面力偶系可简化为一个合力偶,合力偶矩等于各个力偶矩的代数和。

例题 3-5　如图 3-14 所示,平面上六个力组成三个力偶 (F_1, F_1')、(F_2, F_2')、(F_3, F_3'),其中 $F_1 = 200\ \text{N}$, $F_2 = 600\ \text{N}$, $F_3 = 400\ \text{N}$。试求三个力偶简化的结果。图中长度单位为 mm。

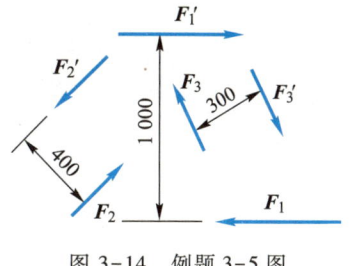

图 3-14　例题 3-5 图

解:根据平面力偶系简化结果分析,此三个力偶简化的结果为一个合力偶,合力偶的大小等于此三个力偶的力偶矩的代数和:

$$M = \sum_{i=1}^{n} M_i = M_1 + M_2 + M_3$$
$$= -F_1 \times 1\ 000\ \text{mm} + F_2 \times 400\ \text{mm} - F_3 \times 300\ \text{mm} = -80\ \text{N} \cdot \text{m}$$

3.2.5　平面力偶系的平衡

平面力偶系平衡的充分必要条件是合力偶矩为零。根据式(3-11)可得其平衡方程为

$$\sum_{i=1}^{n} M_i = 0 \tag{3-12}$$

简写为

$$\sum M = 0 \tag{3-13}$$

平面力偶系可列 1 个独立的平衡方程,可求解 1 个未知量。

例题 3-6　图 3-15 所示三铰拱右半部 BC 上作用一力偶 M,转向如图所示。各拱自重不计,试求铰 A 和 B 的约束力。

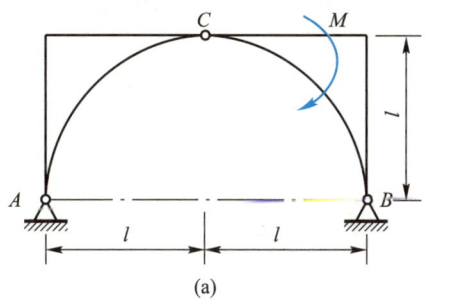 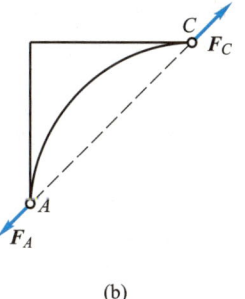 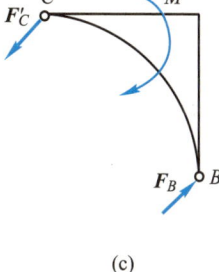

(a)　　　　　　　　　　　(b)　　　　　　　　　　　(c)

图 3-15　例题 3-6 图

解:先取 AC 部分为研究对象。由于 AC 部分只受两力作用且平衡,为二力杆,所以 A、C 两处的约束力一定在 AC 连线上,受力图如图 3-15b 所示。

再取 BC 部分为研究对象。BC 部分只受到力偶 M 的作用,所以 B 处的约束力与 C 处的约束力组成力偶与力偶 M 平衡,受力图如图 3-15c 所示。

列平衡方程

$$\sum M = 0, \quad F_B \times 2l \cos 45° - M = 0$$

解得

$$F_A = F_B = \frac{\sqrt{2}M}{2l}$$

力的方向如图 3-15b、c 所示。

自测题 3.2

自测题 3.2
参考答案

自测题 3.2.1　力对点 O 之矩和一力偶矩相同,则力对物体的作用效应和这一力偶对物体的作用效应一样。这一说法（　　　　　）。

A. 正确　　　　　　　　　　　B. 错误

自测题 3.2.2　从力偶理论可知,一个力不能与力偶平衡。图 3-16a 中,螺旋压榨机力偶似乎可用被压榨物体的反作用力来平衡;图 3-16b 中,轮中的力偶 M 似乎与重物的重力 W 平衡。这种说法的错误在于_____。

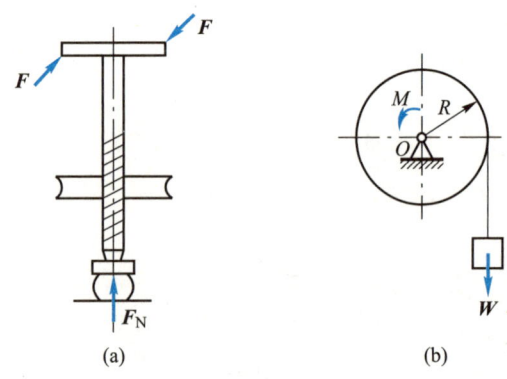

图 3-16　自测题 3.2.2 图

自测题 3.2.3　平面力偶系可简化为_____,合力偶矩等于各个力偶矩的_____和。

自测题 3.2.4　平面力偶系可列____个独立的平衡方程,可求解____个未知量。

自测题 3.2.5　图 3-17 中两个简支梁,杆 AC 上作用的力偶相同,所以它们引起的支座约束力也相同。这一说法（　　　　　）。

A. 正确　　　　　　　　　　　B. 错误

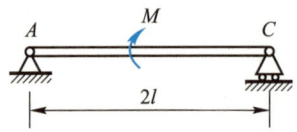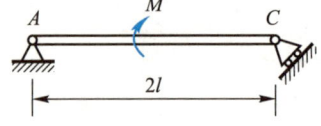

图 3-17　自测题 3.2.5 图

3.3　平面任意力系的简化与平衡

3.3.1　力的平移定理

力系向一点简化是一种较为简便并具有普遍性的力系简化方法。此方法的理论基础是力的平移定理。

力的平移定理：作用在刚体上点 A 的力 F 可等效平行移到任一点 B，但必须同时附加一个力偶，这个附加力偶的矩等于原来的力 F 对新作用点 B 之矩。

证明：图 3-18a 中的力 F 作用于刚体的点 A。在刚体上任取一点 B，并在点 B 加上两个等值反向的力 F' 和 F''，使它们与力 F 平行，且 $F'=F=F''$，如图 3-18b 所示。显然，三个力 F、F'、F'' 组成的新力系与原来的一个力 F 等效。但是，这三个力可看作一个作用在点 B 的力 F' 和一个力偶 (F,F'')。这样，就将作用于点 A 的力 F 平移到另一点 B，但同时附加了一个相应的力偶，这个力偶称为附加力偶（图 3-18c）。显然，附加力偶的矩为

$$M = Fd$$

其中，d 为附加力偶的臂，也就是点 B 到力 F 的作用线的垂直距离，因此 Fd 也等于力 F 对点 B 的矩 $M_B(F)$。

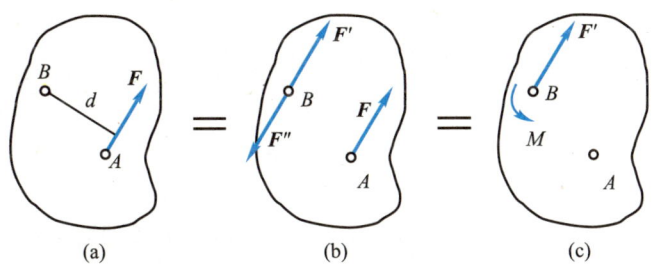

图 3-18　力的平移定理

由此证得

$$M = M_B(F)$$

反过来，根据力的平移定理，也可以将平面内的一个力和一个力偶用作用在平面内另一点的力来等效替换。

力的平移定理不仅是力系向一点简化的依据，而且可用来解释一些实际现象。例如，攻丝时，必须用两手握扳手，而且用力要相等。为什么不允许用一只手扳动扳手呢（图 3-19a）？因为作用在扳手 AB 一端的力 F，在向丝锥中心点 C 简化的过程中，与图 3-19b 所示的一个力 $F'(F'=F)$ 和一个矩为 M 的力偶等效。这个力偶使丝锥转动，而这个力 F' 却往往使丝锥攻丝不正，甚至折断。

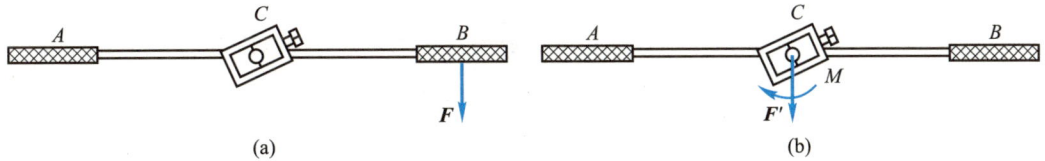

图 3-19　丝锥受力

3.3.2　平面任意力系向作用面内一点简化·主矢和主矩

设物体上作用有三个力 F_1、F_2、F_3 组成的平面任意力系，如图 3-20a 所示。在平面内任取一点 O，称为简化中心。应用力的平移定理，把各力都平移到点 O，这样，得到作用于点 O 的力 F_1'、F_2'、F_3'，以及相应的附加力偶，其矩分别为 M_1、M_2 和 M_3，如图 3-20b 所示。这些力偶作用在同一平面内，它们的矩分别等于力 F_1、F_2、F_3 对点 O 的矩，即

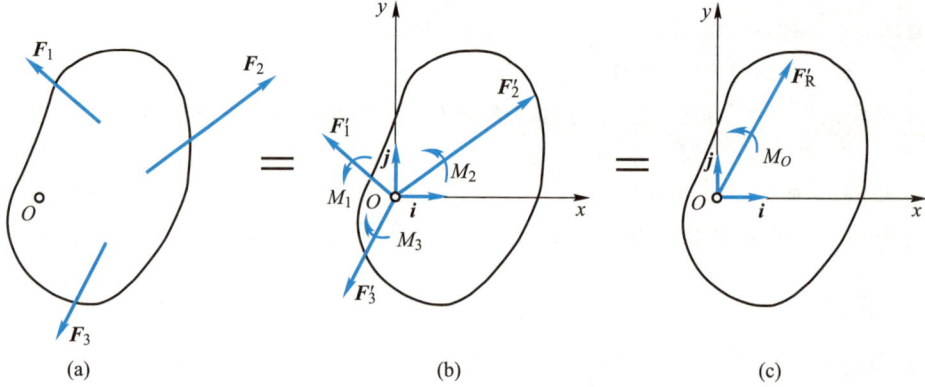

图 3-20   平面任意力系简化

$$M_1 = M_O(\boldsymbol{F}_1)$$
$$M_2 = M_O(\boldsymbol{F}_2)$$
$$M_3 = M_O(\boldsymbol{F}_3)$$

如此,先将平面任意力系分解成两个简单力系:平面汇交力系和平面力偶系,再分别合成这两个力系。平面汇交力系 $\boldsymbol{F}_1'$、$\boldsymbol{F}_2'$、$\boldsymbol{F}_3'$ 可合成为作用线通过点 O 的一个力 $\boldsymbol{F}_R'$,如图 3-20c 所示。因为各力矢 $\boldsymbol{F}_1'$、$\boldsymbol{F}_2'$、$\boldsymbol{F}_3'$ 分别与原力矢 $\boldsymbol{F}_1$、$\boldsymbol{F}_2$、$\boldsymbol{F}_3$ 相等,所以

$$\boldsymbol{F}_R' = \boldsymbol{F}_1' + \boldsymbol{F}_2' + \boldsymbol{F}_3' = \boldsymbol{F}_1 + \boldsymbol{F}_2 + \boldsymbol{F}_3$$

即力矢 $\boldsymbol{F}_R'$ 等于原来各力的矢量和。

平面力偶系 M_1、M_2、M_3 可合成为一个力偶,这个力偶的矩 M_O 等于各附加力偶矩的代数和。每个附加力偶矩等于力对简化中心 O 的矩,所以

$$M_O = M_1 + M_2 + M_3 = M_O(\boldsymbol{F}_1) + M_O(\boldsymbol{F}_2) + M_O(\boldsymbol{F}_3)$$

即附加力偶的矩等于原来各力对点 O 的矩的代数和。

对于力的数目为 n 的平面任意力系,不难推广得

$$\boldsymbol{F}_R' = \sum_{i=1}^{n} \boldsymbol{F}_i \tag{3-14}$$

$$M_O = \sum_{i=1}^{n} M_O(\boldsymbol{F}_i) \tag{3-15}$$

平面任意力系中所有各力的矢量和 $\boldsymbol{F}_R'$,称为该力系的主矢;而这些力对于任选简化中心 O 的矩的代数和 M_O,称为该力系对于简化中心的主矩。

综上所述,在一般情形下,平面任意力系向作用面内任选一点 O 简化,可得一个力和一个力偶。这个力等于该力系的主矢,作用线通过简化中心 O;这个力偶等于该力系对于点 O 的主矩,大小等于各力对简化中心的力矩的代数和。

由于主矢等于原力系的矢量和,所以,它与简化中心的选择无关。而主矩等于原力系中各力对简化中心的力矩的代数和,一般情况下它与简化中心的选择有关。当取不同的点作为简化中心时,各力的力臂将有所改变,各力对简化中心的矩也有改变。所以说到主矩时,必须指出是力系对于哪一点的主矩。

取直角坐标系 Oxy 如图 3-20c 所示,$\boldsymbol{i}$、$\boldsymbol{j}$ 分别为沿 x、y 轴的单位矢量,则力系主矢 $\boldsymbol{F}_R'$ 的大小和方向余弦为

$$F'_R = \sqrt{\left(\sum F_x\right)^2 + \left(\sum F_y\right)^2}$$

$$\left.\cos(F'_R, i) = \frac{\sum F_x}{F'_R}, \quad \cos(F'_R, j) = \frac{\sum F_y}{F'_R}\right\} \tag{3-16}$$

现在分析固定端支座约束的约束力。

图 3-21a、b 所示为车刀夹持在刀架上和工件固定在卡盘上,刀架对车刀和卡盘对工件的约束称为固定端支座约束,其简图如图 3-21c 所示。工程中,固定端支座是一种常见的约束。

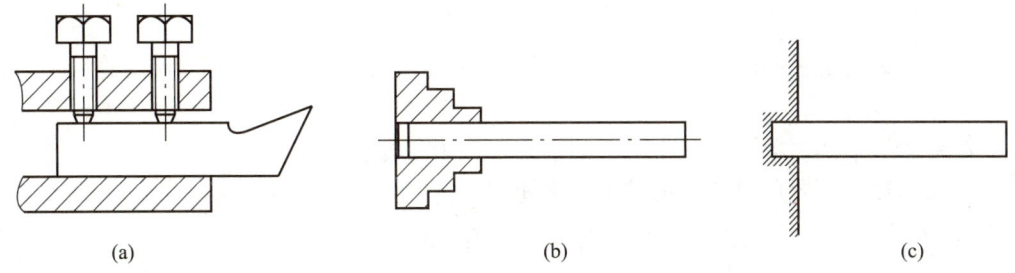

| (a) | (b) | (c) |

图 3-21　固定端支座约束

固定端支座对物体的作用,是在接触面上作用了一群约束力。在平面问题中,这些力为一平面任意力系,如图 3-22a 所示。将这群力向作用平面内点 A 简化,得到一个力和一个力偶,如图 3-22b 所示。一般情况下这个力的大小和方向均为未知量,可用两个未知分力来代替。因此,在平面力系情况下,固定端 A 处的约束力可简化为两个约束力 F_{Ax}、F_{Ay},以及一个矩为 M_A 的约束力偶,如图 3-22c 所示。

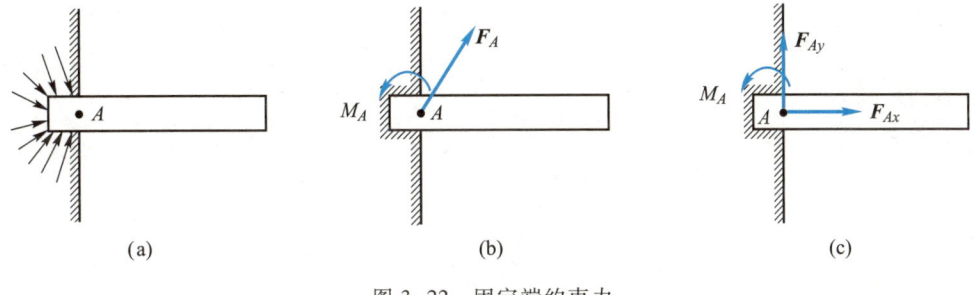

| (a) | (b) | (c) |

图 3-22　固定端约束力

比较固定端支座与固定铰链支座的约束性质可见,固定端支座约束力除了 F_{Ax}、F_{Ay} 外,还有矩为 M_A 的约束力偶,而固定铰链支座没有约束力偶,因为它不能限制物体在平面内转动。

除前面讲到的刀架、卡盘外,插入地基中的电线杆及悬臂梁等均为固定端支座约束实例。

3.3.3　平面任意力系的简化结果分析

平面任意力系向作用面内一点简化的结果,可能有四种情况,即

（1）$F'_R = 0$,$M_O \neq 0$;

（2）$F'_R \neq 0$,$M_O = 0$;

（3）$F'_R \neq 0$,$M_O \neq 0$;

（4）$F'_R = 0, M_O = 0$。

下面对这几种情况做进一步的分析讨论。

1. 平面任意力系简化为一个力偶的情形

如果力系的主矢等于零，而力系对于简化中心的主矩 M_O 不等于零，即

$$F'_R = 0, \quad M_O \neq 0$$

在这种情形下，作用于简化中心 O 的力 $F'_1, F'_2, \cdots, F'_n$ 相互平衡。但是，附加的力偶系并不平衡，可合成为一个力偶，即与原力系等效的合力偶。合力偶矩为

$$M_O = \sum_{i=1}^{n} M_O(F_i)$$

因为力偶对于平面内任意一点的矩都相同，因此当力系合成为一个力偶时，主矩与简化中心的选择无关。

2. 平面任意力系简化为一个合力的情形·合力矩定理

如果平面力系向点 O 简化的结果为主矩等于零，主矢不等于零，即

$$F'_R \neq 0, \quad M_O = 0$$

此时附加力偶系互相平衡，只有一个与原力系等效的力 F'_R。显然，F'_R 就是原力系的合力，而合力的作用线恰好通过选定的简化中心 O。

如果平面力系向点 O 简化的结果是主矢和主矩都不等于零，如图 3-23a 所示，即

$$F'_R \neq 0, \quad M_O \neq 0$$

现将矩为 M_O 的力偶用两个力 F_R 和 F''_R 表示，并令 $F_R = -F''_R$（图 3-23b）。再去掉平衡力系（F'_R, F''_R），就将作用于点 O 的力 F'_R 和力偶（F_R, F''_R）合成为一个作用在点 O' 的力 F_R，如图 3-23c 所示。

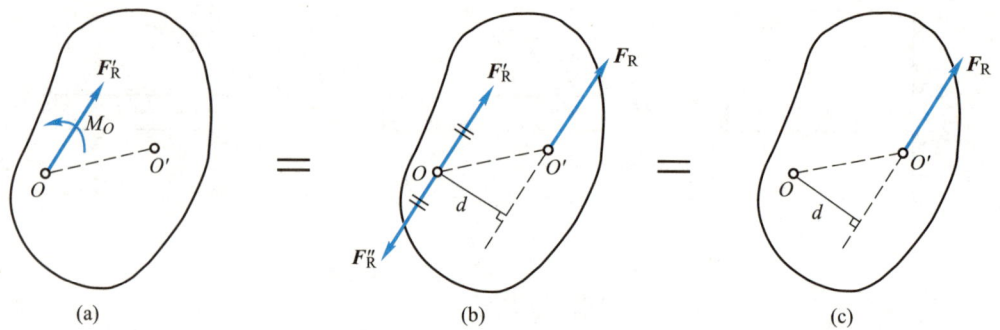

图 3-23　力系的主矢和主矩均不为零

力 F_R 就是原力系的合力，合力等于主矢。合力的作用线在点 O 的哪一侧，需根据主矢和主矩的方向确定；点 O 到合力作用线的距离为

$$d = \frac{M_O}{F_R}$$

以上两种情形简化的结果均为一个力。

合力矩定理：平面任意力系的合力对作用面内任一点的矩等于力系中各力对同一点的矩的代数和。

证明：由图 3-23 易见，合力 F_R 对点 O 的矩为

$$M_O(F_R) = F_R d = M_O$$

由式(3-15)有

$$M_O = \sum_{i=1}^{n} M_O(\boldsymbol{F}_i)$$

所以得证

$$M_O(\boldsymbol{F}_R) = \sum_{i=1}^{n} M_O(\boldsymbol{F}_i) \tag{3-17}$$

由于简化中心 O 是任意选取的,故上式具有普遍意义。

例题 3-7 重力坝受力如图 3-24a 所示。设 $W_1 = 450$ kN,$W_2 = 200$ kN,$F_1 = 300$ kN,$F_2 = 70$ kN。试求力系的合力 $\boldsymbol{F}_R$ 的大小和方向余弦、合力与基线 OA 的交点到点 O 的距离 x。

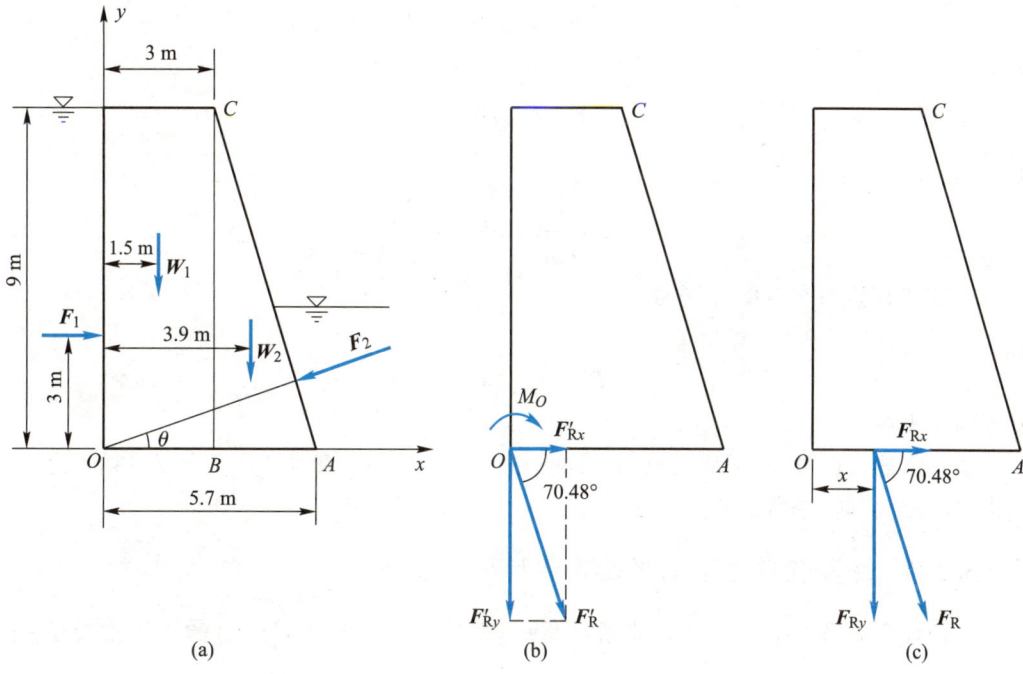

图 3-24　例题 3-7 图

解:(1) 先将力系向点 O 简化,求得其主矢 $\boldsymbol{F}_R'$ 和主矩 M_O(图 3-24b)。由图 3-24a 有

$$\theta = \angle ACB = \arctan \frac{AB}{CB} = 16.7°$$

主矢 $\boldsymbol{F}_R'$ 在 x 轴、y 轴上的投影分别为

$$\boldsymbol{F}_{Rx}' = \sum F_x = F_1 - F_2 \cos\theta = 232.9 \text{ kN}$$

$$\boldsymbol{F}_{Ry}' = \sum F_y = -W_1 - W_2 - F_2 \sin\theta = -670.1 \text{ kN}$$

主矢 $\boldsymbol{F}_R'$ 的大小为

$$F_R' = \sqrt{(\sum F_x)^2 + (\sum F_y)^2} = 709.4 \text{ kN}$$

主矢 $\boldsymbol{F}_R'$ 的方向余弦为

$$\cos(\boldsymbol{F}_R', \boldsymbol{i}) = \frac{\sum F_x}{F_R'} = 0.328\ 3$$

$$\cos(\boldsymbol{F}_R', \boldsymbol{j}) = \frac{\sum F_y}{F_R'} = -0.944\ 6$$

则有

$$\angle(\boldsymbol{F}_{R}',\boldsymbol{i}) = \pm 70.84°$$

$$\angle(\boldsymbol{F}_{R}',\boldsymbol{j}) = 180°\pm 19.16°$$

主矢 $\boldsymbol{F}_{R}'$ 在第四象限内,与 x 轴的夹角为 $-70.48°$。

力系对点 O 的主矩为

$$M_{O} = \sum M_{O}(\boldsymbol{F}) = -3 \text{ m} \cdot F_{1} - 1.5 \text{ m} \cdot W_{1} - 3.9 \text{ m} \cdot W_{2} = -2 \text{ } 355 \text{ kN} \cdot \text{m}$$

(2)合力 $\boldsymbol{F}_{R}$ 的大小和方向与主矢 $\boldsymbol{F}_{R}'$ 相同。其作用线位置的 x 值可根据合力矩定理求得(图 3-24c),即

$$M_{O} = M_{O}(\boldsymbol{F}_{R}) = M_{O}(\boldsymbol{F}_{Rx}) + M_{O}(\boldsymbol{F}_{Ry})$$

其中

$$M_{O}(\boldsymbol{F}_{Rx}) = 0$$

故

$$M_{O} = M_{O}(\boldsymbol{F}_{Ry}) = F_{Ry} \cdot x$$

解得

$$x = \frac{M_{O}}{F_{Ry}} = 3.514 \text{ m}$$

3. 平面任意力系平衡的情形

如果力系的主矢、主矩均等于零,即

$$\boldsymbol{F}_{R}' = 0, \quad M_{O} = 0$$

则原力系平衡。

通过上述分析可知,平面任意力系向作用面内一点简化的结果是下列三种情形之一:一个力、一个力偶、平衡。

3.3.4 平面任意力系的平衡条件和平衡方程

平面任意力系平衡的充分必要条件是:力系的主矢和对于任一点的主矩都等于零。

由 $\boldsymbol{F}_{R}' = 0$,可得 $\sum\limits_{i=1}^{n} F_{xi} = 0$、$\sum\limits_{i=1}^{n} F_{yi} = 0$,由 $M_{O} = 0$ 可得 $\sum\limits_{i=1}^{n} M_{O}(\boldsymbol{F}_{i}) = 0$。

因此,平面任意力系的平衡方程为

$$\left. \begin{array}{l} \sum\limits_{i=1}^{n} F_{xi} = 0 \\[2mm] \sum\limits_{i=1}^{n} F_{yi} = 0 \\[2mm] \sum\limits_{i=1}^{n} M_{O}(\boldsymbol{F}_{i}) = 0 \end{array} \right\} \qquad (3-18)$$

简写为

$$\left. \begin{array}{l} \sum F_{x} = 0 \\ \sum F_{y} = 0 \\ \sum M_{O}(\boldsymbol{F}) = 0 \end{array} \right\} \qquad (3-19)$$

对于受平面任意力系作用的单个刚体的平衡问题,只可以列出 3 个独立的平衡方程,

可求解 3 个未知量。任何第 4 个方程只是前 3 个方程的线性组合,因而不是独立的,但可以利用这个方程来校核计算的结果。

3.3.5 平面任意力系平衡方程的应用

力系的平衡方程主要用于求解单个刚体或刚体系统平衡时的未知约束力,也可用于求刚体的平衡位置和确定主动力之间的关系。应用平衡方程解题的步骤如下:

(1) 选择适当的研究对象;

(2) 对研究对象进行受力分析,画出受力图;

(3) 根据研究对象的受力图状况,列出平衡方程;

(4) 解方程,求解未知量。

下面就单个刚体的平衡问题举例说明平面任意力系平衡方程的应用。

例题 3-8 图 3-25 所示的水平横梁 AB,梁的长度为 $4l$,梁重为 W,作用在梁的中点 C。在梁的 AC 段上受均布载荷 q 作用,在梁的 BC 段上受力偶作用,力偶矩 $M = Wl$。试求 A 和 B 处支座的约束力。

解: 取梁 AB 为研究对象。它所受的主动力有:均布载荷 q,重力 W 和矩为 M 的力偶。它所受的约束力有:固定铰支座 A 处的两个分力 F_{Ax} 和 F_{Ay},滚动支座 B 处竖直向上的约束力 F_B。受力图如图 3-25 所示。

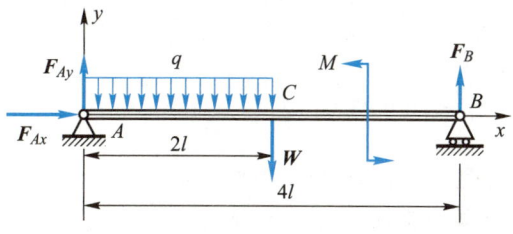

图 3-25 例题 3-8 图

取坐标系如图所示,列平衡方程:

$$\sum M_A(\boldsymbol{F}) = 0, \quad F_B \times 4l + M - W \times 2l - q \times 2l \times l = 0$$

$$\sum F_x = 0, \quad F_{Ax} = 0$$

$$\sum F_y = 0, \quad F_B + F_{Ay} - q \times 2l - W = 0$$

解上述方程,得

$$F_B = \frac{W}{4} + \frac{1}{2}ql$$

$$F_{Ax} = 0$$

$$F_{Ay} = \frac{3}{4}W + \frac{3}{2}ql$$

例题 3-9 悬臂梁 AB 如图 3-26a 所示。在 B 端作用有一倾角 $\alpha = 30°$ 的集中力 $F = 100$ kN,梁 AB 上作用有三角形分布的载荷,A 端的分布集度 $q = 10$ kN/m,梁长 $a = 2$ m。试求固定端支座 A 的约束力。

解: 取悬臂梁 AB 为研究对象。其上所受的主动力有:均布载荷 q 和集中力 F。除受主动力外,还受有固定端 A 处的约束力 F_{Ax}、F_{Ay} 和约束力偶 M_A。受力图如图 3-26b 所示。

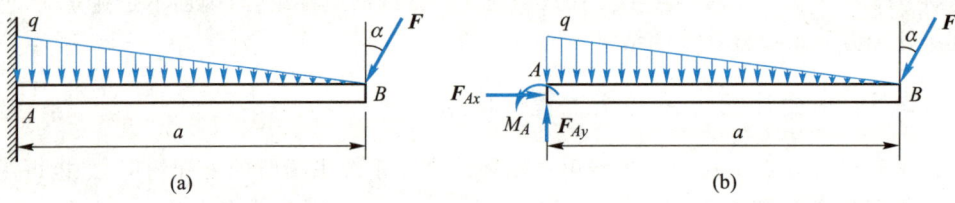

图 3-26　例题 3-9 图

列平衡方程：

$$\sum F_x = 0, \quad F_{Ax} - F\sin 30° = 0$$

$$\sum F_y = 0, \quad F_{Ay} - F\cos 30° - \frac{1}{2}qa = 0$$

$$\sum M_A(\boldsymbol{F}) = 0, \quad M_A - F\cos 30° \times a - \frac{1}{2}qa \times \frac{a}{3} = 0$$

解上述方程，得

$$F_{Ax} = 50 \text{ kN}$$

$$F_{Ay} = 96.6 \text{ kN}$$

$$M_A = 179.9 \text{ kN} \cdot \text{m}$$

A 处约束力的实际方向与图示方向相同。

3.3.6　平面平行力系的平衡方程

当平面任意力系各作用线平行时，此力系为平面平行力系。

如图 3-27 所示，设物体受平面平行力系$(\boldsymbol{F}_1, \boldsymbol{F}_2, \cdots, \boldsymbol{F}_n)$的作用。如选取 x 轴与各力垂直，则不论力系是否平衡，每一个力在 x 轴上的投影恒等于零，即 $\sum\limits_{i=1}^{n} F_{xi} = 0$，于是，平面平行力系的平衡方程为

$$\left. \begin{array}{l} \sum\limits_{i=1}^{n} F_{yi} = 0 \\ \sum\limits_{i=1}^{n} M_O(\boldsymbol{F}_i) = 0 \end{array} \right\} \qquad (3-20)$$

简写为

$$\left. \begin{array}{l} \sum F_y = 0 \\ \sum M_O(\boldsymbol{F}) = 0 \end{array} \right\} \qquad (3-21)$$

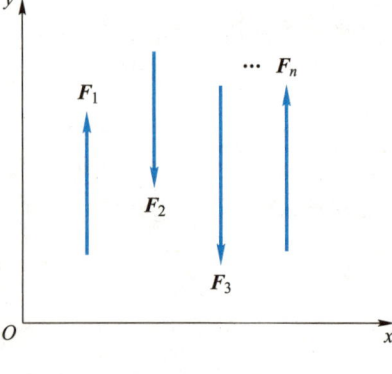

图 3-27　平行力系

平面平行力系有两个独立平衡方程，可以求解两个未知量。

例题 3-10　如图 3-28 所示行走式起重机。起重机自重 $W_1 = 500$ kN，起吊重物最大重量 $W_2 = 250$ kN，$a = 3$ m，$b = 1.5$ m，$c = 6$ m，$l = 10$ m。试求起重机空载和满载时都不会翻倒的平衡锤的重量 W_3。

解：要使起重机不翻倒，应使作用在起重机上的所有力满足平衡条件。起重机所受的力有：起重机重力 W_1，起吊重物的重力 W_2，平衡锤重 W_3，以及轨道的约束力 F_{NA}

和 $\boldsymbol{F}_{NB}$。

当满载时，为使起重机不绕点 B 翻倒，这些力必须满足平衡方程 $\sum M_B(\boldsymbol{F})=0$。在临界情况下，$F_{NA}=0$。这时求出的 W_3 的值是所允许的最小值。

$$\sum M_B(\boldsymbol{F})=0,\quad W_{3min}(c+a)-W_1b-W_2l=0$$

$$W_{3min}=\frac{W_1b+W_2l}{c+a}=361\ \text{kN}$$

当空载时，$W_2=0$。为使起重机不绕点 A 翻倒，所受的力必须满足平衡方程 $\sum M_A(\boldsymbol{F})=0$。在临界情况下，$F_{NB}=0$，这时求出的 W_3 的值是所允许的最大值。

$$\sum M_A(\boldsymbol{F})=0,\quad W_{3max}c-W_1(a+b)=0$$

$$W_{3max}=\frac{W_1(a+b)}{c}=375\ \text{kN}$$

起重机实际工作时不允许处于极限状态，要使起重机不会翻倒，平衡锤重应在这两者之间，即 $361\ \text{kN}<W_3<375\ \text{kN}$。

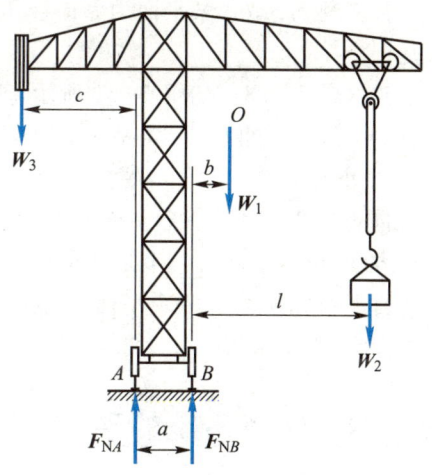

图 3-28　例题 3-10 图

自测题 3.3

自测题 3.3.1　力可以在平面内任意移动，不改变力对刚体的作用效应。这一说法（　　　）。

　　A. 正确　　　　　　　　　　B. 错误

自测题 3.3.2　力向一点平移的过程中产生的附加力偶矩等于这个力对该点的力矩。这一说法（　　　）。

　　A. 正确　　　　　　　　　　B. 错误

自测题 3.3.3　平面力系向任一点简化得到的主矢和主矩与简化中心的选取无关。这一说法（　　　）。

　　A. 正确　　　　　　　　　　B. 错误

自测题 3.3.4　某一平面平行力系各力的大小、方向和作用线如图 3-29 所示，则该力系简化的结果是_____。

自测题 3.3.5　图 3-30 中正方形 $ABCO$ 的边长为 a。已知某平面任意力系向点 A 简化得一主矢（大小为 F'_{RA}）和主矩（大小、方向均未知）。又已知该力系向 B 点简化得一合力，合力指向点 O。该力系向点 C 简化的主矢和主矩分别是_____。

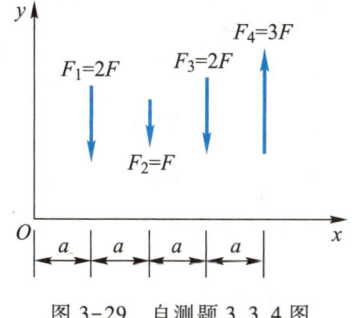

图 3-29　自测题 3.3.4 图

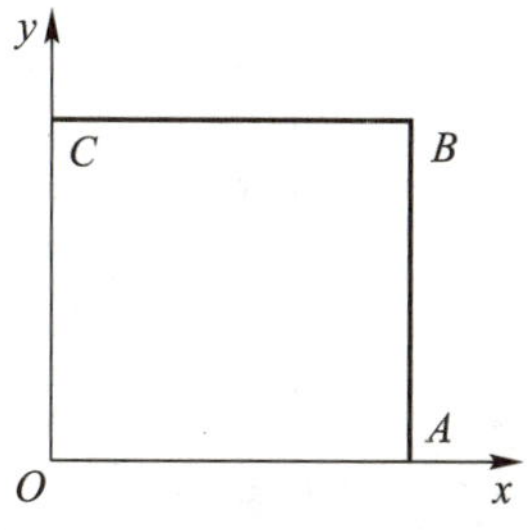

图 3-30　自测题 3.3.5 图

　　自测题 3.3.6　某一平面内一非平衡汇交力系和一非平衡力偶系组成的力系简化的最简形式可能是(　　　　)。

　　A. 合力　　　　　　B. 合力偶　　　　C. 平衡

　　自测题 3.3.7　某平面力系向 A、B 两点简化的主矩皆等于零,此力系简化的最后结果是_____。

　　自测题 3.3.8　如图 3-31 所示,刚体受三个平面力的作用,$F_1 = F_2 = F_3$,该刚体一定平衡。这一说法(　　　　)。

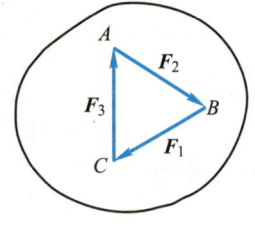

　　A. 正确　　　　　　　　　　　B. 错误

　　自测题 3.3.9　一个平面任意力系可以列____个独立的平衡方程,可以求解____个未知量。

　　自测题 3.3.10　一个平面平行力系可以列____个独立的平衡方程,可以求解____个未知量。

图 3-31　自测题 3.3.8 图

3.4　物体系统的平衡·静定和静不定概念

　　工程中的很多结构由两个或两个以上的物体组成,构成物体系统。如组合构架、三铰拱等结构,都是由几个物体组成的系统。当物体系统平衡时,组成该系统的每一个物体都处于平衡状态,因此,对于每一个受平面任意力系作用的物体,均可列出 3 个独立的平衡方程。如物体系统由 n 个物体组成,则共有 $3n$ 个独立的平衡方程。若系统中有的物体受平面汇交力系或平面平行力系作用时,则系统的独立平衡方程数目相应减少。当系统中的未知量数目等于独立平衡方程的数目时,则所有未知量都能由平衡方程求出,这样的问题称为静定问题。在实际工程中,有时为了提高结构的刚度和坚固性,常常增加多余的约束,从而使该结构的未知量的数目多于平衡方程的数目,未知量就不能全部由平衡方程求出,这样的问题称为静不定问题或超静定问题。对于静不定问题,已超出刚体静力学的范围,需在材料力学和结构力学中研究。

　　下面列出一些静定和静不定问题的例子。

　　设用两根绳子悬挂一重物,如图 3-32a 所示,未知的约束力有 2 个,而重物受平面汇交力系作用,共有 2 个独立的平衡方程,因此是静定问题。如用三根绳子悬挂重物,且力线在平面内交于一点,如图 3-32b 所示,则未知的约束力有 3 个,而独立的平衡方程只有 2 个,因此是静不定问题。

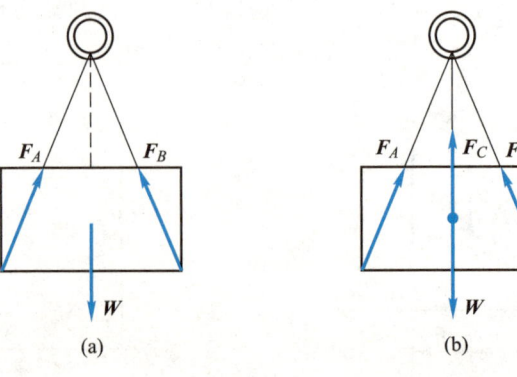

(a)　　　　　　　　　　　(b)

图 3-32　静定与静不定问题

设用两个轴承支承一根轴,如图 3-33a 所示,未知的约束力有 2 个,而轴受平面平行力系作用,有 2 个独立的平衡方程,因此是静定问题。若用 3 个轴承支承,如图 3-33b 所示,则未知的约束力有 3 个,而独立的平衡方程只有 2 个,因此是静不定问题。

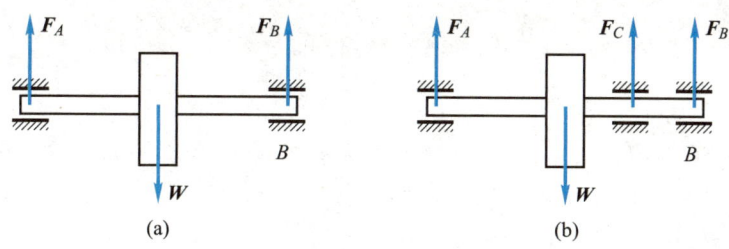

图 3-33　静定与静不定问题

图 3-34a 所示的平面任意力系,有 3 个独立的平衡方程,图中有 3 个未知量,因此是静定问题。而图 3-34b 中有 4 个未知量,因此是静不定问题。

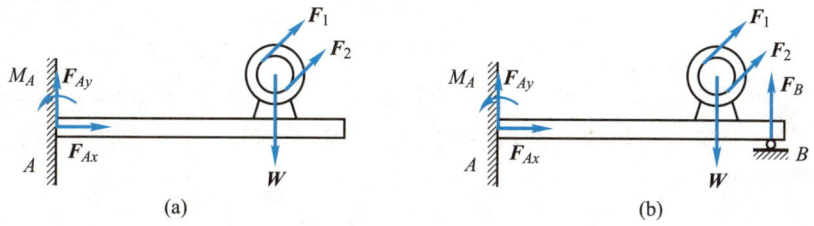

图 3-34　静定与静不定问题

图 3-35a 所示的梁由 AC、BC 两部分铰接组成,每部分有 3 个独立的平衡方程,共有 6 个独立的平衡方程。未知量除了图中所画的 A 处的 2 个约束力和 1 个约束力偶外,还有 B 处的 1 个约束力和铰链 C 处的 2 个约束力,共计 6 个未知量。因此,系统是静定的。若在 D 处增加一个滚动支座支承,如图 3-35b 所示,则系统共有 7 个未知量,因此系统是静不定的。

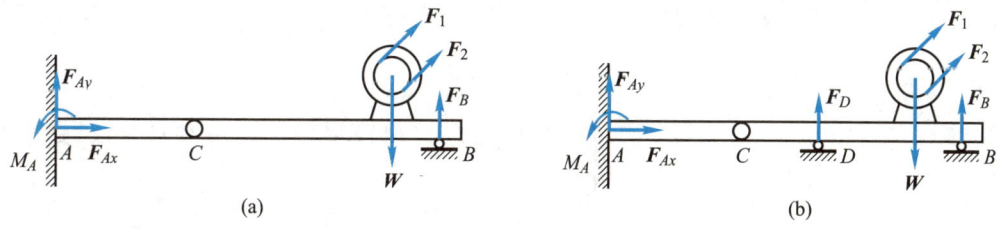

图 3-35　静定与静不定问题

例题 3-11　如图 3-36a 所示,多跨梁由梁 AB 和 BC 用中间铰链 B 连接而成,支承和受力情况如图所示。已知 $q=5$ kN/m,$M=20$ kN·m,$l=1$ m,$\alpha=30°$,试求支座 A、C 和中间铰链 B 的约束力。

解:此系统由两个构件组成,3 个约束共 6 个未知数,所以此系统是静定的。本题可以取梁 AB 和 BC 为研究对象,或取梁 AB 和整体系统为研究对象,或取梁 BC 和整体系统为研究对象,都可以列 6 个平衡方程,求解 6 个未知的约束力。

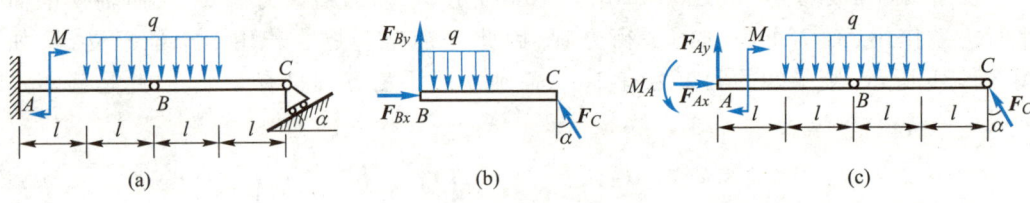

图 3-36   例题 3-11 图

（1）取梁 BC 为研究对象，受力有分布载荷 q（长度为 l），C 端滚动支座的约束力 $\boldsymbol{F}_C$，B 端中间铰链 B 处的约束力 $\boldsymbol{F}_{Bx}$、$\boldsymbol{F}_{By}$，受力图如图 3-36b 所示。

列平衡方程

$$\sum F_x = 0, \qquad F_{Bx} - F_C \sin 30° = 0$$

$$\sum F_y = 0, \qquad F_{By} + F_C \cos 30° - ql = 0$$

$$\sum M_B(\boldsymbol{F}) = 0, \qquad F_C \cos 30° \times 2l - ql \times \frac{l}{2} = 0$$

解得

$$F_C = 1.44 \text{ kN}, \quad F_{Bx} = 0.72 \text{ kN}, \quad F_{By} = 3.75 \text{ kN}$$

（2）取整体系统为研究对象，受力有分布载荷 q（长度为 $2l$）和力偶 M，C 端滚动支座的约束力 $\boldsymbol{F}_C$，A 端固定端的约束力 $\boldsymbol{F}_{Ax}$、$\boldsymbol{F}_{Ay}$、M_A，受力图如图 3-36c 所示。

列平衡方程

$$\sum F_x = 0, \qquad F_{Ax} - F_C \sin 30° = 0$$

$$\sum F_y = 0, \qquad F_{Ay} + F_C \cos 30° - 2ql = 0$$

$$\sum M_A(\boldsymbol{F}) = 0, \quad F_C \cos 30° \times 4l - 2ql \times 2l + M_A - M = 0$$

解得

$$M_A = 35.01 \text{ kN} \cdot \text{m}, \quad F_{Ax} = 0.72 \text{ kN}, \quad F_{Ay} = 8.75 \text{ kN}$$

本题先取梁 BC 为研究对象，可先求出 3 个未知的约束，然后取梁 AB 或整体系统为研究对象，可做到列 1 个方程解 1 个未知量，解题过程简洁。

例题 3-12   三铰拱由 AC、BC 两部分组成，如图 3-37a 所示。已知：$q = 10$ kN/m，不计自重。试求支座 A、B 的约束力。

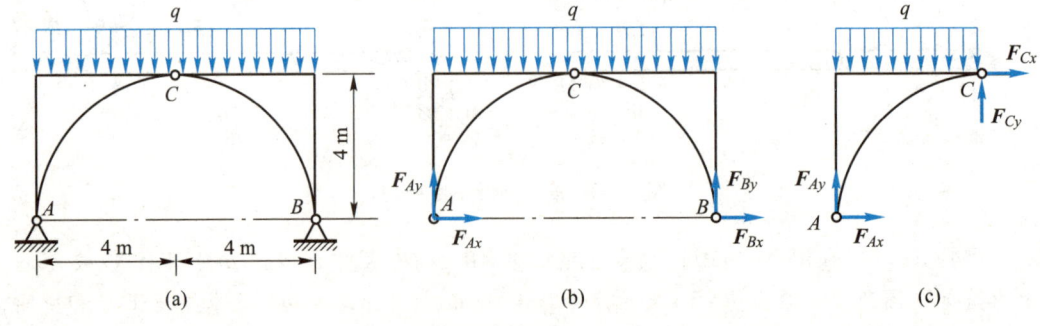

图 3-37   例题 3-12 图

解：三铰拱有三个铰链约束（两个固定铰支座约束，一个光滑圆柱铰链约束），每个铰链约束有 2 个未知量，共有 6 个未知量。由于该拱由 AC、BC 两部分组成，各受平面任意力系作用,共有 6 个独立的平衡方程,因而是静定系统。若分别取 AC、BC 为研究对象,各列出 3 个平衡方程,即可解出全部未知量。也可以先取整体系统为研究对象列出 3 个平衡方程,再取一个局部为研究对象列出 3 个平衡方程;还可以先取一个局部为研究对象列出 3 个平衡方程,再取整体系统为研究对象列出 3 个平衡方程。所以,物体系统平衡问题的解法是很灵活的。

下面以先取整体系统为研究对象再取左半拱为研究对象为例求解本题。

(1) 取整体系统为研究对象,画受力图如图 3-37b 所示,列平衡方程

$$\sum M_A(\boldsymbol{F}) = 0, \quad F_{By} \times 8 \ \text{m} - q \times 8 \ \text{m} \times 4 \ \text{m} = 0, \quad F_{By} = 40 \ \text{kN}$$
$$\sum F_y = 0, \quad F_{Ay} + F_{By} - q \times 8 \ \text{m} = 0, \quad F_{Ay} = 40 \ \text{kN}$$
$$\sum F_x = 0, \quad F_{Ax} + F_{Bx} = 0 \tag{a}$$

(2) 取 AC 部分为研究对象,画受力图如图 3-37c 所示,列平衡方程

$$\sum M_C(\boldsymbol{F}) = 0, \quad F_{Ax} \times 4 \ \text{m} - F_{Ay} \times 4 \ \text{m} + q \times 4 \ \text{m} \times 2 \ \text{m} = 0, \quad F_{Ax} = 20 \ \text{kN}$$

代入式 (a) 得

$$F_{Bx} = 20 \ \text{kN}$$

在求解静定物体系统的平衡问题时,选择合适的研究对象是关键。可以选每个物体为研究对象,列出全部平衡方程,然后求解;也可以先取整个系统为研究对象,列出平衡方程,解出部分或全部的未知量后,再从系统中选取某些物体(或物体组合)作为研究对象,列出另外的平衡方程,直至求出所有的未知量。

自测题 3.4

自测题 3.4.1　静不定问题产生的原因主要是＿＿＿＿＿＿＿＿＿＿＿＿。

自测题 3.4.2　静不定问题的特点是未知量的数目多于系统独立平衡方程的数目,所以未知量不能由平衡方程全部求出。这一说法(　　　　)。

A. 正确　　　　　　　　　　B. 错误

自测题 3.4
参考答案

习　题

3.1　四连杆机构如图 3-38 所示,今在铰链 A 上作用一力 $\boldsymbol{F}_1$,铰链 B 上作用一力 $\boldsymbol{F}_2$,方向如图所示。机构在图示位置处于平衡。不计杆重,试求 $\boldsymbol{F}_1$ 与 $\boldsymbol{F}_2$ 的关系。

3.2　物体重 $W = 20 \ \text{kN}$,用绳子挂在支架的滑轮 B 上,绳子的另一端接在绞车 D 上,如图 3-39 所示。转动绞车,物体便能升起。设滑轮的大小、杆 AB 与杆 CB 自重及摩擦略去不计,A、B、C 三处均为铰链连接。当物体处于平衡状态时,试求拉杆 AB 和支杆 CB 所受的力。

第 3 章习题
参考答案

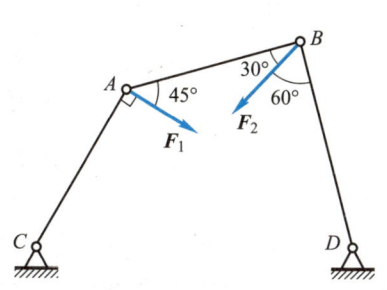

图 3-38　习题 3.1 图

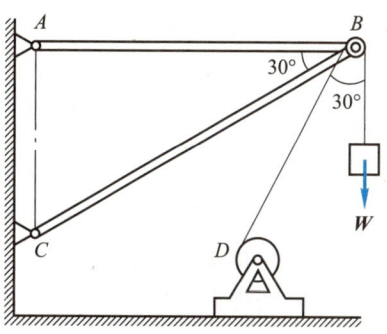

图 3-39　习题 3.2 图

3.3　图 3-40 所示为一拔桩装置。在木桩的点 A 上系一绳,将绳的另一端固定在点 C,在绳的点 B 系另一绳 BE,将它的另一端固定在点 E。然后在绳的点 D 用力向下拉,并使绳的 BD 段水平、AB 段铅垂,DE 段与水平线、CB 段与铅垂线间成等角 $\theta = 0.1$ rad(弧度)(当 θ 很小时,$\tan \theta \approx \theta$)。如向下的拉力 $F = 800$ N,试求绳 AB 作用于桩上的拉力。

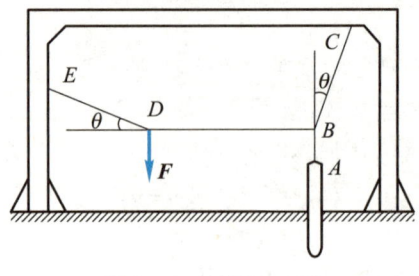

图 3-40　习题 3.3 图

3.4　试求图 3-41 所示各力 F 对点 O 的矩。

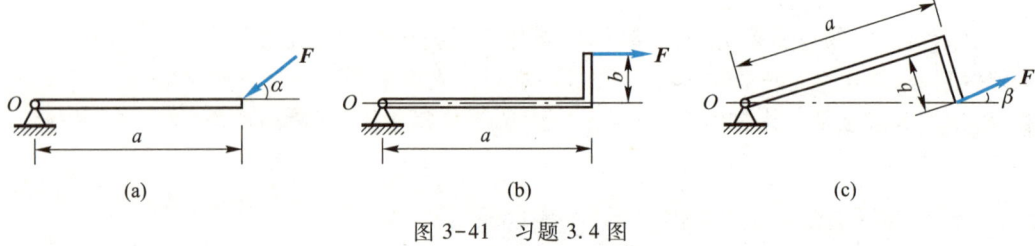

(a)　　　　　　　　　　　(b)　　　　　　　　　　　(c)

图 3-41　习题 3.4 图

3.5　如图 3-42 所示,扳手上作用有力 F,扳手尺寸如图所示,$\theta = 45°$。试求力 F 对螺母的力矩。

3.6　四连杆机构如图 3-43 所示,已知:$OA = 0.4$ m,$O_1B = 0.6$ m,$M_1 = 1$ N·m。各杆重量不计。机构在图示位置处于平衡,试求力偶矩 M_2 的大小和杆 AB 所受的力。

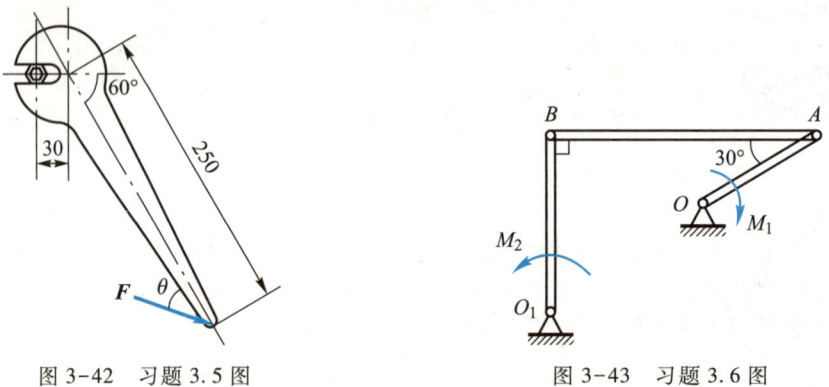

图 3-42　习题 3.5 图　　　　　　　　图 3-43　习题 3.6 图

3.7　如图 3-44 所示,平面任意力系中 $F_1 = 40\sqrt{2}$ N,$F_2 = 80$ N,$F_3 = 40$ N,$F_4 = 110$ N,$M = 2\,000$ N·mm。各力作用位置如图所示,图中尺寸的单位为 mm。试求:(1) 力系向 O 点简化的结果;(2) 力系的合力的大小和方向。

3.8　电动机重 $W = 5$ kN,放在水平梁 AC 的中央,如图 3-45 所示。不计梁和撑杆的重量,试求铰支座 A 处的约束力和撑杆 BC 所受的压力。

3.9　如图 3-46 所示,两水池由闸门板分开,此板与水平面成 60° 角,板长 2 m,板的上部沿水平线 $A-A$ 与池壁铰接。右池水面与 $A-A$ 线相齐,左池无水。水压力垂直于板,合力 F_R 作用于 C 点,大小为 16.97 kN。不计板重,试求能拉开闸门板的最小铅垂力 F。

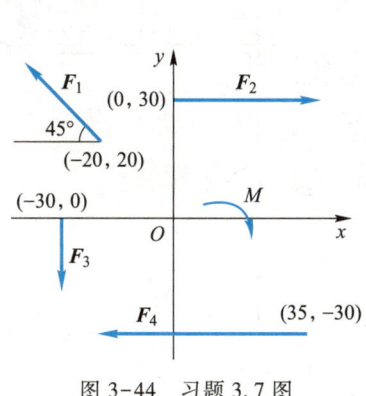

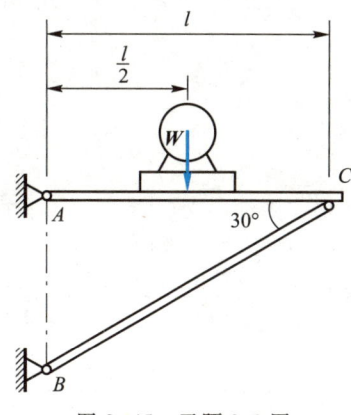

图 3-44　习题 3.7 图　　　　　　图 3-45　习题 3.8 图

3.10　锻锤工作时,若已知作用于锤头上的力如图 3-47 所示,$F = F' = 1\ 000$ kN,偏心距 $e = 20$ mm,锤头高度 $h = 200$ mm。试求锤头加给两侧导轨的压力。

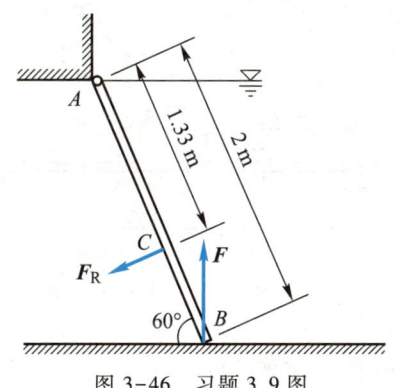

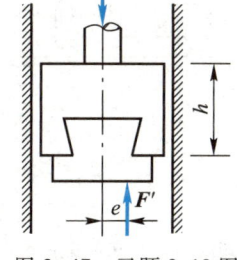

图 3-46　习题 3.9 图　　　　　图 3-47　习题 3.10 图

3.11　水平梁的支承和载荷如图 3-48 所示。已知力 F、力偶矩为 M 的力偶和均布载荷 q。不计梁自重,试求支座 A 和 B 处的约束力。

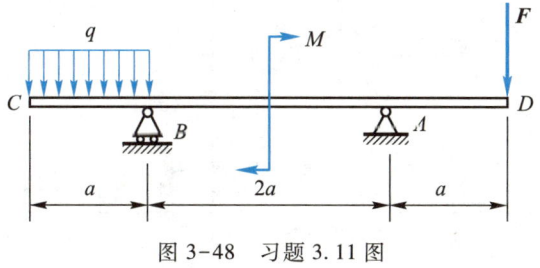

图 3-48　习题 3.11 图

3.12　梁的支承和载荷如图 3-49 所示。$F = 3$ kN,三角形分布载荷的最大值 $q = 1$ kN/m。不计梁重,试求支座 A、B 的约束力。

3.13　刚架的结构和载荷如图 3-50 所示。不计刚架自重,试求其支座约束力。

3.14　如图 3-51 所示,汽车停在长为 20 m 的水平桥上,前轮压力为 10 kN,后轮压力为 20 kN。汽车前后两轮间的距离为 2.5 m。试问汽车后轮到支座 A 的距离 x 为多大时,方能使支座 A 与 B 所受的压力相等?

3.15　如图 3-52 所示,在均质梁 AB 上铺设有起重机轨道。起重机重为 50 kN,其重心在铅垂线 CD 上,重物的重量 $W = 10$ kN,梁重为 30 kN,尺寸如图。试求当起重机的伸臂和梁 AB 在同一铅垂面内时,支座 A 和 B 的约束力。

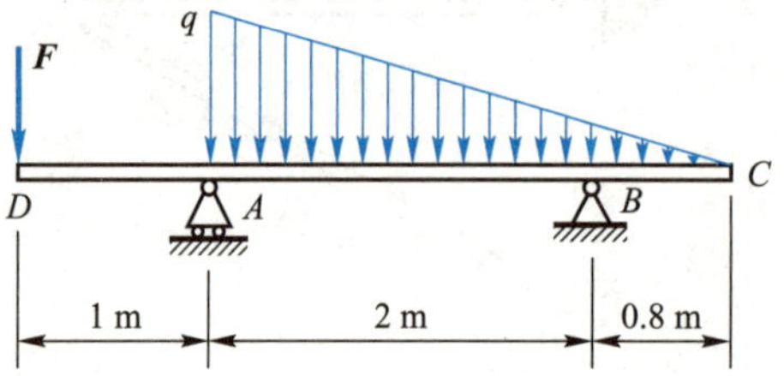

图 3-49　习题 3.12 图

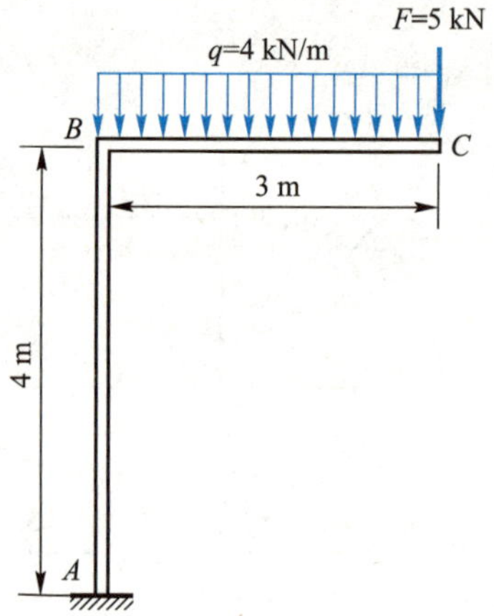

图 3-50　习题 3.13 图

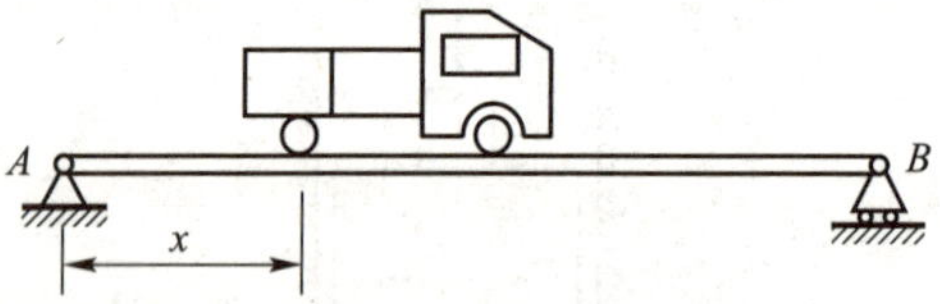

图 3-51　习题 3.14 图

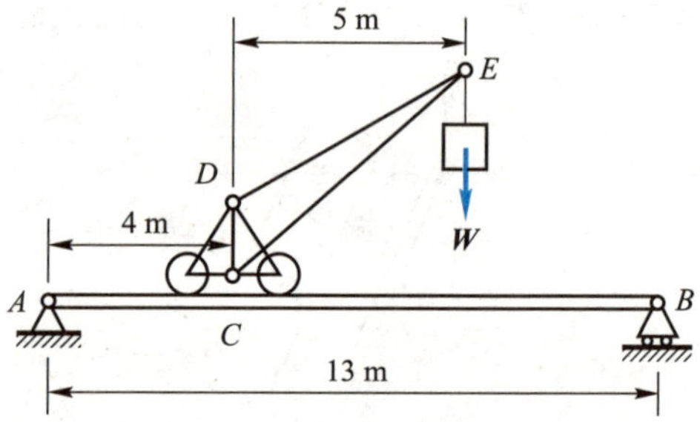

图 3-52　习题 3.15 图

3.16　如图 3-53 中 a、b、c、d 各图所示组合梁,已知梁的支承和载荷,不计梁的自重,试求各组合梁在 A、B、C 三处的约束力。

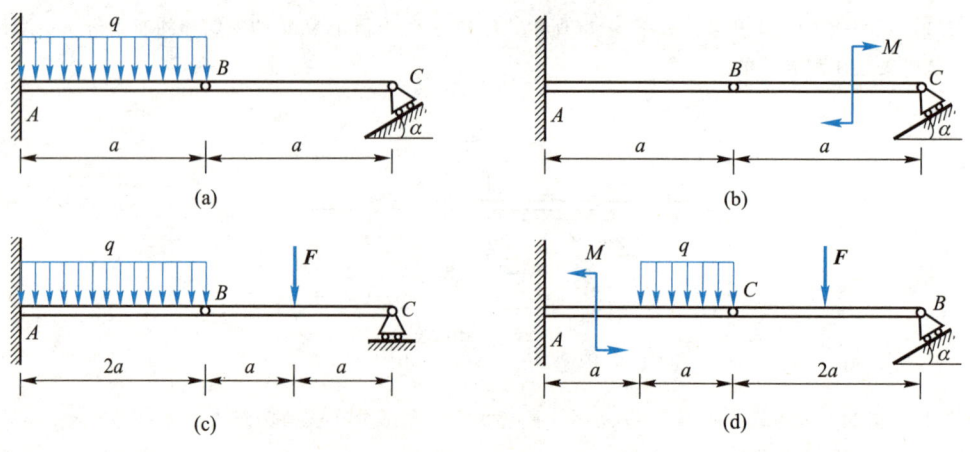

图 3-53　习题 3.16 图

3.17　由 AC 和 CD 构成的组合梁通过铰链 C 连接,其支承和受力如图 3-54 所示。已知均布载荷 $q = 10$ kN/m,力偶矩 $M = 40$ kN·m,不计梁重。试求支座 A、B、D 的约束力和铰链 C 处所受的力。

3.18　梯子的两部分 AB 和 AC 在点 A 铰接,又在 D、E 两点用水平绳连接,如图 3-55 所示。梯子放在光滑的水平面上,其一边作用有铅垂力 F,尺寸如图所示。不计梯重,试求绳的拉力 F_T 和 A、B、C 三处的约束力。

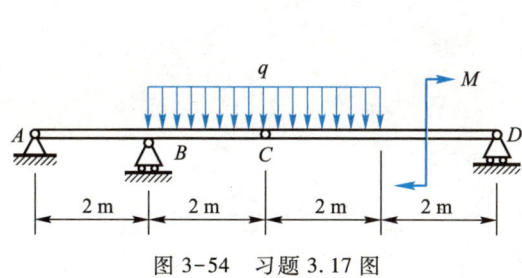

图 3-54 习题 3.17 图

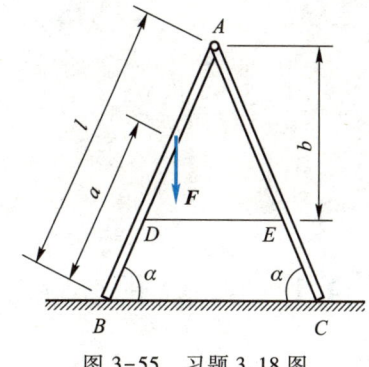

图 3-55 习题 3.18 图

3.19 如图 3-56 所示,刚架受均布载荷 $q = 15$ kN/m 及力 $F = 60$ kN 作用。不计刚架自重,试求支座 A、B 的约束力。

3.20 三铰拱如图 3-57 所示。已知:$W = 300$ kN,$l = 32$ m,$h = 10$ m。试求支座 A、B 的约束力。

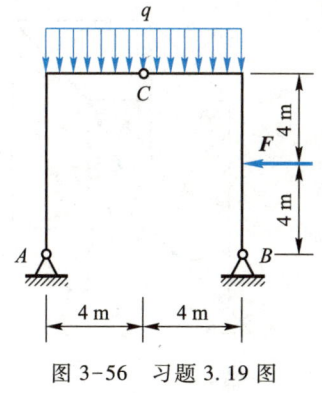

图 3-56 习题 3.19 图

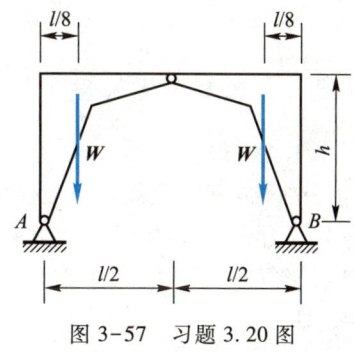

图 3-57 习题 3.20 图

第4章　空间力系的简化与平衡

4.1　空间力的分解与投影

4.1.1　力沿直角坐标轴的分解

用 F_x、F_y、F_z 表示力 F 沿直角坐标轴 x、y、z 的分量，i、j、k 分别表示沿坐标轴 x、y、z 方向的单位矢量，如图 4-1 所示，则

$$F = F_x + F_y + F_z = F_x i + F_y j + F_z k \qquad (4-1)$$

式中，F_x、F_y、F_z 分别为力 F 在坐标轴 x、y、z 上的投影。

4.1.2　力在直角坐标轴上的投影

1. 直接投影法

已知一空间力 F 与空间直角坐标系 $Oxyz$ 三个坐标轴间的夹角分别为 α、β、γ，如图 4-2 所示，则力 F 在三个坐标轴上的投影等于力 F 的大小乘以力 F 与各坐标轴夹角的余弦，即

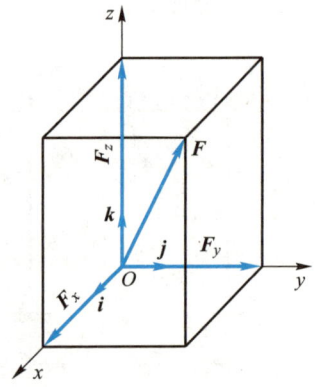

图 4-1　力沿坐标轴的分解

$$\left.\begin{aligned} F_x &= F\cos\alpha \\ F_y &= F\cos\beta \\ F_z &= F\cos\gamma \end{aligned}\right\} \qquad (4-2)$$

2. 间接投影法

若已知力 F 与 z 轴的夹角和其水平投影与 x 轴之间的夹角时，可先将力 F 分解为沿 z 轴和垂直于 z 轴的两个分力 F_z 和 F_{xy}，然后再将这两个力分别投影到各坐标轴上。在图 4-3 中，已知角 γ 和 φ，则力 F 在三个坐标轴上的投影分别为

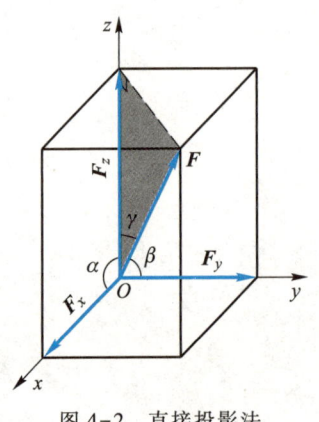

图 4-2　直接投影法

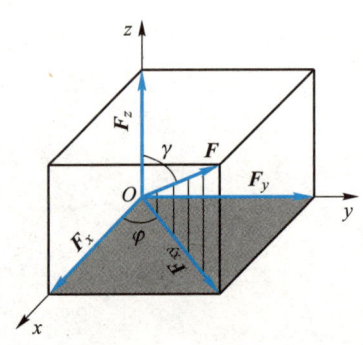

图 4-3　间接投影法

$$\left.\begin{aligned}F_x &= F\sin\gamma\cos\varphi\\F_y &= F\sin\gamma\sin\varphi\\F_z &= F\cos\gamma\end{aligned}\right\} \tag{4-3}$$

如果已知力 $\boldsymbol{F}$ 在直角坐标系 $Oxyz$ 的三个坐标投影,则力 $\boldsymbol{F}$ 的大小和方向余弦为

$$\left.\begin{aligned}F &= \sqrt{F_x^2+F_y^2+F_z^2}\\\cos(\boldsymbol{F},\boldsymbol{i}) &= \frac{F_x}{F}\\\cos(\boldsymbol{F},\boldsymbol{j}) &= \frac{F_y}{F}\\\cos(\boldsymbol{F},\boldsymbol{k}) &= \frac{F_z}{F}\end{aligned}\right\} \tag{4-4}$$

例题 4-1　如图 4-4 所示,已知:$F_1=500$ N,$F_2=1\,000$ N,$F_3=1\,500$ N。试求各力在坐标轴上的投影。

解:由于长方体的尺寸已知,所以可用直接投影法求 $\boldsymbol{F}_1$、$\boldsymbol{F}_2$、$\boldsymbol{F}_3$ 在坐标轴上的投影。

$$F_{x1}=0,\quad F_{y1}=0,\quad F_{z1}=-F_1=-500\ \text{N}$$

$$F_{x2}=0,\quad F_{y2}=F_2\frac{4}{\sqrt{2.5^2+4^2}}=848\ \text{N}$$

$$F_{z2}=F_2\frac{2.5}{\sqrt{2.5^2+4^2}}=530\ \text{N}$$

$$F_{x3}=F_3\frac{3}{\sqrt{2.5^2+4^2+3^2}}=805\ \text{N}$$

$$F_{y3}=-F_3\frac{4}{\sqrt{2.5^2+4^2+3^2}}=-1\,073\ \text{N}$$

$$F_{z3}=F_3\frac{2.5}{\sqrt{2.5^2+4^2+3^2}}=671\ \text{N}$$

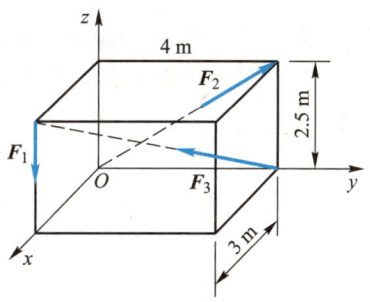

图 4-4　例题 4-1 图

自测题 4.1

自测题 4.1.1　如图 4-5 所示,力 $\boldsymbol{F}$ 在三个坐标轴 x、y、z 上投影的大小为＿＿＿＿、＿＿＿＿、＿＿＿＿。该力 $\boldsymbol{F}$ 的矢量表达式为＿＿＿＿＿＿＿＿。立方体的边长为 $2a$。

自测题 4.1
参考答案

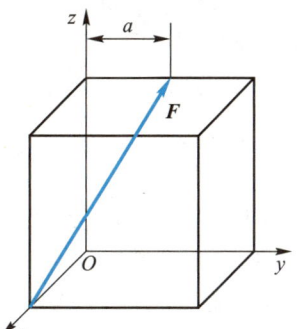

图 4-5　自测题 4.1.1 图

4.2　力对点之矩和力对轴之矩

4.2.1　力对点之矩

如图 4-6 所示,空间力 F 使刚体在 OAB 平面内绕 O 点转动,这便是空间力 F 对点 O 之矩。在空间中,力对点之矩这个概念除了包括力矩的大小和转向外,还应包括力的作用线与矩心所组成的平面的方位。因此,可以用一个矢量来表示这三个因素。矢量的模等于力的大小与矩心到力作用线的垂直距离 h(力臂)的乘积;矢量的方位与力和矩心组成的平面的法线的方位一致;矢量的指向按右手螺旋法则确定:伸出右手,四指顺着力所引起的刚体转动的转向,大拇指所指的方向即为该矢量的指向,如图 4-6 所示。

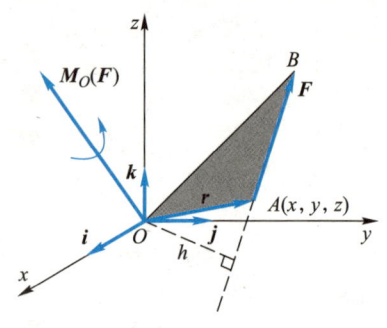

图 4-6　力对点之矩

力 F 对点 O 之矩的矢量记作 $M_O(F)$。力矩的大小为

$$|M_O(F)| = Fh$$

式中,F 是力 F 的模,h 为矩心到力 F 作用线的距离。

由图 4-6 可见,以 r 表示力作用点 A 的矢径,则矢积 $r \times F$ 与力矩矢 $M_O(F)$ 一致。因此可得

$$M_O(F) = r \times F \tag{4-5}$$

上式为力对点之矩的矢积表达式,即力对点之矩矢等于矩心到该力作用点的矢径与该力的矢量积。

以矩心 O 为原点,建立空间直角坐标系 $Oxyz$,如图 4-6 所示,令 i、j、k 分别为坐标轴 x、y、z 方向的单位矢量。设力作用点 A 的坐标为 $A(x,y,z)$,力在三个坐标轴上的投影分别为 F_x、F_y、F_z,则矢径 r 和力 F 分别为

$$r = xi + yj + zk$$

$$F = F_x i + F_y j + F_z k$$

代入式(4-5),并用行列式计算,得

$$M_O(F) = r \times F = \begin{vmatrix} i & j & k \\ x & y & z \\ F_x & F_y & F_z \end{vmatrix} = (yF_z - zF_y)i + (zF_x - xF_z)j + (xF_y - yF_x)k \tag{4-6}$$

显然,力矩矢 $M_O(F)$ 与矩心的位置有关,是定位矢量。

4.2.2　力对轴之矩

工程中经常有刚体绕定轴转动的情况,如齿轮绕主轴轴线的转动、门绕铰链的转动等。可用力对轴之矩来度量力对绕定轴转动刚体的作用效果。如图 4-7a 所示,刚体上作用一力 F,使其绕固定轴 z 转动。现将力 F 分解为平行于 z 轴的分力 F_z 和垂直于 z 轴的分力 F_{xy}(此力的大小即为力 F 在垂直于 z 轴的平面 Oxy 上的投影)。分力 F_z 不能使静止的刚体绕 z 轴转动,故力 F_z 对 z 轴之矩为零,只有分力 F_{xy} 才能使静止的刚体绕 z 轴转动。现用符号 $M_z(F)$ 表示力 F 对 z 轴之矩,点 O 为平面 Oxy 与 z 轴

的交点，h 为点 O 到力 $\boldsymbol{F}_{xy}$ 作用线的距离。因此，分力 $\boldsymbol{F}_{xy}$ 对点 O 的矩就是力 $\boldsymbol{F}$ 对轴的矩，即

$$M_z(\boldsymbol{F}) = M_O(\boldsymbol{F}_{xy}) = \pm F_{xy}h \tag{4-7}$$

所以，力对轴之矩可定义如下：力对轴之矩是力使刚体绕该轴转动效果的度量，是一个代数量，其绝对值等于该力在垂直于该轴的平面上的投影对于这个平面与该轴的交点之矩的大小。其正负号按如下方法确定：从轴正向来看，若力的这个投影使物体绕该轴按逆时针转向转动，则取正号；反之取负号。也可按右手螺旋法则确定其正负号，如图 4-7b 所示，拇指指向与 z 轴正向一致为正，反之为负。

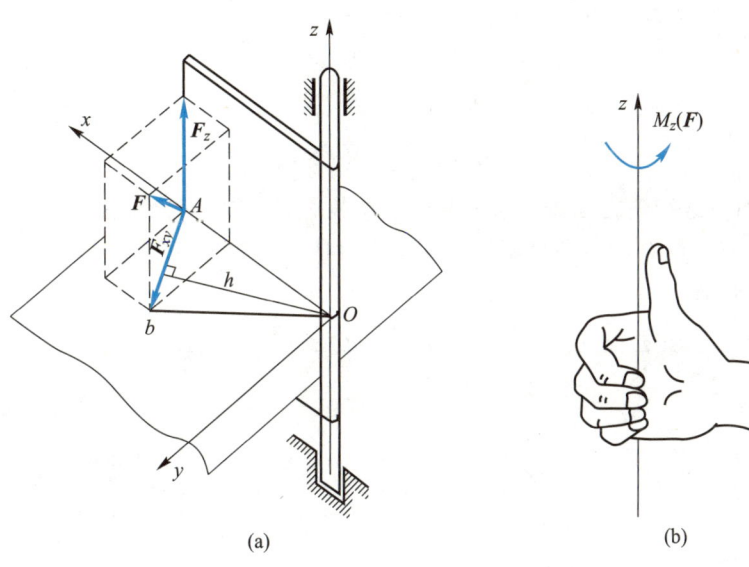

(a)　　　　　　　　　　　　　(b)

图 4-7　力对轴之矩

下列两种情形时力对轴之矩等于零：

（1）力与轴平行时；

（2）力与轴相交时。

即当力与轴在同一平面时，力对该轴之矩等于零。

力对轴之矩的单位为牛·米（N·m）或千牛·米（kN·m）。

力对轴之矩也可用解析式表示。设力 $\boldsymbol{F}$ 在三个坐标轴上的投影分别为 F_x、F_y、F_z，力作用点 A 的坐标为 x、y、z，如图 4-8 所示。根据合力矩定理，得

$$M_z(\boldsymbol{F}) = M_O(\boldsymbol{F}_{xy}) = M_O(\boldsymbol{F}_x) + M_O(\boldsymbol{F}_y)$$

即

$$M_z(\boldsymbol{F}) = xF_y - yF_x$$

同理可得其余二式。将此三式合写为

$$\left.\begin{array}{l} M_x(\boldsymbol{F}) = yF_z - zF_y \\ M_y(\boldsymbol{F}) = zF_x - xF_z \\ M_z(\boldsymbol{F}) = xF_y - yF_x \end{array}\right\} \tag{4-8}$$

以上三式即为求力对轴之矩的解析式。

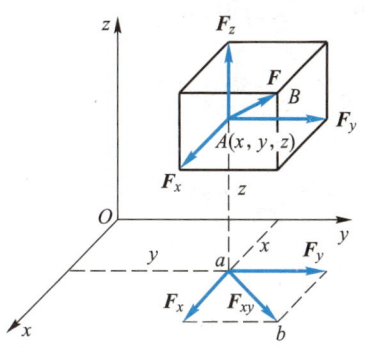

图 4-8　力对轴之矩的解析表达

4.2.3　力对点之矩与力对通过该点的轴之矩的关系

由式(4-6)可知,其单位矢量 i、j、k 前面的三个系数,应分别表示力对点之矩矢 $M_O(F)$ 在三个坐标轴上的投影,即

$$
\left.\begin{array}{l}
\left| M_O(F) \right|_x = yF_z - zF_y \\[4pt]
\left| M_O(F) \right|_y = zF_x - xF_z \\[4pt]
\left| M_O(F) \right|_z = xF_y - yF_x
\end{array}\right\} \tag{4-9}
$$

比较式(4-8)与式(4-9),可得

$$
\left.\begin{array}{l}
\left| M_O(F) \right|_x = M_x(F) \\[4pt]
\left| M_O(F) \right|_y = M_y(F) \\[4pt]
\left| M_O(F) \right|_z = M_z(F)
\end{array}\right\} \tag{4-10}
$$

上式表明:力对点之矩矢在通过该点的某轴上的投影,等于力对该轴之矩。

如果力对通过点 O 的直角坐标轴 x、y、z 的矩是已知的,则可求得该力对点 O 之矩的大小和方向余弦为

$$
\left.\begin{array}{l}
\left| M_O(F) \right| = \sqrt{\left[M_x(F) \right]^2 + \left[M_y(F) \right]^2 + \left[M_z(F) \right]^2} \\[10pt]
\cos \alpha = \dfrac{M_x(F)}{\left| M_O(F) \right|} \\[10pt]
\cos \beta = \dfrac{M_y(F)}{\left| M_O(F) \right|} \\[10pt]
\cos \gamma = \dfrac{M_z(F)}{\left| M_O(F) \right|}
\end{array}\right\} \tag{4-11}
$$

式中,α、β、γ 分别为力矩矢 $M_O(F)$ 与 x、y、z 轴间的夹角。

例题 4-2　如图 4-9 所示,铅垂力 $F = 500$ N,作用于曲柄上,图中尺寸的单位为 mm。试求此力对轴 x、y、z 之矩及对原点 O 之矩。

解:首先,根据力对轴之矩的定义,求出力 F 对坐标轴 x、y、z 之矩,即

$M_x(F) = -F(300 \text{ mm} + 60 \text{ mm})$

$\qquad = -500 \times 360 \text{ N} \cdot \text{mm} = -180 \text{ N} \cdot \text{m}$

$M_y(F) = -F \times 360 \text{ mm} \times \cos 30°$

$\qquad = -500 \times 360 \times \dfrac{\sqrt{3}}{2} \text{ N} \cdot \text{mm} = -155.9 \text{ N} \cdot \text{m}$

$\qquad M_z(F) = 0$

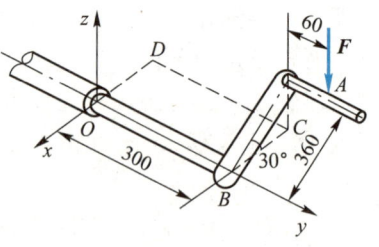

图 4-9　例题 4-2 图

由式(4-11)得

$$\left| M_O(F) \right| = \sqrt{(-180)^2 + (-155.9)^2} \text{ N} \cdot \text{m} = 238.1 \text{ N} \cdot \text{m}$$

其方向余弦为

$$\cos \alpha = \frac{-180}{238.1} = -0.756\,0, \quad \cos \beta = \frac{-155.9}{238.1} = -0.654\,8, \quad \cos \gamma = 0$$

可见,$M_O(F)$ 位于 xOy 平面内的第三象限,它与 x、y 轴正向间的夹角分别为

$$\alpha = \pi + \arccos 0.756\ 0 = 180° + 40.9°$$
$$\beta = \pi - \arccos 0.654\ 8 = 180° - 49.1°$$

自测题 4.2

自测题 4.2.1　如图 4-10 所示,立方体边长为 a,力 $\boldsymbol{F}_1$ 对三个坐标轴 x、y、z 的力矩分别为＿＿＿＿、＿＿＿＿、＿＿＿＿,对坐标原点 O 的力矩的大小为＿＿＿＿。$\boldsymbol{F}_2$ 对三个坐标轴 x、y、z 的力矩分别为＿＿＿＿、＿＿＿＿、＿＿＿＿,对坐标原点 O 的力矩的大小为＿＿＿＿。

自测题 4.2.2　力对于一点之矩在一轴上的投影等于该力对于该轴之矩。这一说法(　　　　)。

A. 正确　　　　　　　　　　B. 错误

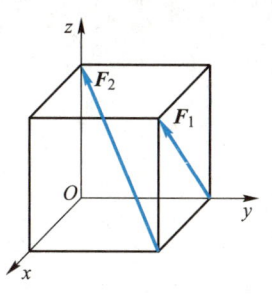

图 4-10　自测题 4.2.1 图

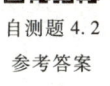
自测题 4.2
参考答案

4.3　空间力系的简化

4.3.1　空间力的平移定理

设有一力 $\boldsymbol{F}$,其作用点为 A,在空间中任取一点 B,如图 4-11a 所示。在 B 点加上两个互为平衡的力 $\boldsymbol{F}'$ 和 $\boldsymbol{F}''$,且 $\boldsymbol{F}' = \boldsymbol{F} = -\boldsymbol{F}''$,如图 4-11b 所示。不难看出,$(\boldsymbol{F}, \boldsymbol{F}'')$ 组成一力偶,其力偶矩矢等于力 $\boldsymbol{F}$ 对 B 点的力矩矢 $\boldsymbol{M}_B(\boldsymbol{F})$,如图 4-11c 所示。可见,原作用在 A 点的力 $\boldsymbol{F}$ 与力 $\boldsymbol{F}'$ 和力偶 $(\boldsymbol{F}, \boldsymbol{F}'')$ 等效。由此可得空间力的平移定理:作用在刚体上的一个力,可平行移至刚体中任意一指定点,但必须同时附加一力偶,其力偶矩矢等于原力对于指定点的力矩矢。

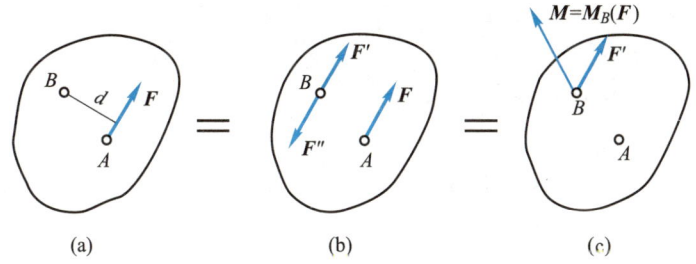

图 4-11　空间力的平移

4.3.2　空间任意力系向一点的简化·主矢和主矩

应用空间力的平移定理,将图 4-12a 所示的空间任意力系向简化中心 O 进行简化,依次将作用于刚体上的每个力平移到简化中心 O,同时附加一个相应的力偶。这样,就得到一个空间汇交力系和一个空间力偶系这两个简单力系,如图 4-12b 所示。其中

$$\boldsymbol{F}'_1 = \boldsymbol{F}_1, \quad \boldsymbol{F}'_2 = \boldsymbol{F}_2, \quad \cdots, \quad \boldsymbol{F}'_n = \boldsymbol{F}_n$$
$$\boldsymbol{M}_1 = \boldsymbol{M}_O(\boldsymbol{F}_1), \quad \boldsymbol{M}_2 = \boldsymbol{M}_O(\boldsymbol{F}_2), \quad \cdots, \quad \boldsymbol{M}_n = \boldsymbol{M}_O(\boldsymbol{F}_n)$$

作用于点 O 的空间汇交力系可合成一力 $\boldsymbol{F}'_R$(图 4-12 c),此力的作用线通过点 O,其大小和方向等于力系的主矢,即

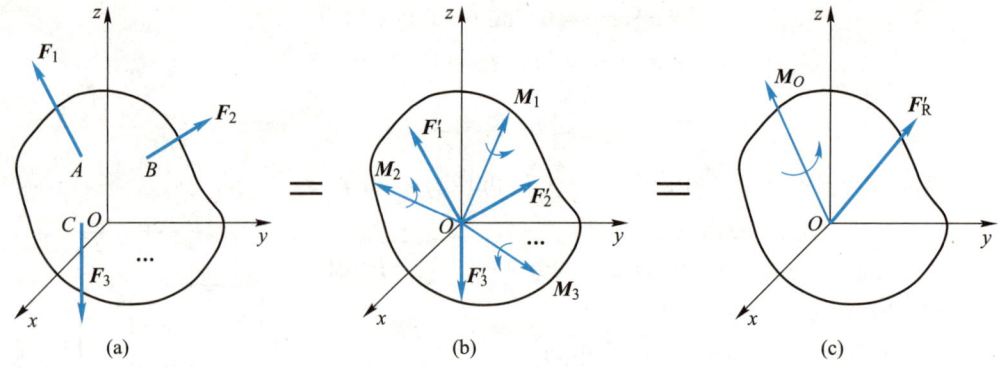

图 4-12   空间力系的简化

$$F'_R = \sum_{i=1}^{n} F'_i = \sum_{i=1}^{n} F_i = \sum_{i=1}^{n} F_x i + \sum_{i=1}^{n} F_y j + \sum_{i=1}^{n} F_z k \qquad (4-12)$$

空间分布的力偶系可合成为一力偶（图 4-12c）。以 M_O 表示其力偶矩矢，它等于各附加力偶矩矢的矢量和，又等于各力对于点 O 之矩的矢量和，即原力系对点 O 的主矩为

$$M_O = \sum_{i=1}^{n} M_i = \sum_{i=1}^{n} M_O(F_i) = \sum_{i=1}^{n} (r_i \times F_i) \qquad (4-13)$$

由力矩的解析表达式（4-8），有

$$M_O(F) = \sum_{i=1}^{n} (y_i F_{zi} - z_i F_{yi}) i + \sum_{i=1}^{n} (z_i F_{xi} - x_i F_{zi}) j + \sum_{i=1}^{n} (x_i F_{yi} - y_i F_{xi}) k \qquad (4-14)$$

于是可得结论：空间任意力系向任一点 O 简化，可得一力和一力偶。这个力的大小和方向等于该力系的主矢，作用线通过简化中心 O；这个力偶的矩矢等于该力系对简化中心的主矩。主矢与简化中心的位置无关，主矩一般与简化中心的位置有关。

由式（4-12）可知，此力系主矢的大小和方向余弦为

$$\left. \begin{array}{l} F'_R = \sqrt{(\sum F_x)^2 + (\sum F_y)^2 + (\sum F_z)^2} \\ \\ \cos(F'_R, i) = \dfrac{\sum F_x}{F'_R} \\ \\ \cos(F'_R, j) = \dfrac{\sum F_y}{F'_R} \\ \\ \cos(F'_R, k) = \dfrac{\sum F_z}{F'_R} \end{array} \right\} \qquad (4-15)$$

在式（4-14）中，单位矢量 i、j、k 前的系数，即主矩 M_O 沿 x、y、z 轴的投影，也等于力系的各力对 x、y、z 轴之矩的代数和 $\sum M_x(F)$、$\sum M_y(F)$、$\sum M_z(F)$。

此力系对点 O 的主矩的大小和方向余弦为

$$\left. \begin{array}{l} M_O(F) = \sqrt{|\sum M_x(F)|^2 + |\sum M_y(F)|^2 + |\sum M_z(F)|^2} \\ \\ \cos[M_O(F), i] = \dfrac{\sum M_x(F)}{M_O(F)} \\ \\ \cos[M_O(F), j] = \dfrac{\sum M_y(F)}{M_O(F)} \\ \\ \cos[M_O(F), k] = \dfrac{\sum M_z(F)}{M_O(F)} \end{array} \right\} \qquad (4-16)$$

4.3.3　空间任意力系简化为平衡的情形

当空间任意力系向任一点简化时,若主矢 $\boldsymbol{F}'_R = 0$、主矩 $\boldsymbol{M}_O(\boldsymbol{F}) = 0$,则此空间任意力系处于平衡状态。空间任意力系处于平衡状态的充分必要条件是:该力系的主矢和对于任一点的主矩都等于零,即

$$\boldsymbol{F}'_R = 0$$

$$\boldsymbol{M}_O(\boldsymbol{F}) = 0$$

根据式(4-15)和式(4-16),可将上述条件写成空间任意力系的平衡方程

$$\left.\begin{array}{l} \sum F_x = 0 \\[4pt] \sum F_y = 0 \\[4pt] \sum F_z = 0 \\[4pt] \sum M_x(\boldsymbol{F}) = 0 \\[4pt] \sum M_y(\boldsymbol{F}) = 0 \\[4pt] \sum M_z(\boldsymbol{F}) = 0 \end{array}\right\} \tag{4-17}$$

于是得出结论:空间任意力系平衡的充分必要条件是,所有各力在三个坐标轴中每一个轴上的投影的代数和等于零,以及这些力对于每一个坐标轴的矩的代数和也等于零。

空间任意力系有 6 个独立的平衡方程,可以求解 6 个未知量。

空间特殊力系的平衡方程可由空间任意力系的平衡方程[式(4-17)]简化得到。

如当空间任意力系各力作用线交于一点时,则此力系为空间汇交力系,如图 4-13 所示。此时若按图示坐标,不论力系是否平衡,则 $\sum M_x(\boldsymbol{F}) = 0$、$\sum M_y(\boldsymbol{F}) = 0$、$\sum M_z(\boldsymbol{F}) = 0$ 恒成立,故空间汇交力系的平衡方程为

$$\left.\begin{array}{l} \sum F_x = 0 \\[4pt] \sum F_y = 0 \\[4pt] \sum F_z = 0 \end{array}\right\} \tag{4-18}$$

空间汇交力系有 3 个独立的平衡方程,可以求解 3 个未知量。

如当空间任意力系各力作用线相互平行时,则此力系为空间平行力系,如图 4-14 所示。此时不论力系是否平衡,则 $\sum M_z(\boldsymbol{F}) = 0$、$\sum F_x = 0$、$\sum F_y = 0$ 恒成立,故空间平行力系的平衡方程为

$$\left.\begin{array}{l} \sum F_z = 0 \\[4pt] \sum M_x(\boldsymbol{F}) = 0 \\[4pt] \sum M_y(\boldsymbol{F}) = 0 \end{array}\right\} \tag{4-19}$$

空间平行力系有 3 个独立的平衡方程,可以求解 3 个未知量。

当空间力系为空间力偶系时,如图 4-15 所示,则不论力系是否平衡,每一个力在 x、y、z 轴上的投影恒等于零,即 $\sum F_x = 0$、$\sum F_y = 0$、$\sum F_z = 0$。故空间力偶系的平衡方程为

$$\left.\begin{array}{l} \sum M_x(\boldsymbol{F}) = 0 \\[4pt] \sum M_y(\boldsymbol{F}) = 0 \\[4pt] \sum M_z(\boldsymbol{F}) = 0 \end{array}\right\} \tag{4-20}$$

空间力偶系有 3 个独立的平衡方程,可以求解 3 个未知量。

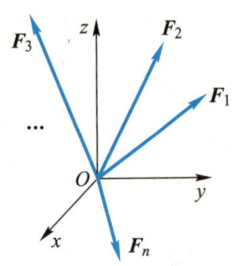

图 4-13　空间汇交力系

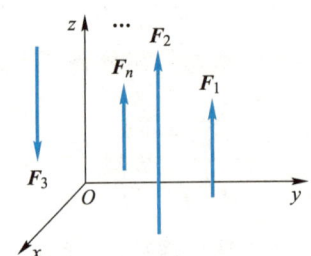

图 4-14　空间平行力系

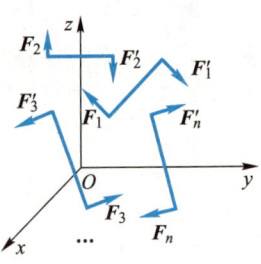

图 4-15　空间力偶系

自测题 4.3

自测题 4.3
参考答案

自测题 4.3.1　根据力的平移定理,可以将一个力分解为另一个力和一个力偶,反之也成立。这一说法(　　　)。

　　A. 正确　　　　　　　　　　　　B. 错误

自测题 4.3.2　空间任意力系总可以用两个力来平衡。这一说法(　　　)。

　　A. 正确　　　　　　　　　　　　B. 错误

自测题 4.3.3　图 4-16 所示立方体边长为 a,已知某力系向点 B 简化得到一合力,向点 C' 简化也得到一合力。则:

　　(a) 力系向点 A 简化和向点 A' 简化所得主矩相等。这一说法(　　　)。

　　A. 正确　　　　　　　　　　　　B. 错误

　　(b) 力系向点 A 简化和向点 O' 简化所得主矩相等。这一说法(　　　)。

　　A. 正确　　　　　　　　　　　　B. 错误

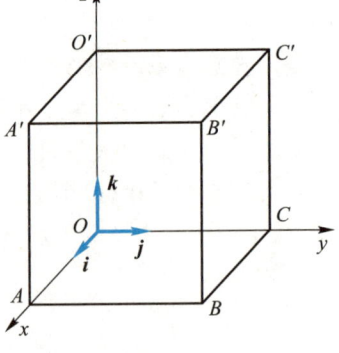

图 4-16　自测题 4.3.3 图

4.4　空间力系的平衡

4.4.1　空间约束和约束力

1. 球铰链

通过圆球和球壳将两个构件连接在一起的约束称为球铰链,如图 4-17a 所示。它使构件的球心不能有任何方向的位移,但可绕球心任意转动。若忽略摩擦,其约束力应是通过球心但方向不能预先确定的一个空间力,可用三个正交分力 F_{Ax}、F_{Ay}、F_{Az} 表示,其简图及约束力如图 4-17b 所示。

2. 向心轴承(径向轴承)

图 4-18a 所示为轴承装置,简图如图 4-18b 所示。轴可在轴承孔内任意转动,也可沿轴承孔的中心线移动。但是,轴承阻碍着轴沿径向向外的位移。忽略摩擦,当轴和轴承在

某点 A 光滑接触时,轴承对轴的约束力 $\boldsymbol{F}_A$ 作用在接触点 A,且沿公法线方向指向轴心,其受力如图 4-18b 所示。

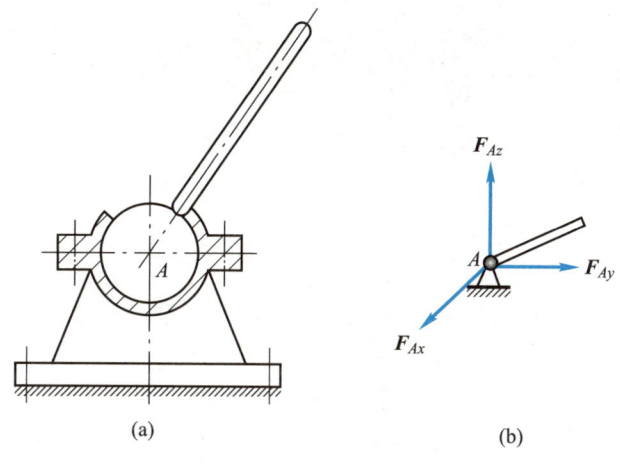

图 4-17　球铰链

但是,随着轴所受的主动力的不同,轴和孔的接触点的位置也随之不同。所以,当主动力尚未确定时,约束力的方向并不能确定。然而,无论约束力朝向何方,它的作用线必垂直于轴线并通过轴心。因此,约束力 $\boldsymbol{F}_A$ 通常可用通过轴心的两个大小未知的正交分力 $\boldsymbol{F}_{Ax}$、$\boldsymbol{F}_{Ay}$ 来表示,如图 4-18c 所示,$\boldsymbol{F}_{Ax}$、$\boldsymbol{F}_{Ay}$ 的指向可任意假定。

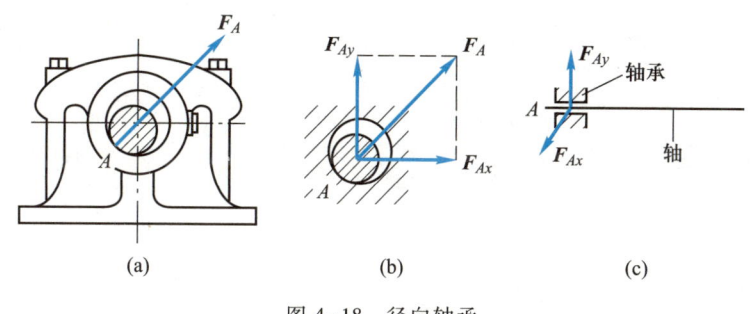

图 4-18　径向轴承

3. 止推轴承

与径向轴承不同,止推轴承除了能限制轴的径向位移以外,还能限制轴沿轴向的位移。因此,它比径向轴承多一个沿轴向的约束力,即其约束力有三个正交分量 F_{Ax}、F_{Ay}、F_{Az}。止推轴承的简图及其约束力如图 4-19 所示。

4. 空间固定端

物体在空间有 6 个自由度,即沿 x、y、z 三坐标轴的移动和绕此三坐标轴的转动。当刚体受到空间约束时,在每个约束处,其约束力的未知量可能有 1~6 个。可以这样来确定空间约束力的具体情况:物体的哪个自由度(位移)被限制,则哪个方面产生约束力(力偶)。如沿 x 轴的移动被限制,则产生沿 x 轴方向的约束力 $\boldsymbol{F}_x$;如绕 x 轴的转动被限制,则产生绕 x 轴方向的约束力偶 $\boldsymbol{M}_x$。如图 4-20a 所示,杆端的 6 个自由度全被限制,则产生 3 个约束力和 3 个约束力偶,如图 4-20b 所示。

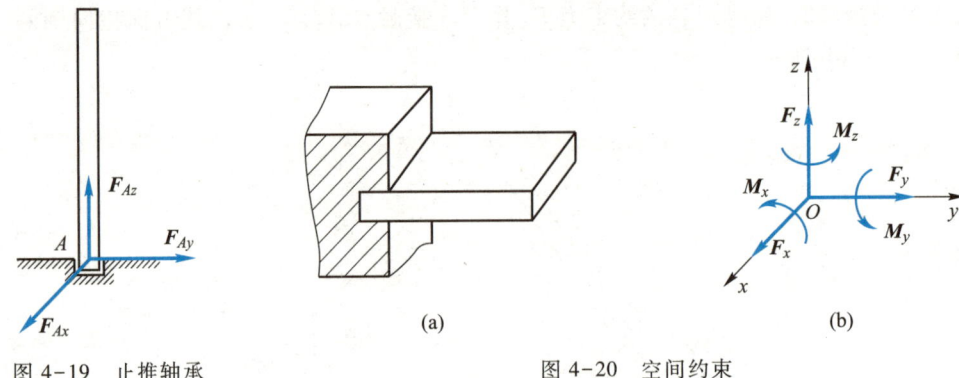

图 4-19   止推轴承   图 4-20   空间约束

分析实际约束时,要抓住主要因素,忽略一些次要因素,做一些合理的简化。

4.4.2   空间力系的平衡

单个刚体空间力系平衡问题的解法与平面力系平衡问题的解法类似,其解题步骤为:

(1) 取研究对象;

(2) 画受力图,考虑空间问题的特殊性,受力图一般画在原图上;

(3) 列平衡方程;

(4) 解方程组求解未知量。

例题 4-3   均质矩形薄板 $OABC$ 的重量 $W = 150$ N,用光滑球铰 O 和碟形铰链 A 与墙壁连接,B 处用绳子 BD 拉住并在水平位置保持静止,如图 4-21 所示。已知 $OA = a = 300$ mm,$AB = b = 400$ mm,$\angle DBO = 30°$。试求绳子的拉力和铰 O、A 的约束力。

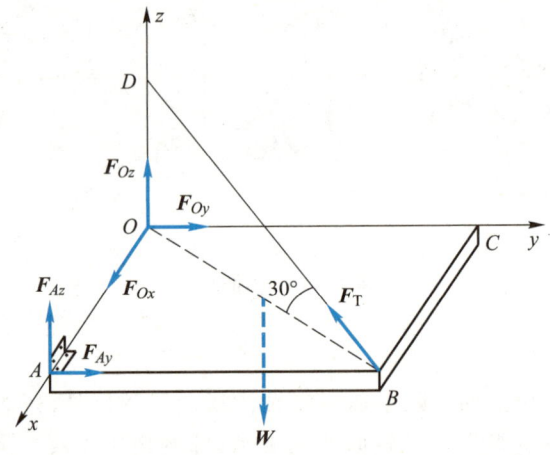

图 4-21   例题 4-3 图

解:(1) 取矩形薄板 $OABC$ 为研究对象。

(2) 画受力图。矩形薄板重为 $\boldsymbol{W}$,球铰 O 处有三个约束力 $\boldsymbol{F}_{Ox}$、$\boldsymbol{F}_{Oy}$、$\boldsymbol{F}_{Oz}$,碟形铰链 A 处有两个约束力 $\boldsymbol{F}_{Ay}$、$\boldsymbol{F}_{Az}$,B 处绳子拉力为 $\boldsymbol{F}_{T}$。受力图如图 4-21 所示。

(3) 列平衡方程并求解。此力系为空间力系,求 6 个未知量,可用 6 个独立方程求解。

$$\sum M_x(\boldsymbol{F}) = 0, \quad bF_T \sin 30° - \frac{b}{2}W = 0, \quad F_T = W = 150 \text{ N}$$

$$\sum M_y(\boldsymbol{F}) = 0, \quad \frac{a}{2}W - aF_{Az} - aF_T\sin 30° = 0, \quad F_{Az} = 0$$

$$\sum M_z(\boldsymbol{F}) = 0, \quad aF_{Ay} = 0, \quad F_{Ay} = 0$$

$$\sum F_x = 0, \quad F_{Ox} - F_T\cos 30° \frac{300}{\sqrt{300^2+400^2}} = 0, \quad F_{Ox} = 77.94 \text{ N}$$

$$\sum F_y = 0, \quad F_{Ay} + F_{Oy} - F_T\cos 30° \frac{400}{\sqrt{300^2+400^2}} = 0, \quad F_{Oy} = 103.92 \text{ N}$$

$$\sum F_z = 0, \quad F_{Az} + F_{Oz} - W + F_T\sin 30° = 0, \quad F_{Oz} = 75 \text{ N}$$

由上可知，碟形铰链 A 没有受力，球铰 O 三个方向的受力均为正值，表明实际受力方向与图示假设方向相同。

本题在解题过程中，先列力矩式，然后列投影式，可以保证列一个方程解一个未知量，不解联立方程组，使解题过程简洁。

例题 4-4　如图 4-22 所示为车床主轴。齿轮 C 节圆直径为 D = 200 mm，车刀切削力 $F_x = 466$ N，$F_y = 352$ N，$F_z = 1\,400$ N，车削工件直径 d = 100 mm，主轴自重不计。试求齿轮 C 啮合力 F_1 和轴承处的约束力。

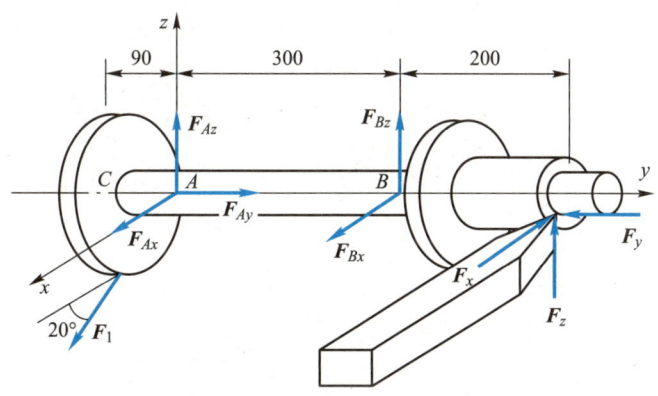

图 4-22　例题 4-4 图

解：（1）取车床主轴为研究对象。

（2）画受力图。车刀刀尖处的三个切削分力为 F_x、F_y、F_z，轴承 A 处的三个约束力分别为 F_{Ax}、F_{Ay}、F_{Az}，轴承 B 处的两个约束力分别为 F_{Bx}、F_{Bz}，齿轮 C 处的啮合力 F_1 在齿轮 C 的正下方，与啮合点切线的夹角为 20°。受力图如图 4-22 所示。

（3）列平衡方程并求解。此力系为空间力系，可列 6 个独立方程，求解 6 个未知量。

$$\sum M_y(\boldsymbol{F}) = 0, \quad \frac{D}{2}F_1\cos 20° - \frac{d}{2}F_z = 0, \quad F_1 = 745 \text{ N}$$

$$\sum F_y = 0, \quad F_{Ay} - F_y = 0, \quad F_{Ay} = 352 \text{ N}$$

$$\sum M_x(\boldsymbol{F}) = 0, \quad 300 \text{ mm} F_{Bz} - 90 \text{ mm} F_1\sin 20° + (300+200) \text{ mm} F_z = 0, \quad F_{Bz} = -2\,256.85 \text{ N}$$

$$\sum F_z = 0, \quad F_{Az} + F_{Bz} + F_1\sin 20° + F_z = 0, \quad F_{Az} = 601.91 \text{ N}$$

$$\sum M_z(\boldsymbol{F}) = 0, \quad (100+200) \text{ mm} F_x - 90 \text{ mm} F_1\cos 20° - 300 \text{ mm} F_{Bx} - \frac{d}{2}F_y = 0,$$

$$F_{Bx} = 507.98 \text{ N}$$

$$\sum F_x = 0, \quad F_{Ax} + F_{Bx} - F_1\cos 20° - F_x = 0, \quad F_{Ax} = 658.10 \text{ N}$$

B 处的约束力 F_{Bz} 为负值,表明实际受力方向与图示假设方向相反。其他各处的约束力均为正值,表明实际受力方向与图示假设方向相同。同样,本题在解题过程中,先列力矩式,再列投影式,可以不解联立方程组,使解题过程简洁。

<h3 style="text-align:center;color:#2a6bbd">自测题 4.4</h3>

自测题 4.4
参考答案

自测题 4.4.1 空间汇交力系有____个独立的平衡方程;空间平行力系有____个独立的平衡方程;空间力偶系有____个独立的平衡方程;空间任意力系有____个独立的平衡方程。

自测题 4.4.2 单个刚体空间力系平衡问题的解题步骤为:(1) _____;(2) _____;(3) _____;(4) _____。

习　题

第 4 章习题
参考答案

4.1 立方体尺寸和受力如图 4-23 所示,已知:$F_1 = 100$ N,$F_2 = 100$ N,$F_3 = 300$ N。试求:(1) 三个力分别在 x、y、z 轴上的投影;(2) 各力对点 O 的矩;(3) 各力对 x、y、z 轴的矩。图中的长度单位为 cm。

4.2 如图 4-24 所示,空间承重结构由两根杆件 AB、AC 和一根绳索 AD 组成。A、B、C 处均为光滑铰链。杆 AB、AC 处于水平位置,$\angle BAO = \angle CAO = 45°$,$\angle DAO = 30°$,$W = 100$ N。试求杆 AB、AC 的受力和绳索 AD 的拉力。

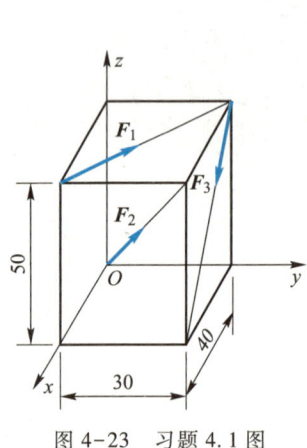

图 4-23 习题 4.1 图

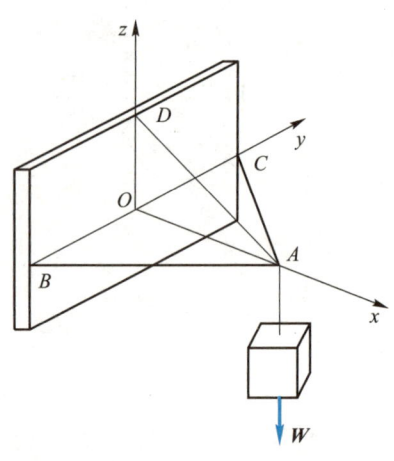

图 4-24 习题 4.2 图

4.3 脚踏式操纵装置如图 4-25 所示,已知脚踏力 $F_p = 300$ N,试求垂直操纵杆上产生的拉力 F 及轴承 A、B 处的约束力。图中的长度单位为 mm。

4.4 如图 4-26 所示,在扭转试验机中,扭矩的大小是根据测力计 B 的读数来确定的。假定测力计所指示的力为 F,杆 BC 与轴 DE 平行。已知 K 处为光滑接触,$BK = KC$,$\alpha = 90°$,$KL = a$,$LD = b$,$DE = c$,各构件的重量不计。试求扭矩 M 的大小及其对轴承 D 和 E 的压力。

4.5 如图 4-27 所示,已知车刀杆刀头上受径向力 $F_x = 150$ N、轴向力 $F_y = 75$ N、切削力 $F_z = 500$ N,刀尖位于 Oxy 平面内,工件直径为 150 mm,刀尖距 x 轴的距离为 200 mm。工件重量不计。试求被切削工件左端 O 处的约束力。

4.6 如图 4-28 所示,水平轴上装有两个带轮 C 和 D,轮的半径 $r_1 = 20$ cm、$r_2 = 25$ cm,轮 C 的胶带是水平的,其拉力 $F_1 = 2F_2 = 5\,000$ N,轮 D 的胶带与铅垂线的夹角为 30°,其拉力 $F_3 = 2F_4$,$a = b = 150$ mm,$c = 300$ mm,轮、轴的重量不计。试求在平衡状态下拉力 F_3、F_4 的大小和轴承的约束力。

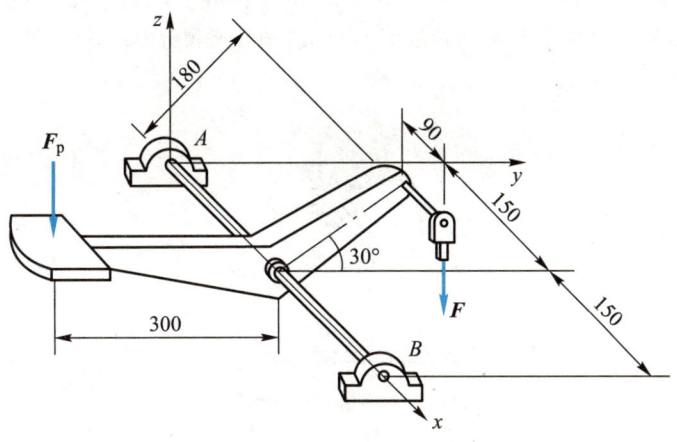

图 4-25 习题 4.3 图

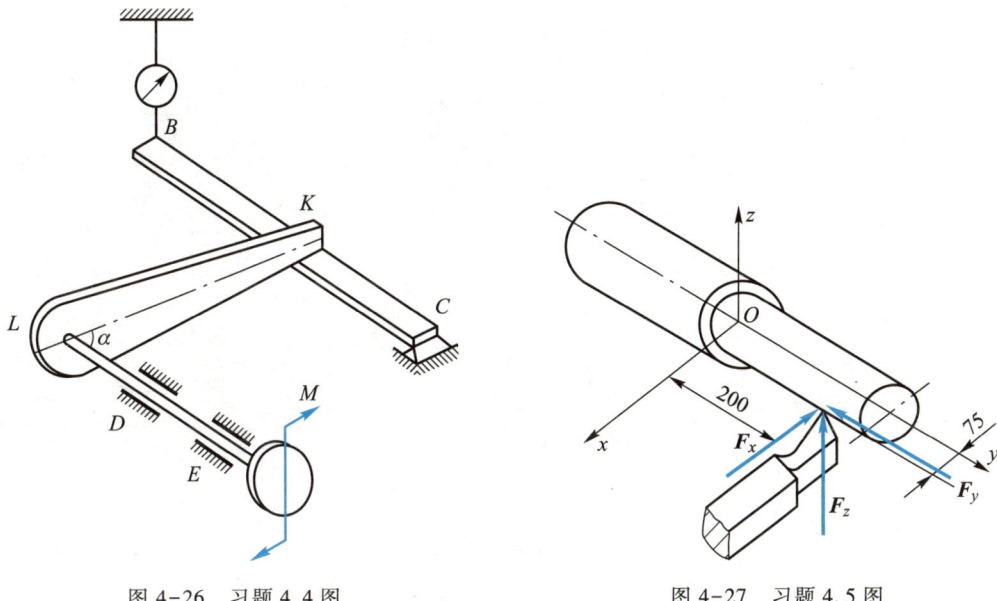

图 4-26 习题 4.4 图

图 4-27 习题 4.5 图

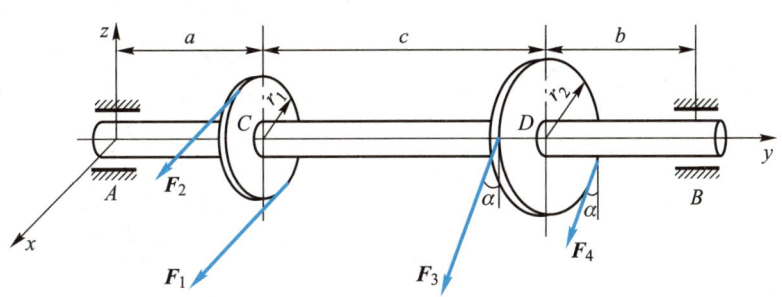

图 4-28 习题 4.6 图

4.7　无重曲杆 $ABCD$ 有两个直角,且平面 ABC 与平面 BCD 垂直。杆的 D 端为球铰支座,另一 A 端用轴承支持,如图 4-29 所示。在曲杆的 AB、BC 和 CD 上作用三个力偶,力偶所在平面分别垂直于 AB、BC 和 CD 三线段。已知力偶矩 M_2 和 M_3,试求使曲杆处于平衡的力偶矩 M_1 和支座 D、轴承 A 的约束力。

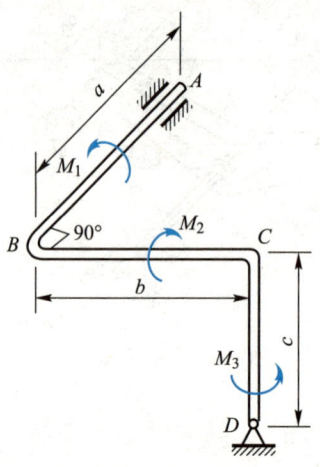

图 4-29　习题 4.7 图

第 2 篇　材 料 力 学

引　言

在材料力学这一篇中,将主要研究三个方面的问题:

(1) 构件的强度计算;

(2) 构件的刚度计算;

(3) 构件的稳定性计算。

第5章 材料力学基础

5.1 材料力学的研究对象和任务

材料力学是一门研究构件抗力性能的学科。构件是组成机械或结构物的部件。在使用中,每个构件都要受到从其他构件传递来的外力(即载荷)的作用。要保证机械或结构物的安全就要使所有构件都安全。构件安全必须具备下列三方面的要求。

1. 强度要求

强度是指构件抵抗破坏的能力。例如:冲床的曲轴,在工作冲压力的作用下不应折断;又如:储气罐或氧气瓶,在规定压力下不应爆破。

2. 刚度要求

刚度是指构件抵抗变形的能力。以机床的主轴为例,即使它有足够的强度,若变形过大,将使轴上的齿轮啮合不良,并引起轴承的不均匀磨损。

3. 稳定性要求

稳定性是指构件保持原有平衡形态的能力。有些细长杆,如内燃机中的挺杆、千斤顶中的螺杆等,在压力作用下有被压弯的可能。为了保证正常工作,要求这类杆件始终保持直线形式,即要求杆件原有的直线平衡形态保持不变。

若构件的截面尺寸过小,或截面形状不合理,或材料选用不当,在外力作用下都将无法满足上述要求,从而影响机械或结构物的正常工作。反之,如构件尺寸选得过大,材料质量选得过好,虽满足了上述要求,但构件的承载潜力得不到充分发挥,既浪费了材料,又增加了成本。可见,安全性与经济性常常是一对矛盾。

材料力学的任务就是在满足强度、刚度和稳定性要求的前提下,为设计既安全又经济的构件提供必要的理论基础和计算方法。

构件的强度、刚度和稳定性问题都与所用材料的力学性能(材料在外力作用下表现出来的变形和破坏等方面的特性)有关。材料的力学性能需要通过实验来测定。材料力学中的一些理论分析方法大多是在某些假设条件下得到的,需要通过实验来验证其可靠性。此外,有些问题尚无理论分析结果,也需要借助实验的方法来解决。因此,材料力学是一门理论与实验相结合的学科。

自测题 5.1

自测题 5.1.1　构件抵抗破坏的能力称为_____,构件抵抗变形的能力称为_____。

自测题 5.1.2　为保证机械或工程结构的正常工作,其中各构件一般应满足_____、_____和_____三方面的要求。

自测题 5.1
参考答案

5.2 变形固体及其基本假设

通常将组成构件的材料作为可变形固体来研究。为了研究方便,通常做如下的基本假设。

1. 连续性假设

认为组成固体的物质毫无空隙地充满了整个固体的体积。实际上,组成固体的微粒之间存在着空隙,并不连续,但这种空隙与构件的尺寸相比极其微小,在研究固体的宏观性能时可以忽略不计,可以认为固体材料在整个体积内连续分布。根据这个假设,某些力学量(如应力、应变和位移等)可看成固体内点的坐标的连续函数,从而可以用高等数学的方法(如微分、积分等)对其进行分析计算。

2. 均匀性假设

认为固体内各点处具有相同的力学性能。就普遍使用的金属材料来说,组成金属材料的各晶格的力学性能并不完全相同,从宏观角度看,组成构件的金属材料的任一部分都包含大量晶粒,且无序地排列在整个体积之内,而固体的力学性能是各晶粒力学性能的统计平均值,所以可以认为固体内各点处具有相同的力学性能。根据这个假设,可以从构件中取出无限小的部分进行研究,然后将研究结果应用于整个构件;也可将由小尺寸试件测得的材料的力学性能应用于尺寸不同的构件或无限小的部分。

3. 各向同性假设

认为固体材料在各个不同方向的力学性能相同。各种金属、塑料及拌和得很好的混凝土,一般都可以认为是各向同性的材料。木材的顺纹理方向比横跨纹理方向容易被劈开,可见,木材的力学性能在各个方向是不相同的,是各向异性材料。在工程实际中,大多数的材料可以作为各向同性材料看待。

还须指出,在材料力学中,当构件的变形与其原始尺寸相比非常小时,称为小变形。因此,在研究构件的平衡时,就可以忽略其变形,仍按变形前的原始尺寸进行分析计算。应用小变形概念既能满足工程要求,又能简化计算。

试验结果表明,如外力不超过一定限度,绝大多数材料在外力作用下发生的变形,在外力解除后又可恢复原状,这种变形称为弹性变形。但如果外力过大,超过一定限度,则外力解除后只能部分恢复原状,而遗留下的那部分不能消失的变形称为塑性变形,也称为残余变形或永久变形。一般情况下,要求构件只发生弹性变形,不允许发生塑性变形。

综上所述,在材料力学范围内,将实际材料看作连续、均匀、各向同性的变形固体,且大多数场合下局限于小变形情况,并在弹性范围内进行研究。

自测题 5.2

自测题 5.2.1 在材料力学中,根据材料的主要性能作三个假设,即_____假设、_____假设和_____假设。

自测题 5.2.2 认为固体在其整个几何空间毫无空隙地充满了物质,这样的假设称为_____假设。

自测题 5.2.3 根据均匀性假设,可认为构件的弹性常数在各点处都相同。这一说法(   )。

A. 正确   B. 错误

自测题 5.2
参考答案

自测题 5.2.4　根据各向同性假设,可认为材料的弹性常数在各方向都相同。这一说法(　　　　　)。

A. 正确　　　　　　　　　　　B. 错误

自测题 5.2.5　固体材料在各个方向具有相同力学性能的假设,称为各向同性假设。所有的工程材料都可应用这一假设。这一说法(　　　　　)。

A. 正确　　　　　　　　　　　B. 错误

自测题 5.2.6　在小变形条件下研究构件的应力和变形时,可用构件的原始尺寸代替其变形后的尺寸。这一说法(　　　　　)。

A. 正确　　　　　　　　　　　B. 错误

自测题 5.2.7　受外力作用而发生变形的构件,在外力解除后能够消除变形的这种性质称为_____;而外力去除后能够保留变形的这种性质称为_____。

5.3　杆件变形的基本形式

材料力学所研究的主要构件为杆件,且大多数为直杆。

杆件是纵向(长度方向)尺寸远大于横向(垂直于长度方向)尺寸的构件。

杆件的两个主要几何要素是横截面和轴线。横截面是指垂直于直杆长度方向的截面,轴线是所有横截面形心的连线,横截面和轴线总是相互垂直的。轴线为直线的杆件称为直杆。在材料力学中研究的大多是等截面的直杆,简称等直杆。

杆件变形的基本形式有四种。

1. 轴向拉伸与压缩

当杆件两端受沿轴线方向的拉力或压力作用时,杆件将产生轴向伸长或缩短变形,分别如图 5-1a、b 所示。图中实线为变形前的位置,虚线为变形后的位置。如吊索、桁架的杆件、拉杆、柱等的变形。

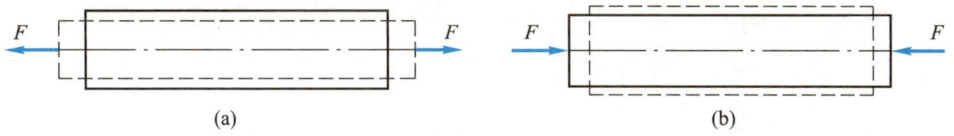

(a)　　　　　　　　　　　　　　　(b)

图 5-1　承受轴向拉伸与压缩的杆件

2. 剪切

在平行于杆横截面的两个相距很近的平面内,方向相对地作用两个垂直于轴线的横向力,当这两个力相互错动并保持二者之间的距离不变时,杆件将产生剪切变形,如图 5-2 所示。如螺栓、铆钉的变形。

3. 扭转

当作用在杆件上的力组成作用在垂直于轴平面内的力偶时,杆件将产生扭转变形,如图 5-3 所示。如传动轴、扭杆、转向盘轴、钻头等的变形。

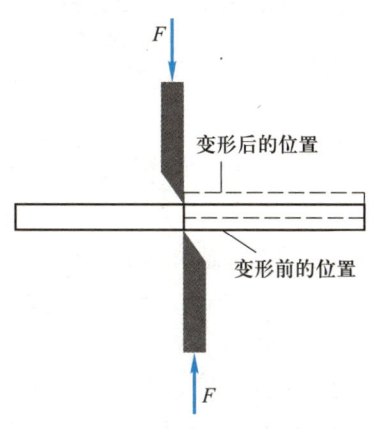

图 5-2　承受剪切的构件

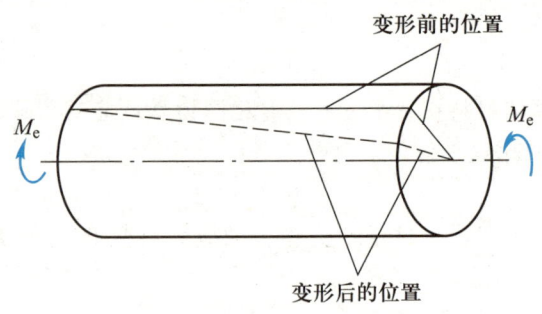

图 5-3　承受扭转的圆轴

4. 弯曲

当外加力偶(图 5-4a)或外力(图 5-4b)作用于杆件的纵向平面内时,杆件将发生弯曲变形,其轴线由直线变成曲线。

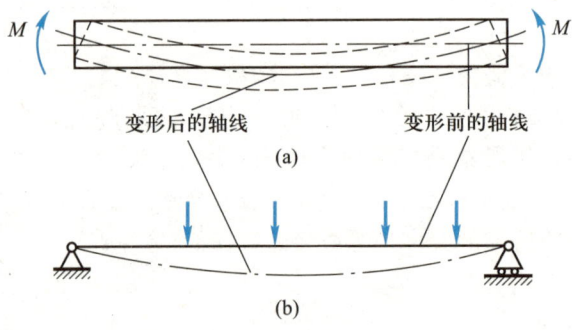

图 5-4　承受弯曲的杆件

还有一些杆件同时发生几种基本变形,如车床主轴工作时发生弯曲和扭转两种基本变形,钻床立柱同时发生拉伸和弯曲两种基本变形。这种有两种或两种以上基本变形的组合情况称为组合变形。

本书将依次讨论四种基本变形,然后再讨论组合变形。

自测题 5.3

自测题 5.3.1　杆件变形的基本形式有四种,分别为轴向拉伸与压缩、_____、_____和_____。

自测题 5.3.2　有两种或两种以上基本变形的组合情况称为_____。

自测题 5.3
参考答案

5.4　外力与内力

材料力学的研究对象是构件。当研究某一构件时,可以设想将这一构件从周围物体中单独取出,并用力来代替周围物体对构件的作用。这些来自构件外部的力就是外力,包括载荷和约束力。

按外力的作用方式可分为表面力和体积力。作用于构件表面的外力称为表面力,例如,作用在高压容器内壁的气体或液体压力是表面力,两物体间的接触压力也是表面力。作用于构件各质点上的外力称为体积力,如构件的自重等。

　　按照表面力在构件表面的分布情况,又可分为分布力和集中力。连续分布在构件表面某一范围的力称为分布力。如果分布力的作用面积远小于构件的表面面积,或沿杆件轴线的分布范围远小于杆件长度,则可将分布力简化为作用于一点的力,称为集中力,如火车车轮对钢轨的压力、滚珠轴承对轴的约束力等。

　　即使构件不受外力,其内部各质点之间也存在相互作用力,这种相互作用力称为"固有内力"。当构件受外力作用以后,其内部各质点相对位置的改变引起各质点之间的相互作用力发生变化,这种由于外力作用而引起的相互作用力的改变量称为"附加内力","附加内力"在材料力学中简称为内力。构件的强度、刚度和稳定性与内力的大小及其在构件内的分布情况密切相关,因此,内力分析是解决构件强度、刚度和稳定性问题的基础。

自测题 5.4

　　自测题 5.4.1　当研究某一构件时,可以设想将这一构件从周围物体中单独取出,并用力来代替周围物体对构件的作用。这些来自构件外部的力就是_____。

　　自测题 5.4.2　在材料力学中,将构件受外力作用而引起的相互作用力的改变量称为_____。

自测题 5.4
参考答案

5.5　正应力与切应力

　　为了描述内力的分布情况,需要引入内力分布集度(即应力)的概念。

　　如图 5-5a 所示,在截面 $m-m$ 上任一点 K 的周围取一微小面积 ΔA,并设作用在该面积上的内力为 ΔF,则 ΔF 与 ΔA 的比值称为面积 ΔA 内的平均应力,用 $\bar{p}$ 表示,即

$$\bar{p} = \frac{\Delta F}{\Delta A}$$

　　一般情况下,内力沿截面并非均匀分布,平均应力 $\bar{p}$ 的值及其方向将随所取面积 ΔA 的大小而异。为了更精确地反映内力的分布情况,应使 ΔA 趋于零,由此所得平均应力 $\bar{p}$ 的极限值称为截面 $m-m$ 上点 K 处的应力,用 p 表示,即

$$p = \lim_{\Delta A \to 0} \bar{p} = \lim_{\Delta A \to 0} \frac{\Delta F}{\Delta A} \tag{5-1}$$

　　显然,应力 p 的方向即 ΔF 的方向。为了分析方便,通常将应力 p 沿截面的法向和切向分解为两个分量(图 5-5b)。沿截面法向的应力分量称为正应力,用 σ 表示;沿截面切向的应力分量称为切应力,用 τ 表示。

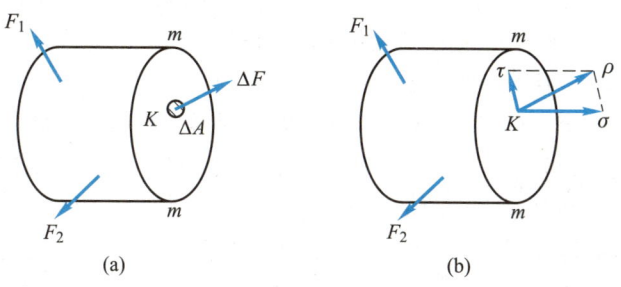

(a)　　　　　　　　(b)

图 5-5　正应力与切应力

应力的量纲为 $ML^{-1}T^{-2}$。在国际单位制(SI)中,应力的单位是帕斯卡(Pa),简称为帕,1 Pa = 1 N/m²。由于这个单位太小,使用不便,通常使用 MPa 或 GPa 表示,1 MPa = 10^6 Pa,1 GPa = 10^9 Pa。

应力的正负号规定如下:正应力以拉应力为正,压应力为负;切应力以对体内取矩顺时针转向为正,逆时针转向为负。

<h3 align="center">自测题 5.5</h3>

自测题 5.5
参考答案

自测题 5.5.1   截面上任一点的应力分量有_____与_____,它们分别用_____与_____表示。

自测题 5.5.2   正应力以_____为正,_____为负;切应力以对体内取矩_____转向为正,_____转向为负。

5.6   正应变与切应变

构件在外力作用下要发生变形。构件的刚度和截面上的应力分布规律均与构件内各点的变形有关。为了便于分析研究,可将构件分割成无数个非常微小的正六面体。当六面体的各边长趋于无限小时称为单元体。

围绕受力构件内的任意点截取单元体,一般情形下单元体的各面上均有应力作用。下面考察两种最简单的情形,分别如图 5-6a、b 所示。

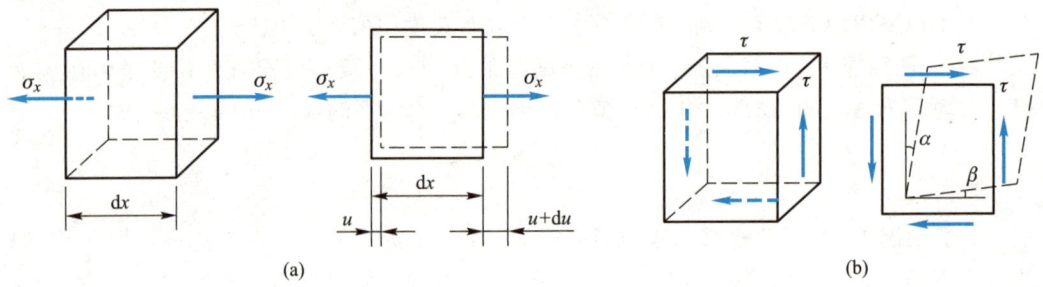

(a)   (b)

图 5-6   正应变与切应变

对于正应力作用下的单元体(图 5-6a),沿着正应力方向和垂直于正应力方向将产生伸长和缩短,这种变形称为线变形。描写构件在各点处线变形程度的量,称为正应变或线应变,用 ε_x 表示。根据单元体变形前后 x 方向长度 $\mathrm{d}x$ 的相对改变量,有

$$\varepsilon_x = \frac{\mathrm{d}u}{\mathrm{d}x} \qquad\qquad (5-2)$$

式中,$\mathrm{d}x$ 为变形前单元体在正应力作用方向的长度,$\mathrm{d}u$ 为单元体变形后相距 $\mathrm{d}x$ 的两截面沿正应力方向的相对位移,ε_x 的下标 x 表示应变方向。

切应力作用下的单元体将发生剪切变形,剪切变形程度用单元体直角的改变量度量。单元体直角改变量称为切应变,用 γ 表示。在图 5-6b 中,$\gamma = \alpha + \beta$,γ 的单位为 rad。

正应变与切应变都是量纲一的量。

应变的正负号规定如下:正应变以伸长为正,缩短为负;切应变以直角变小为正,变大为负。

自测题 5.6

自测题 5.6.1　单元体中沿长度方向的变形用＿＿＿应变表示,直角的改变用＿＿＿应变表示,它们分别用＿＿＿与＿＿＿表示。

自测题 5.6.2　正应变以＿＿＿为正,＿＿＿为负;切应变以直角＿＿＿为正,＿＿＿为负。

自测题 5.6

参考答案

第6章 轴向拉伸与压缩

6.1 轴向拉伸与压缩的概念和实例

在工程中,经常会遇到承受轴向拉伸或压缩的直杆。以图6-1中的三角架构件为例,当点 A 受到力 F 的作用时,杆 AC 上受到沿杆件轴线方向的拉力作用,发生轴向拉伸变形;杆 AB 受到沿杆件轴线方向的压力作用,发生轴向压缩变形。

实际工程中类似发生轴向拉伸或压缩变形的构件还有很多,例如连杆机构的连杆(图6-2a)、紧固螺栓(图6-2b)等。虽然这些构件的形状、两端的连接方法和加载方式等并不相同,但是若把这类构件的形状和受力情况进行简化后,都可以用图6-3所示的计算简图来表示,其受力和变形特点如下所述。

受力特点:作用在杆件上的外力的合力作用线与杆件的轴线重合。

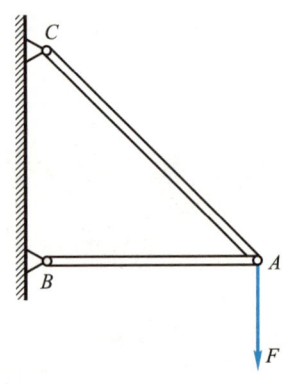

图 6-1 三角架

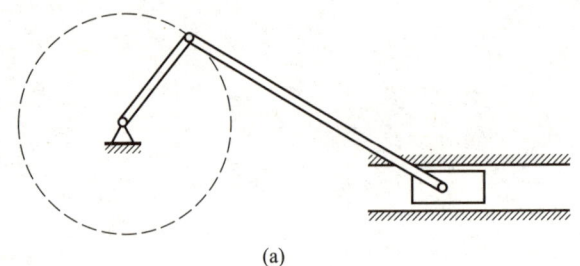

(a)

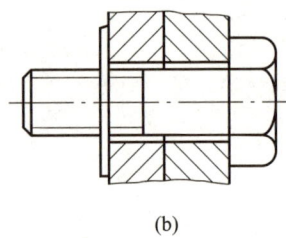

(b)

图 6-2 拉伸与压缩构件实例

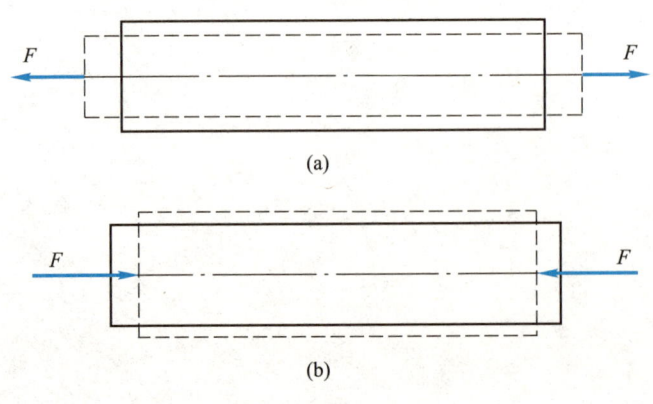

(a)

(b)

图 6-3 轴向拉伸与压缩

　　变形特点:杆件产生沿着轴线方向的伸长或缩短,同时杆件的横向(垂直于轴线方向)尺寸缩小或增大,这种变形形式称为轴向拉伸或压缩。当外力为拉力时,为轴向拉伸(图 6-3a);当外力为压力时,为轴向压缩(图 6-3b)。

　　实际工程中,通常将承受轴向拉伸的杆件称为拉杆,将承受轴向压缩的杆件称为压杆。

自测题 6.1

自测题 6.1
参考答案

自测题 6.1.1　拉压杆就是承受拉力或者压力的杆件。这一说法(　　　　　)。
A. 正确　　　　　　　　　　　B. 错误

自测题 6.1.2　图 6-4 中 BC 段发生的变形是轴向拉伸。这一说法(　　　　　)。
A. 正确　　　　　　　　　　　B. 错误

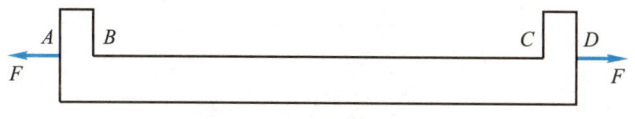

图 6-4　自测题 6.1.2 图

　　自测题 6.1.3　在工程中受轴向拉伸的杆件,其共同的特点是:作用于杆件上的外力或外力的合力作用线与构件轴线_____,杆件发生_____方向的伸长变形。

　　自测题 6.1.4　产生轴向拉压变形的外力条件是外力的合力作用线与杆件的_____重合。

6.2　轴力和轴力图

　　杆件在发生轴向拉伸与压缩变形时,其内力为轴力。为了求解轴力,可以运用截面法。下面以一个示例说明如何使用截面法求轴力。

　　如图 6-5a 所示,一等截面直杆在两端轴向拉力 F 的作用下处于平衡,求解杆件横截面 $m-m$ 上的轴力。

　　按照截面法的步骤,假想用一平面沿横截面 $m-m$ 将杆件截分为 I、II 两部分,任取一部分(如部分 I),弃去另一部分(如部分 II),并将弃去部分对留下部分的作用以截开面上的内力来代替。

　　由于整个杆件处于平衡状态,杆件的任一部分均应保持平衡。对于留下部分 I 而言,截开面 $m-m$ 上的内力 F_N 必定与其左端外力 F 平衡,如图 6-5b 所示。内力 F_N 的数值可由平衡条件求得。

　　由平衡方程

$$\sum F_x = 0, \quad F_N - F = 0$$

得

$$F_N = F$$

式中,F_N 为杆件任一横截面 $m-m$ 上的内力。因为外力 F 的作用线与杆件的轴线重合,内力 F_N 的作用线也必然与杆件的轴线重合,所以 F_N 称为轴力。

　　若取部分 II 为留下部分,由作用与反作用定律可知,部分 II 在截开面上的轴力与部分 I 上的轴力数值相等而指向相反,如图 6-5c 所示。当然,这也可以由部分 II 的平衡条件求出。

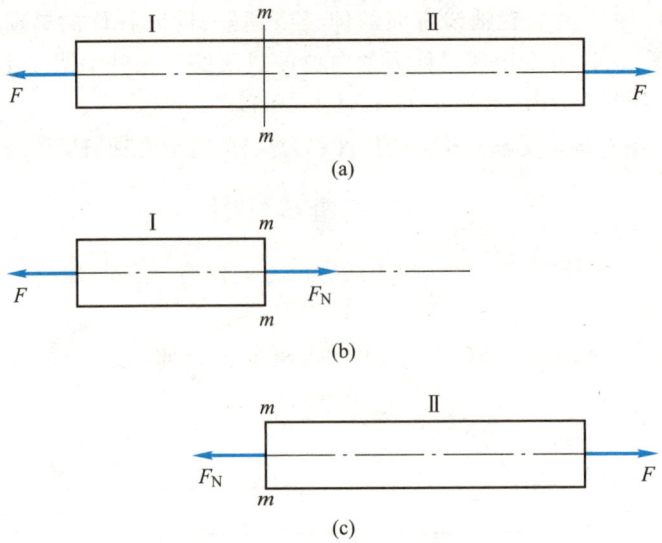

图 6-5   截面法求拉杆轴力

对于压杆,同样可以通过上述过程求得任一横截面 $m-m$ 上的轴力,其指向如图 6-6 所示。

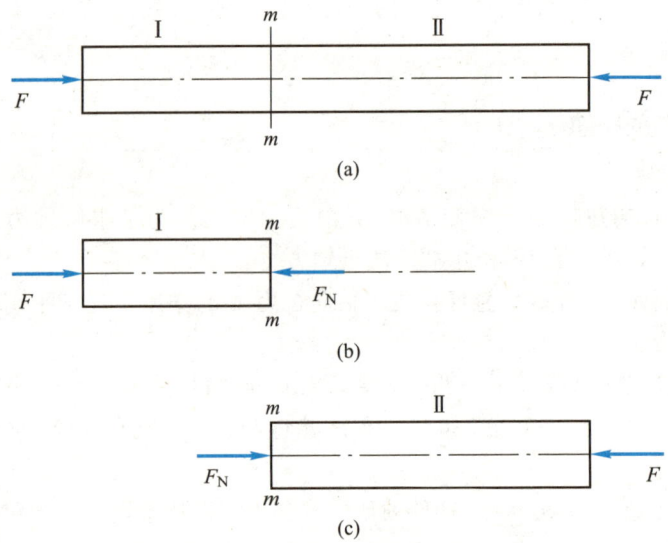

图 6-6   截面法求压杆轴力

为了使由部分 I 和部分 II 所得同一横截面 $m-m$ 上的轴力大小相等且具有相同的正负号,根据杆件变形情况,对轴力正负的规定如下:当轴力的指向与横截面的外法线方向一致时为拉力,取正号;当轴力的指向与横截面的外法线方向相反时为压力,取负号。按这样的符号规定,图 6-5 中 $m-m$ 截面上的轴力为正,图 6-6 中 $m-m$ 截面上的轴力为负。

上述分析轴力的方法即为截面法,它是求解内力的一般方法。截面法包括以下三个步骤。

(1) 截开:在需要求内力的截面处,用一个假想平面将杆截分为两部分;

(2) 代替:将两部分中的任一部分留下,并将弃去部分对留下部分的作用用内力代替;

（3）平衡：对留下部分列平衡方程，根据已知外力求出杆在截开面上的未知内力。

此外，在求解轴力时，不管外力如何，均按照符号规定将轴力画成正方向，这称之为设正法。如果求出的轴力为正，说明是拉力；反之，如果求出的轴力为负，说明是压力。

值得注意的是，用截面法求内力时，切开前不可以使用静力等效原则对构件上的力系进行简化，否则将改变原力系对构件的作用效应。

在工程中，有时杆件会受到多个沿着轴线作用的外力，这时在杆件不同横截面上将产生不同的轴力。为了直观地反映出杆件各横截面上的轴力随着横截面位置变化的情况，并找出最大轴力及其所在横截面的位置，通常需要画出轴力图。即用平行于轴线的坐标为横坐标，表示横截面的位置；用垂直于杆轴线的坐标为纵坐标，表示横截面上轴力的大小，从而绘出轴力与横截面位置关系的图线，称为轴力图。通常将正值的轴力画在上侧，负值画在下侧。

轴力图既可以表示杆件各段轴力的大小，又可以表示轴力的符号，是进行杆件强度计算的主要依据之一。

例题 6-1 一等截面直杆受力情况如图 6-7a 所示，试画出其轴力图。

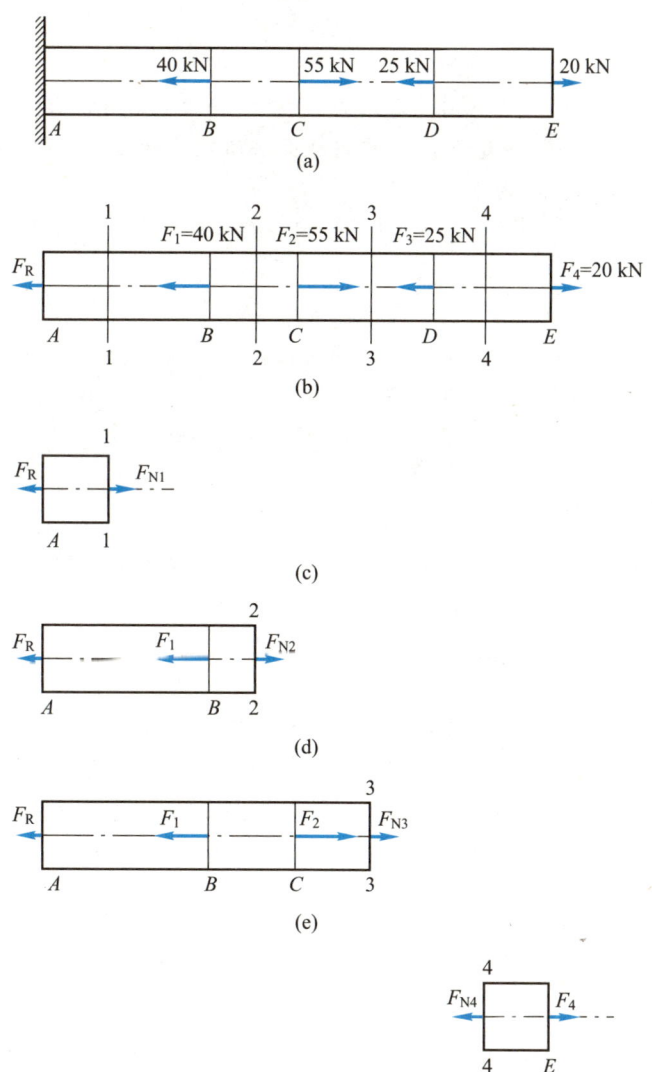

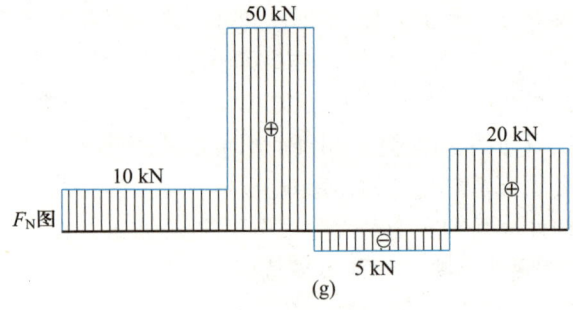

(g)

图 6-7   例题 6-1 图

解:(1) 求 A 端的约束力

对整个直杆进行受力分析,画受力图如图 6-7b 所示。

由杆的平衡方程

$$\sum F_x = 0, \quad -F_R - F_1 + F_2 - F_3 + F_4 = 0$$

得

$$F_R = 10 \text{ kN}$$

(2) 分段求轴力

此直杆承受五个轴向外力作用。求轴力时,杆被外力分为 AB、BC、CD、DE 四段。

AB 段:在 AB 段内任取一截面 1-1,应用截面法研究截开后左段杆的平衡。假定轴力 F_{N1} 为拉力,如图 6-7c 所示,由平衡方程

$$\sum F_x = 0, \quad -F_R + F_{N1} = 0$$

求得轴力 F_{N1} 为

$$F_{N1} = F_R = 10 \text{ kN}$$

BC 段:在 BC 段内任取一截面 2-2,应用截面法研究截开后左段杆的平衡。假定轴力 F_{N2} 为拉力,如图 6-7d 所示,由平衡方程

$$\sum F_x = 0, \quad -F_R - F_1 + F_{N2} = 0$$

求得轴力 F_{N2} 为

$$F_{N2} = F_R + F_1 = 10 + 40 = 50 \text{ kN}$$

CD 段:在 CD 段内任取一截面 3-3,应用截面法研究截开后左段杆的平衡。假定轴力 F_{N3} 为拉力,如图 6-7e 所示,由平衡方程

$$\sum F_x = 0, \quad -F_R - F_1 + F_2 + F_{N3} = 0$$

求得轴力 F_{N3} 为

$$F_{N3} = F_R + F_1 - F_2 = 10 + 40 - 55 = -5 \text{ kN}$$

轴力 F_{N3} 为负值,说明 CD 段轴力的实际方向与所设方向相反。

DE 段:在 DE 段内任取一截面 4-4,应用截面法研究截开后右段杆的平衡(因为右段的外力较少)。假定轴力 F_{N4} 为拉力,如图 6-7f 所示,由平衡方程

$$\sum F_x = 0, \quad -F_{N4} + F_4 = 0$$

求得轴力 F_{N4} 为

$$F_{N4} = F_4 = 20 \text{ kN}$$

(3) 画轴力图

根据上述轴力值,画轴力图如图 6-7g 所示。可见,轴力的最大值发生在 BC 段内的任意截面上,其值为 50 kN。

自测题 6.2

自测题 6.2
参考答案

自测题 6.2.1　轴力的正负规定为:拉伸为(　　　　),压缩为(　　　　)。
A. 正　　　　　　　　　　　　　　B. 负
自测题 6.2.2　轴力图的横坐标表示的是(　　　　),纵坐标表示的是(　　　　)。
A. 横截面位置　　　　　　　　　B. 该截面位置处的轴力
自测题 6.2.3　截面法的适用范围是(　　　　)。
A. 求等截面直杆的轴力　　　　　B. 求等截面直杆的内力
C. 求任意杆件的轴力　　　　　　D. 求任意杆件的内力
自测题 6.2.4　关于轴力,以下结论正确的是(　　　　)。
A. 轴力是作用于杆件轴线上的载荷
B. 轴力是杆件轴向拉伸或压缩时,杆件横截面上分布力系的合力
C. 轴力的大小与杆件的横截面面积有关
D. 轴力的大小与杆件的材料有关
自测题 6.2.5　材料力学中常用的求内力的基本方法为＿＿＿＿＿＿。

6.3　轴向拉压杆横截面上的应力·圣维南原理

6.3.1　轴向拉压杆横截面上的应力

在确定了拉压杆的轴力之后,还不能判断杆件是否会因强度不足而破坏,因为轴力只是杆横截面上分布内力系的合力,并不能描述截面上各点处受力的强弱。而实际上,杆件总是从截面上内力集度最大处开始破坏的,因此要判断杆件是否会破坏,除了要知道杆件的轴力,还必须进一步确定截面上内力的分布集度及材料承受载荷的能力。

杆件截面上内力的分布集度即为应力。要进行强度计算,必须知道横截面上各点应力的大小和性质,即需要知道横截面上的应力分布。应力的分布与杆件的变形情况有关,因此要研究横截面上的应力分布,就必须研究杆件的变形。首先通过实验观察找出变形的规律,即变形的几何关系;然后利用变形和力之间的物理关系得到应力分布规律;最后由内力与应力的静力学关系得到横截面上正应力的计算公式。下面就从这三个方面进行分析。

取一根等截面圆直杆,在杆身作相邻的两条横向线 aa 和 bb,再在横向线之间作两条相邻的纵向线 cc 和 dd,然后在杆两端施加一对轴向拉力 F 使杆发生变形,如图 6-8 所示,变形前的位置用实线表示,变形后的位置用虚线表示。此时,可观察到该两横向线平移至 $a'a'$ 和 $b'b'$,两纵向线变为了 $c'c'$ 和 $d'd'$。由变形情况可见,横向线仍垂直于轴线,纵向线仍平行于轴线。横向线可以看成是横截面的圆周线,因此,可根据横向线的变形情况去推测内部的变形,做如下假设:变形前为平面的横截面,变形后仍为平面。该假设称为平面假设。

由平面假设可知,拉压变形后两横截面将沿杆轴线作相对平移,也就是说,拉杆任意两个横截面之间所有轴向线段的伸长是相同的(如图 6-9a 所示)。因材料是均匀的,故可将材料假想成由一根根纵向纤维构成,所有纵向纤维的力学性能相同。由于两个横截面之间轴向线段的变形相等,力学性能相同,可以判断各纵向纤维的受力是相同的,即杆件横截面上的内力的分布集度处处相等。此外,根据杆件的变形特征,此时杆件横截面上只有正应力,没有切应力,而且,横截面上各点的正应力 σ 相等(如图 6-9b 所示)。

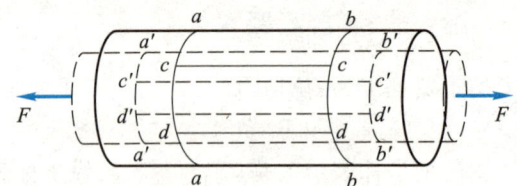

图 6-8 拉杆变形的几何关系

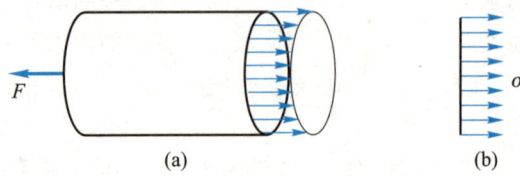

图 6-9 拉杆的平面假设和横截面应力分布

在拉压杆的横截面上,与轴力 F_N 对应的应力就是正应力 σ。于是由静力学求合力的方法,可得

$$F_N = \int_A \sigma \, dA = \sigma \int_A dA = \sigma A$$

由此可得杆的横截面上任一点处的正应力公式为

$$\sigma = \frac{F_N}{A} \tag{6-1}$$

式中,F_N 为轴力,A 为杆的横截面面积。

对于轴向压缩的杆件,上式同样适用。由于已经定义了轴力的正负,由上式可知,正应力的正负号与轴力的正负号相对应,即拉应力为正,压应力为负。

例题 6-2 一直杆的受力情况如图 6-10a 所示,直杆横截面面积 $A = 1\,000\ \text{mm}^2$。试求 AB 和 BC 两段横截面上的正应力。

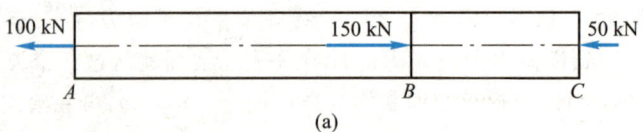

(a)

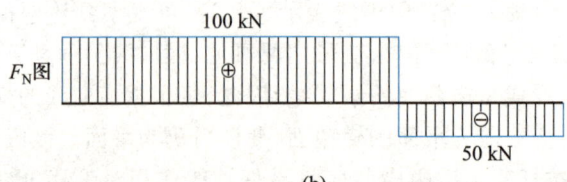

(b)

图 6-10 例题 6-2 图

解:(1)用截面法求出两段上的轴力分别为

$$F_{NAB} = 100\ \text{kN}$$
$$F_{NBC} = -50\ \text{kN}$$

（2）作轴力图，如图 6-10b 所示。

（3）按式（6-1）求出各段的正应力为

$$\sigma_{AB} = \frac{F_{NAB}}{A} = \frac{100 \times 10^3}{1\,000 \times 10^{-6}}\ \text{Pa} = 100 \times 10^6\ \text{Pa} = 100\ \text{MPa（拉应力）}$$

$$\sigma_{BC} = \frac{F_{NBC}}{A} = \frac{-50 \times 10^3}{1\,000 \times 10^{-6}}\ \text{Pa} = -50 \times 10^6\ \text{Pa} = -50\ \text{MPa（压应力）}$$

例题 6-3　三角架 ABC 在点 A 处受力 F 作用，$F = 10$ kN，如图 6-11a 所示，杆 AB 的横截面面积 $A_{AB} = 1\,000$ mm^2，杆 AC 的横截面面积 $A_{AC} = 2\,000$ mm^2。试求杆 AB 和杆 AC 的应力。

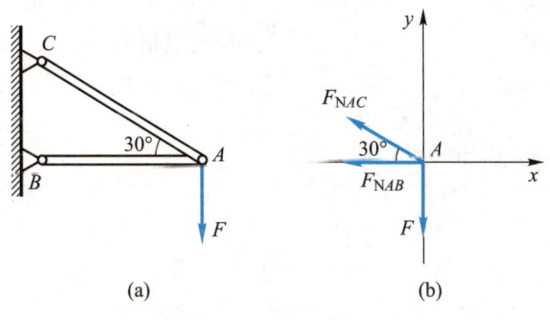

图 6-11　例题 6-3 图

解：（1）求杆 AB 和杆 AC 的轴力

假设各杆轴力为拉力，以节点 A 为研究对象，建立平衡方程

$$\sum F_x = 0, \quad -F_{NAC}\cos 30° - F_{NAB} = 0$$

$$\sum F_y = 0, \quad F_{NAC}\sin 30° - F = 0$$

解得各杆的轴力为

$$F_{NAB} = -\sqrt{3}\,F = -17.32\ \text{kN}$$

$$F_{NAC} = 2F = 20\ \text{kN}$$

（2）求杆 AB 和杆 AC 的应力

$$\sigma_{AB} = \frac{F_{NAB}}{A_{AB}} = \frac{-17.32 \times 10^3}{1\,000 \times 10^{-6}}\ \text{Pa} = -17.32 \times 10^6\ \text{Pa} = -17.32\ \text{MPa}$$

$$\sigma_{AC} = \frac{F_{NAC}}{A_{AC}} = \frac{20 \times 10^3}{2\,000 \times 10^{-6}}\ \text{Pa} = 10 \times 10^6\ \text{Pa} = 10\ \text{MPa}$$

6.3.2　圣维南原理

必须指出，杆端外力的作用方式不同，将会对杆端附近各截面的应力分布产生影响（应力非均匀分布），而对远离杆端的各个截面，应力分布几乎相同。这一规律称为圣维南原理。

理论分析与实验证明，力作用于杆端方式的不同，只会使与杆端距离不大于杆端横向尺寸的范围内的应力受到影响。因此，在材料力学中，可不考虑杆端外力作用方式的影响。

工程中杆件所受到的外力都是通过螺纹、销、铆钉、焊缝等连接方式进行传递的。力

力学家小传
圣维南

的作用点附近区域的应力分布相当复杂。但是,根据圣维南原理,不论用何种方式传递外力,只要外力的合力与杆轴线相重合,则除了力作用点附近的局部区域外,杆件其他部分的应力都是均匀分布的。

自测题 6.3

自测题 6.3
参考答案

自测题 6.3.1　将原力系用静力等效的新力系来替代,除了对原力系作用附近的应力分布有明显影响外,在离力系作用区域略远处,该影响就非常微小。这一原理称为_____。

自测题 6.3.2　同种材料的三根拉杆,其截面形状分别为圆形、矩形、空心圆。已知拉力相同,在保证相同应力的条件下,比较三种情况的材料用量,则(　　　　　)。

A. 矩形截面最省料   B. 圆形截面最省料

C. 空心圆截面最省料   D. 三者用料相同

6.4　轴向拉压杆的变形

6.4.1　轴向变形和胡克定律

设拉杆的原长为 l,受一对轴向拉力 F 的作用,伸长后的长度为 l_1,如图 6-12a 所示,则杆的轴向伸长量为

$$\Delta l = l_1 - l$$

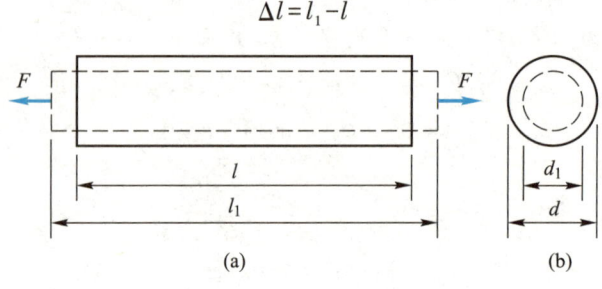

$$(a) \qquad (b)$$

图 6-12　拉杆的变形

轴向伸长量 Δl 只反映杆的总变形量,而无法说明沿杆长度方向上各段的变形程度。其变形程度可以用单位长度的轴向伸长(即 $\Delta l/l$)来表示。故定义单位长度的变形量(伸长或缩短)为线应变,用 ε 表示。于是,拉杆的轴向线应变为

$$\varepsilon = \frac{\Delta l}{l} \tag{6-2}$$

由杆的轴向伸长量计算表达式可知,拉杆的轴向伸长量 Δl 为正,压杆的轴向缩短量 Δl 为负。因此,线应变在伸长时为正,缩短时为负。

拉压杆的变形量与其受力之间的关系与材料的性能有关,只能通过实验来获得。对工程中常用的材料,实验表明:当杆内的应力不超过材料的某一极限值,即比例极限(见 6.5 节)时,杆内的应力和应变成正比,即

$$\sigma \propto \varepsilon$$

引入比例常数 E,则有

$$\sigma = E\varepsilon \tag{6-3}$$

力学家小传
胡克

此关系式称为胡克定律。式中,比例常数 E 称为弹性模量,量纲为 $ML^{-1}T^{-2}$,单位为 Pa。E 的数值随材料而异,是通过实验测定的,其值表征材料抵抗弹性变形的能力。

由于 $\sigma = \dfrac{F_N}{A}$,$\varepsilon = \dfrac{\Delta l}{l}$,将其代入式(6-3),整理可得

$$\Delta l = \frac{F_N l}{EA} \tag{6-4}$$

此关系式即为拉压杆的轴向变形公式。该式表明:当应力不超过材料的比例极限时,杆件的轴向伸长量 Δl 与轴力 F_N 和杆件的原长 l 成正比,与杆件的横截面面积 A 成反比。

由式(6-4)可以看出,在轴力、杆件原长相等的情况下,EA 越大,杆的轴向变形越小,所以称 EA 为杆的拉压刚度,表征了杆件抵抗轴向拉伸(压缩)变形的能力。

对于变截面杆件或者杆上作用了多个轴向力的情况,可先分段求出杆件的轴向变形,再进行叠加。其公式为

$$\Delta l = \sum \frac{F_{Ni} l_i}{EA_i} \tag{6-5}$$

6.4.2　横向变形和泊松比

我们知道,拉杆在沿轴向发生纵向变形的同时,还有横向变形发生。如图 6-12b 所示,设拉杆为圆截面杆,原始直径为 d,受一对轴向拉力 F 的作用,发生变形后直径缩小为 d_1,则其横向变形为

$$\Delta d = d_1 - d$$

在均匀变形的情况下,拉杆的横向线应变定义为

$$\varepsilon' = \frac{\Delta d}{d} \tag{6-6}$$

由式(6-6)可知,拉杆的横向线应变为负值,与其轴向线应变的正负号相反。

以上有关拉杆变形的一些基本概念同样适用于压杆,但是,压杆的轴向线应变 ε 为负值,而横向线应变 ε' 则为正值。

实验结果表明,对于横向线应变 ε',当拉压杆内的应力不超过材料的比例极限时,它与轴向线应变 ε 之比的绝对值为一常数。此比值称为泊松比,又称为横向变形因数,通常用 ν 表示,即

$$\nu = \left| \frac{\varepsilon'}{\varepsilon} \right| \tag{6-7}$$

泊松比 ν 是一个量纲一的量,其数值随材料而异,也是通过实验测定的。

考虑到轴向线应变与横向线应变的正负号恒相反,故有

$$\varepsilon' = -\nu\varepsilon \tag{6-8a}$$

若将 ε 的值代入,则有

$$\varepsilon' = -\nu \frac{\sigma}{E} \tag{6-8b}$$

上式表明,某点处的横向线应变与该点处的纵向正应力成正比,但符号相反。

弹性模量 E 和泊松比 ν 都是材料的弹性常数。表 6-1 给出了一些常见材料的 E 和 ν 的约值。

表 6-1 弹性模量及泊松比的约值

材料名称	牌号	E/GPa	ν
低碳钢	Q235	200~210	0.24~0.28
中碳钢	45	205	
低合金钢	Q345(16Mn)	200	0.25~0.30
合金钢	40CrNiMoA	210	
灰铸铁		60~162	0.23~0.27
球墨铸铁		150~180	
铝合金	LY12	71	0.33
混凝土		15.2~36	0.16~0.18
木材(顺纹)		9~12	

力学家小传
泊松

例题 6-4 一圆截面直杆 AD 的受力如图 6-13a 所示,已知杆的横截面面积 $A = 1\ 000\ \text{mm}^2$,材料的弹性模量 $E = 200\ \text{GPa}$,泊松比 $\nu = 0.25$。试:(1) 画出该杆的轴力图;(2) 求杆的各段变形及总变形量;(3) 求杆各段的线应变及横向线应变。

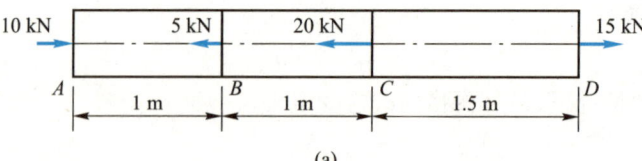

(a)

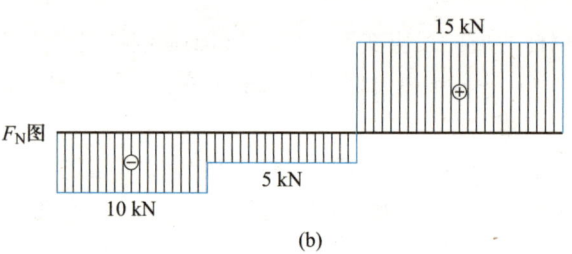

(b)

图 6-13 例题 6-4 图

解:(1) 画出杆的轴力图

应用截面法求出杆各段的内力,并作出杆的轴力图,如图 6-13b 所示。

(2) 根据轴向变形公式,分别求出各段的轴向变形为

$$\Delta l_{AB} = \frac{F_{NAB}l_{AB}}{EA} = \frac{-10\times10^3\times1}{200\times10^9\times1\ 000\times10^{-6}}\ \text{m} = -0.05\times10^{-3}\ \text{m} = -0.05\ \text{mm}$$

$$\Delta l_{BC} = \frac{F_{NBC}l_{BC}}{EA} = \frac{-5\times10^3\times1}{200\times10^9\times1\ 000\times10^{-6}}\ \text{m} = -0.025\times10^{-3}\ \text{m} = -0.025\ \text{mm}$$

$$\Delta l_{CD} = \frac{F_{NCD}l_{CD}}{EA} = \frac{15\times10^3\times1.5}{200\times10^9\times1\ 000\times10^{-6}}\ \text{m} = 0.113\times10^{-3}\ \text{m} = 0.113\ \text{mm}$$

杆的轴向总变形为

$$\Delta l = \Delta l_{AB} + \Delta l_{BC} + \Delta l_{CD} = -0.05 \text{ mm} - 0.025 \text{ mm} + 0.113 \text{ mm} = 0.038 \text{ mm}$$

（3）根据轴向线应变的定义，分别求出各段的轴向线应变为

$$\varepsilon_{AB} = \frac{\Delta l_{AB}}{l_{AB}} = \frac{-0.05}{1 \times 10^3} = -5 \times 10^{-5}$$

$$\varepsilon_{BC} = \frac{\Delta l_{BC}}{l_{BC}} = \frac{-0.025}{1 \times 10^3} = -2.5 \times 10^{-5}$$

$$\varepsilon_{CD} = \frac{\Delta l_{CD}}{l_{CD}} = \frac{0.113}{1.5 \times 10^3} = 7.5 \times 10^{-5}$$

各段的横向线应变为

$$\varepsilon'_{AB} = -\nu\varepsilon_{AB} = 5 \times 10^{-5} \times 0.25 = 1.25 \times 10^{-5}$$

$$\varepsilon'_{BC} = -\nu\varepsilon_{BC} = 2.5 \times 10^{-5} \times 0.25 = 6.25 \times 10^{-6}$$

$$\varepsilon'_{CD} = -\nu\varepsilon_{CD} = -7.5 \times 10^{-5} \times 0.25 - 1.875 \times 10^{-5}$$

自测题 6.4

自测题 6.4.1　在拉压杆中，EA 称为杆件的（　　　　　），它反映杆件抵抗拉压变形的能力。

A. 横向变形因数　　　　　　　　B. 泊松比

C. 拉压刚度　　　　　　　　　　D. 弹性模量

自测题 6.4
参考答案

自测题 6.4.2　在线弹性范围内，拉压杆横向应变与轴向应变的比值绝对值称为（　　　　　）。

A. 应变比值　　　　　　　　　　B. 泊松比

C. 拉压刚度　　　　　　　　　　D. 弹性模量

自测题 6.4.3　两根受轴向拉伸的杆件均处在弹性范围内，一根为钢杆，$E_1 = 200$ GPa，另一根为铸铁杆，$E_2 = 100$ GPa。若两杆横截面上的正应力相同，则两者轴向应变的比值 $\varepsilon_1/\varepsilon_2$ 为（　　　　　）；若两杆轴向应变相同，则两者正应力的比值 σ_1/σ_2 为（　　　　　）。

A. 1 : 1　　　　　　　　　　　　B. 2 : 1

C. 1 : 2　　　　　　　　　　　　D. 不能确定

自测题 6.4.4　受轴向力作用的等直杆，若其总伸长为零，以下结论正确的是（　　　　　）。

A. 杆内各处的应变必为零　　　　B. 杆内各点的位移必为零

C. 杆内各点的正应力必为零　　　D. 杆的轴力图面积代数和必为零

自测题 6.4.5　拉压杆中，ε 为纵向线应变，ε' 为横向线应变，ν 为杆件材料的泊松比。三者的关系可表示为_____。

自测题 6.4.6　直径为 d 的圆截面钢杆受轴向拉力作用，已知其纵向线应变为 ε，弹性模量为 E，则杆的轴力为_____。

自测题 6.4.7　拉杆的横截面是长边尺寸为 a、短边尺寸为 b 的矩形，受轴向载荷作用变形后，横截面长边和短边的比值为_____。

6.5   材料在拉伸与压缩时的力学性能

构件的强度和变形不仅与构件所受到的外力有关,还与构件材料的力学性能有关。所谓材料的力学性能,主要是指材料在外力作用下,在强度和变形方面表现出来的特性。材料的力学性能都需要通过试验来测定。材料的力学性能不但取决于材料的成分和组织结构,而且与受力状态、温度和加载方式等因素有关。低碳钢和铸铁是工程中广泛应用的材料,它们的力学性能比较典型。本节主要以这两种材料为例,研究其在常温(10 ~ 35 ℃)、静载(缓慢、平稳加载)下拉伸与压缩时的力学性能。

6.5.1   试样与设备

为了便于比较不同材料的试验结果,要求试样形状、加工精度、加载速度、试验环境等都满足国家标准(GB/T 228.1—2021《金属材料   拉伸试验 第 1 部分:室温试验方法》)。

金属材料的拉伸试验采用两种标准试样。一种是圆截面试样,如图 6-14a 所示。在试样中部为工作段,其长度 l 称为标距。标距 l 与标距内横截面直径 d 的关系为 $l=10d$ 或 $l=5d$。另一种为矩形截面试样,如图 6-14b 所示,标距 l 与标距内横截面面积 A 的关系为 $l=11.3\sqrt{A}$ 或 $l=5.65\sqrt{A}$。

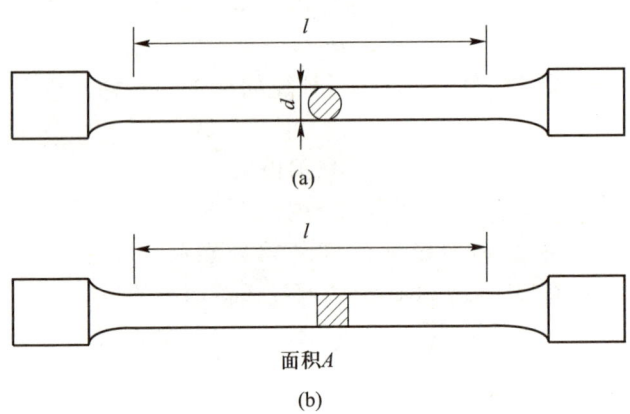

图 6-14   轴向拉伸试验的标准试样

金属的压缩试样通常为圆形截面或正方形截面的短柱形,为避免被压弯,柱体高度为横截面直径或边长的 1~3 倍,如图 6-15 所示。

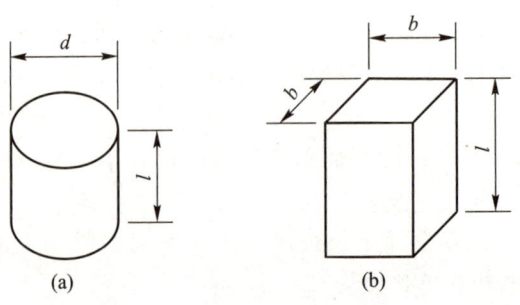

图 6-15   轴向压缩的标准试样

试验设备为万能试验机。试样在试验机上受到从零逐渐增加的轴向力 F 作用,发生变形,直至破坏。万能试验机可以自动绘出试验过程中的载荷 F 和工作段的伸长量 Δl 之间的关系曲线,即 $F\text{-}\Delta l$ 曲线,称为试样的拉伸图,如图 6-16a 所示。为了消除试样尺寸的影响,将载荷 F 除以试样受力前的原横截面面积 A,结果为标距段任一横截面上的应力 σ;伸长量 Δl 除以试样原标距 l,结果为任一横截面上沿轴线方向的线应变 ε,这样便得到材料的 $\sigma\text{-}\varepsilon$ 曲线,称为应力应变图,如图 6-16b 所示。

这里使用的是变形前横截面的面积 A 和工作段的原始标距 l,故得到的应力应变图和拉伸图的图形相似。值得注意的是,由于杆件变形后横截面尺寸和工作段长度均会发生改变,因此,此处计算出的应力和应变实际上是名义应力和名义应变。

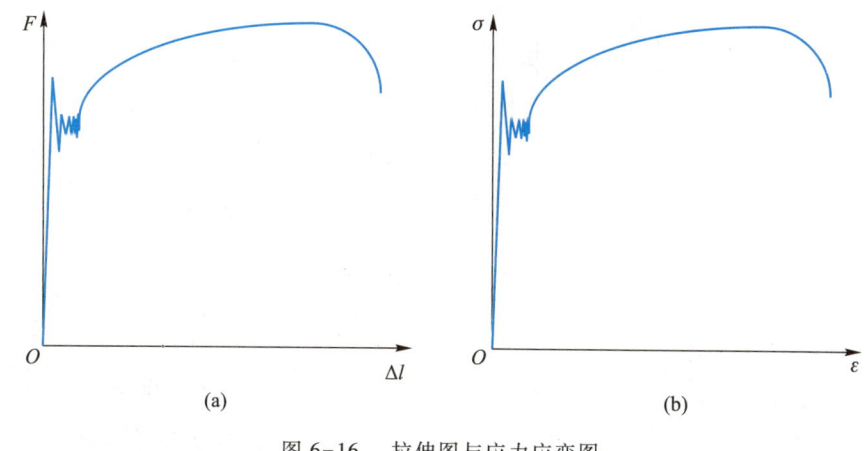

(a)　　　　　　　　　　　　　　　(b)

图 6-16　拉伸图与应力应变图

6.5.2　低碳钢拉伸时的力学性能

低碳钢是指碳含量较低(小于 0.25%)的碳素钢,是工程上广泛使用的材料。低碳钢在轴向拉伸过程中的 $\sigma\text{-}\varepsilon$ 曲线如图 6-17 所示,图 6-18 为低碳钢试样的变形情况。由图 6-17 可见,低碳钢在整个拉伸过程中,其工作段的应力 σ 和应变 ε 的关系大致可分为以下四个阶段。

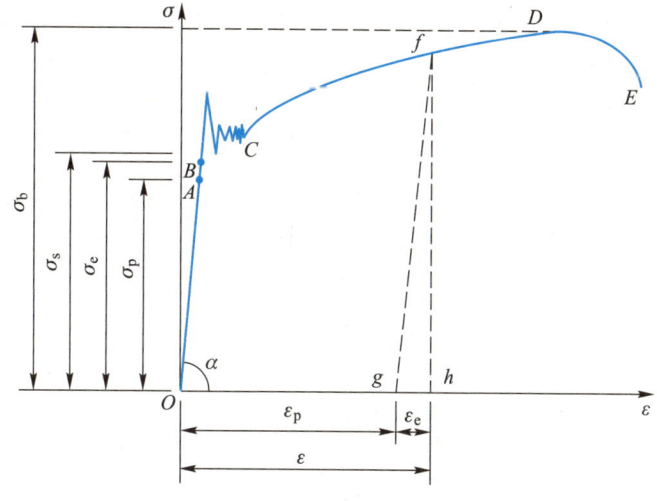

图 6-17　低碳钢的拉伸 $\sigma\text{-}\varepsilon$ 曲线

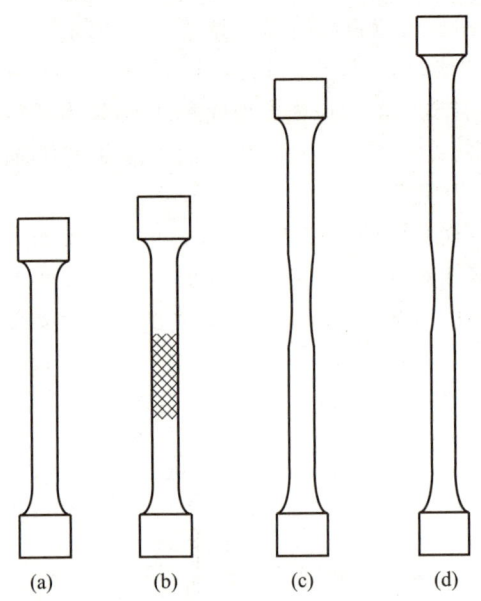

图 6-18   低碳钢试样拉伸时的变形情况

1. 弹性阶段(OB 段)

在该阶段,试样的变形完全是弹性的。如果在该阶段将载荷全部卸去,变形将完全消失,试样将恢复其原长,如图 6-18a 所示,这一阶段称为弹性阶段。本阶段可分为两部分:斜直线 OA 和微弯段 AB 段。斜直线 OA 称为线弹性段,表示应力和应变为线性关系,即材料服从胡克定律。直线最高点 A 的应力称为比例极限,用 σ_P 表示。低碳钢 Q235 的比例极限 σ_P 约为 200 MPa。在比例极限范围内,斜直线的斜率即为材料的弹性模量 E,即

$$\tan \alpha = \frac{\sigma}{\varepsilon} = E$$

超过比例极限后,微弯段 AB 的应力和应变之间的关系不再是线性关系,但变形仍然是弹性变形,点 B 所对应的应力为弹性阶段的最高点,称为弹性极限,用 σ_e 表示。

试验结果表明,材料的弹性极限和比例极限在数值上非常接近,故工程上往往对它们不加以严格区分。

2. 屈服阶段(BC 段)

当增加载荷使应力超过弹性极限后,应变增加很快,而应力仅在小范围内波动,在应力应变图上显示为接近水平线的小锯齿形波段,这种应力变化不大、应变显著增加的现象称为屈服,这一阶段称为屈服阶段。屈服阶段出现的变形是不可恢复的塑性变形,如果完全卸载,试样不能恢复原长。若试样经过抛光,则在进入屈服阶段后,试样表面会出现与轴线大致角度为 45° 的条纹,如图 6-18b 所示,这是材料沿试样的最大切应力面发生滑移引起的,称为滑移线。在屈服阶段内最高点的应力和最低点的应力分别称为上屈服强度和下屈服强度。上屈服强度的数值与试样的形状、加载速度等因素有关,一般是不稳定的。下屈服强度则是比较稳定的数值,能够反映材料的性质,通常将下屈服强度称为材料的屈服强度或屈服极限,用 σ_s 表示。低碳钢 Q235 的 σ_s 约为 216~

235 MPa。

材料屈服后会产生显著的塑性变形，一般情况下，发生塑性变形的构件将无法正常工作，所以，屈服极限 σ_s 是衡量材料强度的重要指标。

3. 强化阶段（CD 段）

在屈服阶段以后，要使试样继续变形，必须增加拉力，即材料又恢复了抵抗变形的能力，这种现象称为材料的强化，这一阶段称为强化阶段。在该阶段，变形的增加比弹性阶段快，试样的横向尺寸明显缩小，其变形主要是塑性变形，如图 6-18c 所示。强化阶段的最高点 D 所对应的应力称为抗拉强度或强度极限，用 σ_b 表示。强度极限 σ_b 是材料断裂前所能承受的最大应力，也是衡量材料强度的另一重要指标。低碳钢 Q235 的 σ_b 约为 380~470 MPa。

在拉伸试验过程中，如果加载至材料强化阶段中的任一点 f 时逐渐卸载，卸载过程中应力和应变关系沿着与 OA 几乎平行的斜直线 fg 变化，从点 f 到达点 g。由此可见，在强化阶段，试样的点 f 对应的总应变 ε 包括了 gh 段的弹性应变 ε_e 和 og 段的塑性应变 ε_p。在完全卸载后，弹性应变 ε_e 消失，只留下塑性应变 ε_p（如图 6-17 所示）。

卸载到达点 g 后，如果立即缓慢加载，则应力和应变关系基本上沿着卸载时的同一斜直线上升，直到点 f 后仍沿着 fDE 变化。在重新加载的过程中，点 f 之前材料的变形都是线弹性的，直到点 f 才开始出现塑性变形。可见，二次加载的试样，其比例极限提高了，而塑性应变却降低了。

在常温下，将材料拉伸到强化阶段，卸载后重新加载，材料的比例极限提高而塑性降低的现象称为冷作硬化。工程中常用冷作硬化来提高材料的比例极限，增大构件在弹性范围内的承载能力。例如，起重用的钢索和建筑用的钢筋等一般都采用预拉伸处理。需要注意的是，冷作硬化使材料变脆、变硬且容易产生裂纹，给进一步加工带来不便。可以通过退火处理来消除冷作硬化的效应。

4. 局部变形阶段（DE 段）

强化阶段以后，在试样的某一局部范围内，横向尺寸突然急剧缩小，形成"颈缩"现象，如图 6-18d 所示，这一阶段称为局部变形阶段。由于颈缩部分的横截面面积迅速减小，使试样继续伸长所需要的拉力也相应减少。在应力应变图中，用横截面原始面积 A 算出的名义应力随之减小，直至降到点 E 时试样被拉断。

试样被拉断后，弹性变形消失，而塑性变形依然保留了下来。工程中常用试样拉断后的断后伸长率和断面收缩率[①]来衡量材料的塑性性能。

材料的断后伸长率：

$$\delta = \frac{l_1 - l}{l} \times 100\% \tag{6-9}$$

断面收缩率：

$$\psi = \frac{A - A_1}{A} \times 100\% \tag{6-10}$$

式中，l 为试样标距的原长，A 为试样原始的横截面面积，l_1 为拉断后试样标距的长度，A_1

[①] 在 GB/T 228.1—2021《金属材料　拉伸试验　第 1 部分：室温试验方法》中，断后伸长率和断面收缩率的符号为 A、Z。考虑大多数高校的教学现状，本教材符号体系暂执行 GB 228—87《金属拉伸试验方法》。

为试样拉断后断口处的最小横截面面积。低碳钢 Q235 的断后伸长率 δ 约为 20% ~ 30%，断面收缩率 ψ 约为 60%。

材料的断后伸长率 δ 和断面收缩率 ψ 的数值越大，表明材料的塑性越好。工程上通常按材料断后伸长率的大小把材料分成两大类：$\delta > 5\%$ 的材料称为塑性材料，如碳钢、铝及其合金等；$\delta < 5\%$ 的材料称为脆性材料，如铸铁、陶瓷等。

6.5.3   其他材料在拉伸时的力学性能

还有一些材料的 σ-ε 曲线与低碳钢相似，如锰钢及某些高强度低合金钢。与低碳钢相比，它们的屈服强度和抗拉强度均显著提高，而屈服阶段则稍短，且断后伸长率略低。

另有一些金属材料，其 σ-ε 曲线并不类似低碳钢的四个阶段。图 6-19a 综合给出了几种典型金属材料的拉伸 σ-ε 曲线。将这些曲线相互比较可以看出：这些材料的断后伸长率都较大，因此属于塑性材料。与低碳钢相比，这些材料没有明显的屈服阶段。

对于没有明显屈服阶段的塑性材料，通常将对应于 0.2% 塑性应变的应力值作为材料的屈服强度，称为名义屈服极限，用 $\sigma_{p0.2}$ 表示。确定方法如图 6-19b 所示，图中的直线 CD 与弹性阶段内的直线部分平行。

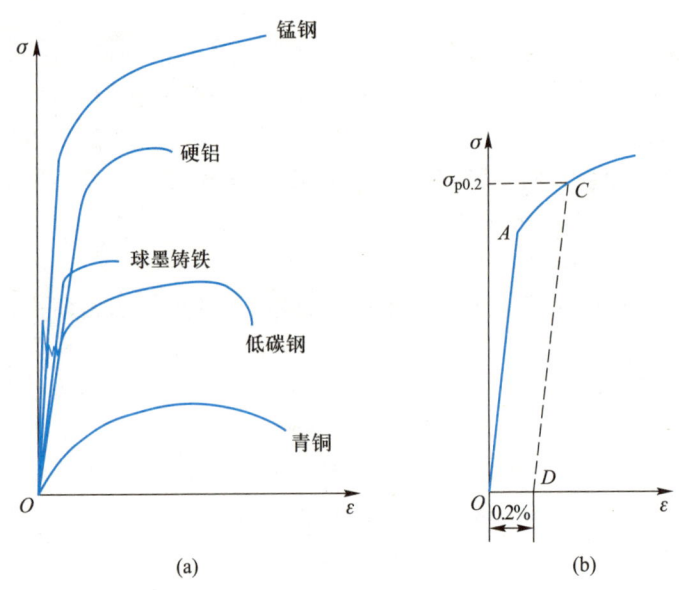

(a)   (b)

图 6-19   几种典型金属材料的拉伸 σ-ε 曲线与名义屈服极限

另外一类典型材料就是脆性材料，这类材料的共同特点是断后伸长率 δ 均很小。图 6-20a 所示为脆性材料灰铸铁的拉伸 σ-ε 曲线，它是一段微弯的线段，没有明显的直线部分。灰铸铁拉伸时没有屈服阶段、强化阶段和局部变形阶段，直到被拉断时，试样的变形都非常小，如图 6-20b 所示。由于灰铸铁的拉伸 σ-ε 曲线没有明显的直线段，但也近似认为材料服从胡克定律，因此在工程计算中，通常取总应变为 0.1% 时的割线斜率作为材料的弹性模量，称为割线弹性模量。试样拉断时的应力作为其强度极限 σ_b，这是衡量脆性材料强度的唯一指标。

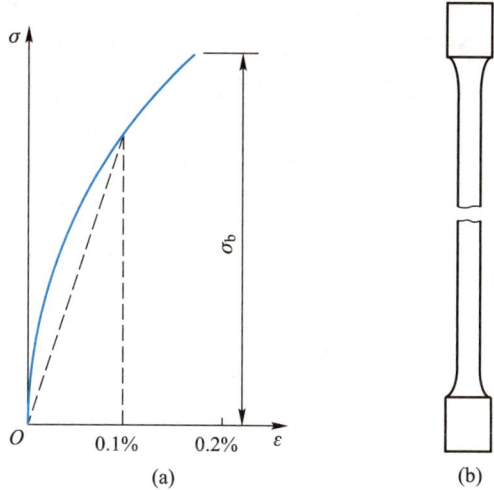

图 6-20　灰铸铁的拉伸 $\sigma\text{-}\varepsilon$ 曲线与变形情况

6.5.4　材料在压缩时的力学性能

　　塑性材料在压缩时的力学性能与拉伸时有一定的可比性。图 6-21a 所示为低碳钢的拉伸、压缩 $\sigma\text{-}\varepsilon$ 曲线,图中实线为压缩 $\sigma\text{-}\varepsilon$ 曲线,虚线为拉伸 $\sigma\text{-}\varepsilon$ 曲线。由图可知:在屈服阶段以前,拉伸和压缩 $\sigma\text{-}\varepsilon$ 曲线基本重合,两者的弹性模量、比例极限、弹性极限和屈服强度基本相同。压缩实验进入强化阶段后,试样发生明显的塑性变形,长度缩短、直径增大,如图 6-21b 所示。随着载荷的增加,计算应力时仍采用试样的原始横截面面积,故应力不断增大,因而无法测得材料压缩时的强度极限。因此,对于低碳钢,从拉伸实验的结果就可以了解其在压缩时的主要力学性能。

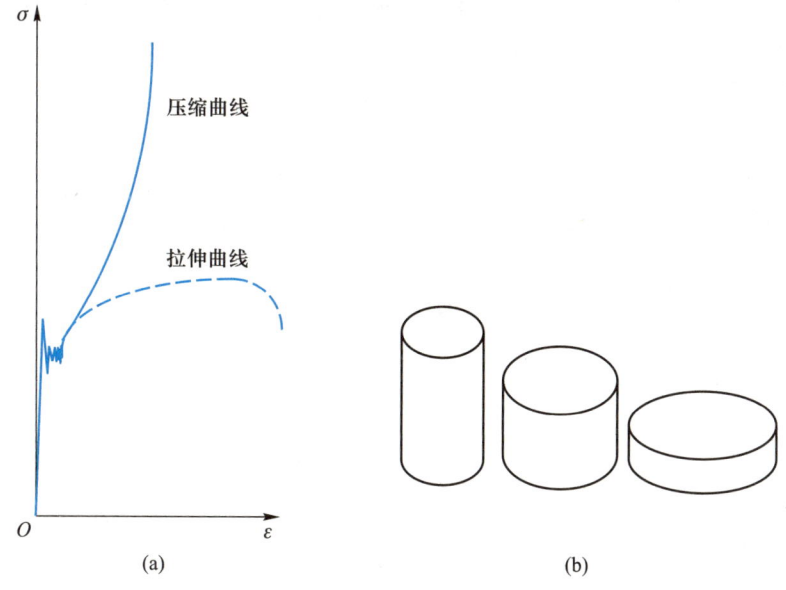

图 6-21　低碳钢的拉伸、压缩 $\sigma\text{-}\varepsilon$ 曲线与变形情况

脆性材料在压缩时的力学性能与拉伸时区别较大。图 6-22a 所示为灰铸铁的拉伸、压缩 σ-ε 曲线,图中实线为压缩 σ-ε 曲线,虚线为拉伸 σ-ε 曲线。由图可知:灰铸铁的压缩 σ-ε 曲线形状与拉伸时相似,没有明显的直线部分,但压缩时的变形较大;压缩时的强度极限比拉伸时大得多,试样将大致沿 50°~55°倾角的斜截面发生错动而破坏(图 6-22b)。

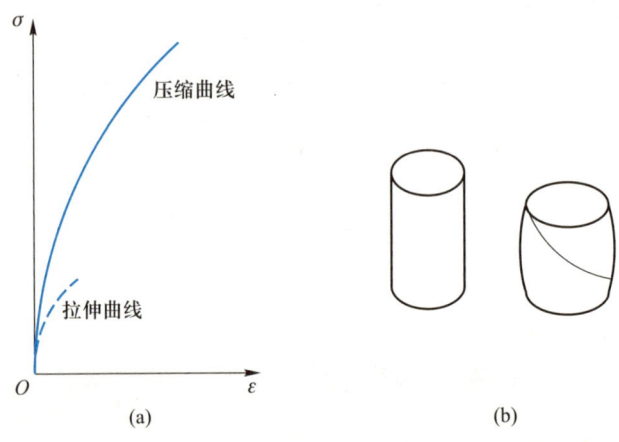

(a)   (b)

图 6-22   灰铸铁的拉伸、压缩 σ-ε 曲线与变形情况

通过以上实验可知,塑性材料和脆性材料在力学性能上有如下区别:塑性材料在断裂前的变形较大,塑性指标(断后伸长率和断面收缩率)较高,其常用的强度指标是屈服极限 σ_s 或 $\sigma_{p0.2}$,塑性材料拉压性能相近,一般作为受拉构件使用;脆性材料在断裂前的变形较小,塑性指标较低,其强度指标是强度极限 σ_b,而且其压缩强度极限远大于其拉伸强度极限,一般作为受压构件使用。

自测题 6.5

自测题 6.5
参考答案

自测题 6.5.1   低碳钢试样在拉伸实验时呈现出的四个阶段依次为(   )、(   )、(   )和(   )。

A. 强化阶段   B. 屈服阶段
C. 弹性阶段   D. 局部变形阶段

自测题 6.5.2   低碳钢试样的拉伸实验中,其屈服阶段呈现出应力(   )、应变(   )的现象。

A. 持续增加   B. 基本不变

自测题 6.5.3   冷作硬化将使材料的比例极限(   ),而塑性变形(   )。

A. 提高   B. 降低

自测题 6.5.4   工程中通常将(   )的材料称为塑性材料,而将(   )的材料称为脆性材料。

A. $\delta < 5\%$ B. $\delta > 5\%$

自测题 6.5.5   对于没有明显屈服点的塑性材料,规定以产生 0.2%的塑性应变时的应力作为屈服指标,称为材料的(   ),用 $\sigma_{p0.2}$ 表示。

A. 名义屈服应力   B. 割线弹性模量

自测题 6.5.6   衡量材料塑性的两个指标分别是断后伸长率和断面收缩率,其值越大,材料的塑性(　　　　　)。

　　A. 越好　　　　　　　　　　　　　B. 越差

　　自测题 6.5.7　铸铁拉伸实验中,拉应力一般较低,近似认为服从胡克定律,以 σ-ε 曲线开始部分的割线代替曲线,以割线的斜率作为弹性模量,称为(　　　　　)。

　　A. 名义屈服应力　　　　　　　　　B. 割线弹性模量

　　自测题 6.5.8　关于低碳钢试样拉伸至屈服时,以下结论正确的是(　　　　　)。

　　A. 应力和塑性变形增加很快,因而认为材料失效

　　B. 应力和塑性变形虽然增加很快,但不意味着材料失效

　　C. 应力不增加,塑性变形增加很快,因而认为材料失效

　　D. 应力不增加,塑性变形增加很快,但不意味着材料失效

　　自测题 6.5.9　现在有钢和铸铁两种棒材,其直径相同,从承载能力和经济效益两方面考虑,图 6-23 所示结构两杆的合理选材方案是(　　　　　)。

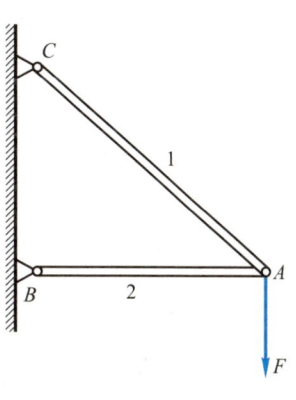

　　A. 杆 1 为钢,杆 2 为铸铁

　　B. 两杆均为钢

　　C. 杆 1 为铸铁,杆 2 为钢

　　D. 两杆均为铸铁

　　自测题 6.5.10　关于材料的弹性模量 E 有下列几种说法,其中正确的是(　　　　　)。

　　A. E 的量纲与应力的量纲不相同

　　B. E 表示材料弹性变形能力的大小

　　C. 各种牌号钢材的 E 值相差不大

　　D. 橡胶的 E 值比钢材的 E 值要大

图 6-23　自测题 6.5.9 图

　　自测题 6.5.11　计算构件强度时,塑性材料以＿＿＿＿＿＿＿＿作为极限应力,脆性材料以强度极限作为极限应力。

　　自测题 6.5.12　计算构件强度时,塑性材料以屈服极限作为极限应力,脆性材料以＿＿＿＿＿＿＿＿作为极限应力。

　　自测题 6.5.13　圆柱形拉伸试样直径为 d,常用标准试样的标距长度 l 是＿＿＿＿＿＿。

　　自测题 6.5.14　低碳钢拉伸 σ-ε 曲线的上、下屈服极限分别为 σ_{s1} 和 σ_{s2},则其屈服极限为＿＿＿＿＿＿＿＿。

　　自测题 6.5.15　灰铸铁拉伸时,通常取总应变为 0.1% 时 σ-ε 曲线的割线斜率来确定其弹性模量,称为＿＿＿＿＿＿＿＿。

6.6　轴向拉压杆的强度计算

　　在实际工程中,受到轴向力作用的杆件的破坏大多属于强度问题,因此,本节主要讨论轴向拉伸与压缩杆件的强度计算。

　　由式(6-1)可求出拉压杆横截面上的正应力,这个应力称为工作应力。但仅有工作应力并不能判断构件是否会因为强度不足而失效,只有将构件的最大工作应力与材料的强度指标相联系,才能做出判断。

6.6.1　许用应力和安全因数

首先研究材料极限应力 σ_u 的选取。所谓极限应力,即材料丧失正常工作能力时的应力。对于脆性材料,由于材料在破坏前不会产生明显的塑性变形,只有当应力达到强度极限时,才会发生断裂而失去工作能力,所以取强度极限 σ_b 作为 σ_u;而对于塑性材料,当其应力达到屈服极限时,材料将发生较大的塑性变形,使得构件的外形和尺寸发生了变化,不能按设计的要求正常工作而失去工作能力,所以取屈服极限 σ_s 或 $\sigma_{p0.2}$ 作为 σ_u。

其次研究安全因数 n 的选取。考虑到一些主观和客观存在的不利因素,例如,实际材料与标准试样材料之间的材料差异可能导致实际的极限应力小于试验所得的结果;计算载荷难以准确估计,或者实际结构与计算简图之间的差异,可能使得构件实际的最大工作应力超过计算的数值。另外,还需要给构件必要的强度储备。因此,设计时不允许构件的最大工作应力达到或接近极限应力 σ_u。在实际的强度计算中取一个大于 1 的数,称为安全因数,用 n 表示。用极限应力除以安全因数所得的应力称为许用应力,用 $[\sigma]$ 表示,即

$$[\sigma] = \frac{\sigma_u}{n} \qquad\qquad (6-11)$$

对于脆性材料: $\sigma_u = \sigma_b$, $n = n_b$, 则 $[\sigma] = \dfrac{\sigma_b}{n_b}$。

对于塑性材料: $\sigma_u = \sigma_s$ 或 $\sigma_{p0.2}$, $n = n_s$, 则 $[\sigma] = \dfrac{\sigma_s}{n_s}$ 或 $[\sigma] = \dfrac{\sigma_{p0.2}}{n_s}$。

安全因数的选取不仅仅从力学问题的角度出发,同时还要考虑工程的重要性及经济效益等。安全因数的大致范围如下:在静载荷下,塑性材料的安全因数一般取 1.25~2.5,脆性材料的安全因数一般取 2.5~3.0。表 6-2 给出了工程上常用材料在一般情况下的许用应力约值。

表 6-2　常用材料的许用应力约值

材料名称	牌号	许用应力/MPa	
		轴向拉伸	轴向压缩
低碳钢	Q235	170	170
低合金钢	16Mn	230	230
灰铸铁		34 ~ 54	160 ~ 200
混凝土	C20	0.44	7
	C30	0.6	10.3
红松(顺纹)		6.4	10

注:表中数值适用于常温、静载荷和一般工作条件下的拉杆和压杆。

6.6.2　强度条件和强度计算

对于等截面直杆,轴力最大的横截面称为危险截面。危险截面上应力最大的点是危险点。对于轴向拉压杆件,横截面上的正应力均匀分布,故可将截面任一点视作危险点。拉压杆件危险点处的最大工作应力由式(6-1)计算,当该点的最大工作应力不超过材料的许用应力时,能保证杆件安全正常地工作。

　　因此,为确保拉压杆件不致因强度不足而破坏,得出杆件轴向拉伸或压缩时的强度条件为

$$\sigma_{\max} \leqslant [\sigma] \tag{6-12}$$

利用式(6-1)和式(6-12),可以进行如下三个方面的强度计算。

1. 校核强度

　　已知杆件的横截面面积 A 、材料的许用应力 $[\sigma]$ 及拉压杆件所受载荷,可校核杆件是否满足强度条件的要求。在工程中,如果杆件的最大工作应力略高于许用应力,但不超过 5%,也认为构件的强度满足要求,因为许用应力中有一定的安全储备。

2. 设计截面

　　当杆件所受载荷及材料的许用应力 $[\sigma]$ 为已知时,可计算出杆件所需的横截面面积,即

$$A \geqslant \frac{F_{\mathrm{Nmax}}}{[\sigma]}$$

求出横截面面积,叫根据不同的截面形状确定杆件横截面的尺寸。

3. 确定许可载荷

　　当杆件的横截面面积 A 及材料的许用应力 $[\sigma]$ 为已知时,可求出杆件所许可的最大轴力为

$$F_{\mathrm{Nmax}} \leqslant A[\sigma]$$

再由此确定杆件的许可载荷。

　　例题 6-5　一空心圆截面拉杆,外径 $D = 20$ mm,内径 $d = 15$ mm,承受轴向拉力 $F = 20$ kN,材料的许用应力 $[\sigma] = 156$ MPa,试校核该杆的强度。

　　解:(1) 杆件横截面上的正应力为

$$\sigma = \frac{F}{A} = \frac{F}{\pi(D^2 - d^2)/4} = \frac{4 \times 20 \times 10^3}{3.14 \times (0.020^2 - 0.015^2)} \text{ Pa} = 145.6 \times 10^6 \text{ Pa} = 145.6 \text{ MPa}$$

　　(2) 校核

$$\sigma = 145.6 \text{ MPa} < [\sigma] = 156 \text{ MPa}$$

故杆件的强度足够。

　　例题 6-6　三角形吊架如图 6-24a 所示,其杆 AB 和杆 BC 均为等边角钢制成的钢杆。已知载荷 $F = 450$ kN,许用应力 $[\sigma] = 160$ MPa,试确定等边角钢的型号。

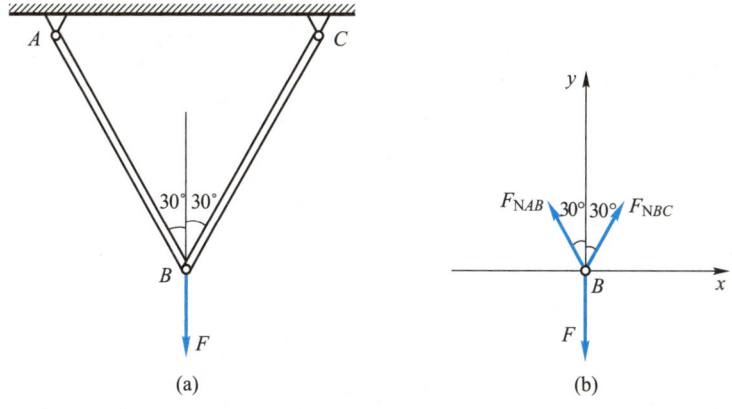

(a)　　　　　　　　　　(b)

图 6-24　例题 6-6 图

解:(1) 确定各杆轴力

取节点 B 为研究对象,受力图如图 6-24b 所示。列平衡方程

$$\sum F_x = 0, \quad -F_{NAB}\sin 30° + F_{NBC}\sin 30° = 0$$

$$\sum F_y = 0, \quad F_{NAB}\cos 30° + F_{NBC}\cos 30° - F = 0$$

解得各杆的轴力为

$$F_{NAB} = F_{NBC} = \frac{F}{2\cos 30°} = \frac{450\times10^3}{2\times\dfrac{\sqrt{3}}{2}}\ \text{N} = 259.8\times10^3\ \text{N} = 259.8\ \text{kN}$$

(2) 根据强度条件确定杆件截面尺寸

$$A \geqslant \frac{F_N}{[\sigma]}$$

$$A \geqslant \frac{F_N}{[\sigma]} = \frac{259.8\times10^3}{160\times10^6}\ \text{m}^2 = 1623.75\times10^{-6}\ \text{m}^2$$

查型钢规格表,∠90×90×10 的截面面积为 17.17 cm^2,大于所求面积,并且与 A 最接近。因此,杆件选用两根 90 mm×90 mm×10 mm 的等边角钢。

例题 6-7   一钢木三角架如图 6-25a 所示,木杆 AB 的横截面面积 $A_{AB} = 10\times10^3$ mm^2,许用压应力 $[\sigma]_{AB} = 7$ MPa;钢杆 AC 的横截面面积 $A_{AC} = 600$ mm^2,许用拉应力 $[\sigma]_{AC} = 160$ MPa。试求结构的许可载荷 $[F]$。

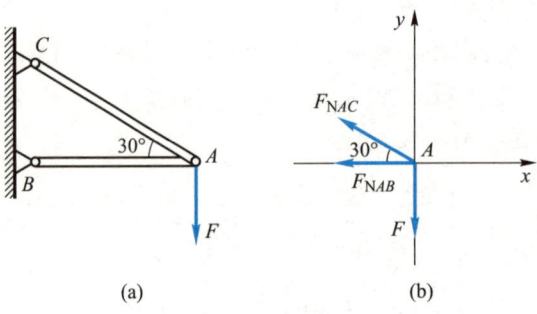

图 6-25   例题 6-7 图

解:(1) 取节点 A 为研究对象,受力图如图 6-25b 所示。列平衡方程

$$\sum F_x = 0, \quad -F_{NAB} - F_{NAC}\cos 30° = 0$$

$$\sum F_y = 0, \quad F_{NAC}\sin 30° - F = 0$$

解得各杆的轴力为

$$F_{NAB} = -\sqrt{3}F(\text{压力})$$

$$F_{NAC} = 2F(\text{压力})$$

(2) 利用强度条件,求许可载荷

利用 $F_N \leqslant A[\sigma]$,可得木杆轴力为

$$|F_{NAB}| = \sqrt{3}F \leqslant A_{AB}[\sigma]_{AB}$$

保证木杆满足强度要求的载荷为

$$F \leqslant \frac{A_{AB}[\sigma]_{AB}}{\sqrt{3}} = \frac{10\times10^3\times10^{-6}\times7\times10^6}{\sqrt{3}}\ \text{N} = 40.4\times10^3\ \text{N} = 40.4\ \text{kN}$$

钢杆轴力为

$$|F_{NAC}| = 2F \leqslant A_{AC}[\sigma]_{AC}$$

保证钢杆满足强度要求的载荷为

$$F \leqslant \frac{A_{AC}[\sigma]_{AC}}{2} = \frac{600 \times 10^{-6} \times 160 \times 10^{6}}{2} \text{ N} = 48.0 \times 10^{3} \text{ N} = 48.0 \text{ kN}$$

要保证整个结构安全,两杆都必须满足强度要求。因此,结构的许可载荷 $[F] = F_{min} = 40.4$ kN。

6.6.3　应力集中的概念

在工程实际中,由于结构或功能上的需要,构件常制成阶梯形状、带有圆孔或切槽等,这使得构件截面尺寸或形状发生了突变。较精确的理论分析和实验表明,在外力作用下,弹性体形状或截面尺寸发生突变的局部范围内,应力数值急剧增大,这种现象称为应力集中。

图 6-26a 所示为一受轴向拉力的直杆,在轴线上开一小圆孔。在横截面 1-1 上,应力分布不均匀,在靠近孔边的局部范围内,应力很大,在离开孔边稍远处,应力明显降低,如图 6-26b 所示。在离开圆孔较远的截面 2-2 上,应力仍为均匀分布,如图 6-26c 所示。

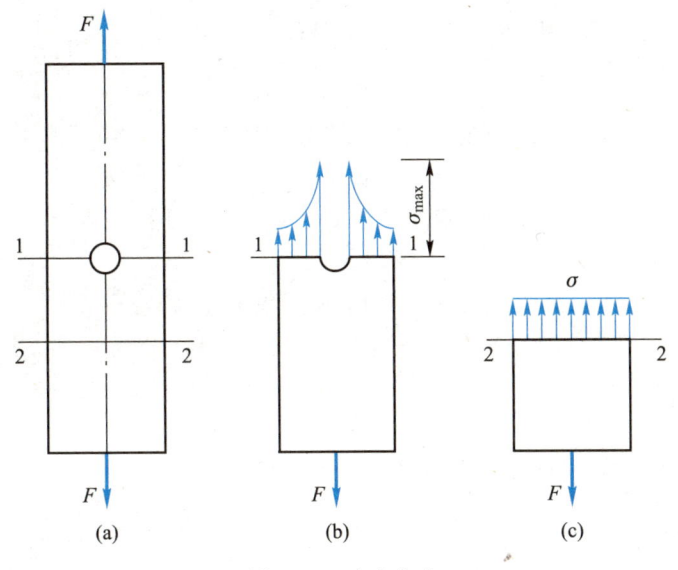

图 6-26　应力集中

求杆件外形局部不规则处的最大局部应力 σ_{max},必须借助于弹性理论、计算力学或实验应力分析的方法。在工程实际中,应力集中的程度用最大局部应力 σ_{max} 与该截面视作均匀分布的平均应力 σ_0 的比值 K 来表示,称为理论应力集中因数,即

$$K = \frac{\sigma_{max}}{\sigma_0} \tag{6-13}$$

式中,$\sigma_0 = \dfrac{F}{A_0}$,$A_0$ 为截面 1-1 处的净截面面积。

K 反映了应力集中的程度,是一个大于 1 的因数。

实验表明:截面尺寸改变得越急剧、角越尖、孔越小,应力集中的程度就越严重。因此,工程中的零件一般应尽可能地避免带尖角的孔和槽,在阶梯轴的轴肩处要用圆弧过渡,而且尽量使圆弧半径大一些。

各种材料对应力集中的敏感程度并不相同。塑性材料一般存在屈服阶段,当局部的最大应力 σ_{max} 达到材料的屈服强度 σ_s 时,若继续增加载荷,则其应力不增加,应变继续增大,而所增加的载荷将由截面上尚未屈服的材料来承担,直至整个截面上各点处的应力都趋于屈服强度时,杆件才因屈服而丧失正常工作的能力。这就使得截面上的应力逐渐趋于平均,降低了应力不均匀程度,也限制了局部最大应力 σ_{max} 的数值。因此,由塑性材料制成的零件,在静载荷作用下通常不考虑应力集中的影响。脆性材料没有屈服阶段,当静载荷增加时,应力集中处的局部最大应力 σ_{max} 一直领先,首先达到强度极限 σ_b,该处将首先产生裂纹。所以对于脆性材料制成的零件,应力集中的危害性较严重,需要考虑应力集中的影响。但是,脆性材料中的铸铁由于其内部组织很不均匀,内部存在的气孔、杂质等缺陷成为引起应力集中的主要因素,而截面突变所引起的应力集中并不明显,可不予考虑。但在动载荷作用下,无论是用塑性材料还是用脆性材料制成的构件,应力集中的影响均不可忽略。

<h2 style="text-align:center">自测题 6.6</h2>

自测题 6.6
参考答案

自测题 6.6.1 σ_e、σ_p、σ_s、σ_b 分别代表弹性极限、比例极限、屈服极限和强度极限,许用应力 $[\sigma] = \dfrac{\sigma_u}{n}$,对于低碳钢,极限应力 σ_u 应是(   )。

A. σ_e B. σ_p C. σ_s D. σ_b

自测题 6.6.2   对于铸铁,极限应力 σ_u 应是(   )。

A. σ_e B. σ_p C. σ_s D. σ_b

自测题 6.6.3   弹性体形状或截面尺寸发生突变的局部范围内,应力数值急剧增大,这种现象称为(   )。

A. 圣维南原理   B. 应力集中

习   题

第 6 章习题
参考答案

6.1   试求图 6-27 所示各杆截面 1-1 和截面 2-2 上的轴力。

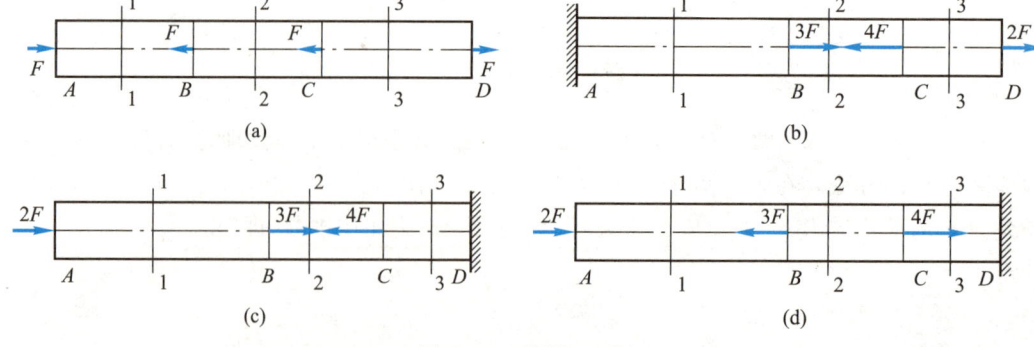

图 6-27   习题 6.1 图

6.2   试画出习题 6-1 中各杆的轴力图。

6.3   一空心圆截面杆,横截面内径 $d = 30$ mm,外径 $D = 40$ mm,承受轴向拉力 $F = 40$ kN,试求杆横截面上的正应力。

6.4　试求图 6-28 所示阶梯状直杆横截面 1-1、2-2 和 3-3 上的轴力,并作轴力图。如果横截面面积 $A_1 = 400\ mm^2$,$A_2 = 300\ mm^2$,$A_3 = 200\ mm^2$,试求各指定横截面上的应力。

6.5　如图 6-29 所示,若已知 $F = 40\ kN$,杆的横截面面积 $A = 500\ mm^2$,试求杆内的最大拉应力和最大压应力。

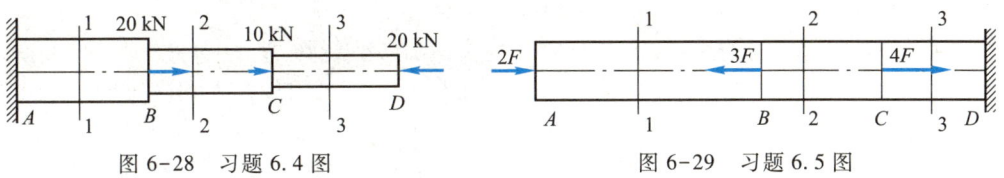

图 6-28　习题 6.4 图　　　　　　图 6-29　习题 6.5 图

6.6　如图 6-30 所示阶梯形圆截面直杆,承受轴向载荷 $F_1 = 50\ kN$ 和 F_2 作用,AB 与 BC 段的横截面直径分别为 $d_1 = 20\ mm$、$d_2 = 30\ mm$,若欲使 AB 与 BC 段横截面上的正应力相同,试求载荷 F_2 之值。

6.7　如图 6-31 所示,一块厚 10 mm、宽 200 mm 的钢板,被直径 $d = 20\ mm$ 的圆孔所削弱,圆孔的排列对称于钢板的轴线。钢板承受轴向拉力 $F = 200\ kN$。试求钢板内的最大应力。

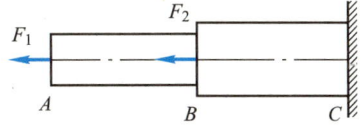

图 6-30　习题 6.6 图

6.8　一根等截面直杆受力如图 6-32 所示,已知杆的横截面面积 A 和材料的弹性模量 E,试画出轴力图,并求端点 D 的位移。

6.9　一木柱受力如图 6-33 所示。柱的横截面是边长为 200 mm 的正方形,材料符合胡克定律,其弹性模量 $E = 10\ GPa$。不计柱的自重,试:(1) 画出柱的轴力图;(2) 求各段柱横截面上的应力;(3) 求柱的总变形。

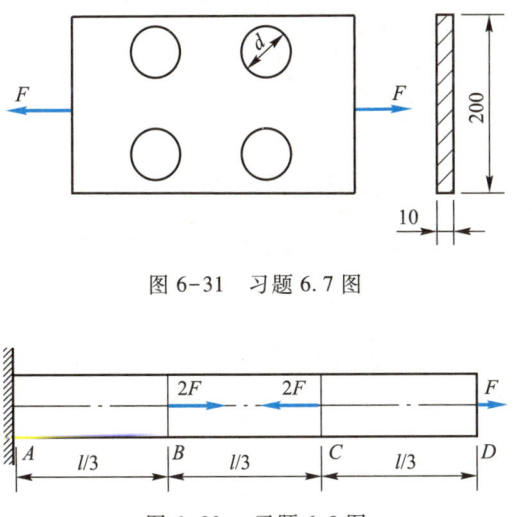

图 6-31　习题 6.7 图

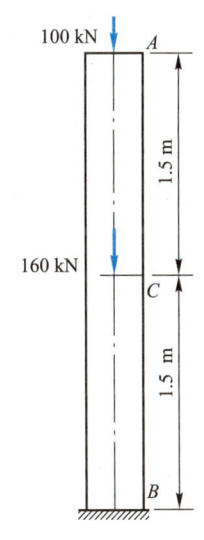

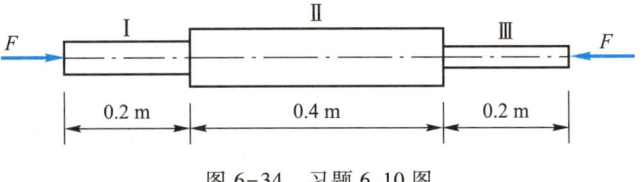

图 6-32　习题 6.8 图

图 6-33　习题 6.9 图

6.10　某变截面钢杆如图 6-34 所示,Ⅰ 段的横截面是直径为 20 mm 的圆,Ⅱ 段的横截面是边长为 25 mm 的正方形,Ⅲ 段的横截面是直径为 12 mm 的圆。已知材料的弹性模量 $E = 210\ GPa$,杆在力 F 的作用下在 Ⅱ 段产生的正应力为30 MPa,试求该杆在力 F 的作用下的总变形量。

图 6-34　习题 6.10 图

6.11 如图 6-35 所示,设构件 CG 为刚体(构件 CG 的弯曲变形可以忽略)。BC 为铜杆,长度为 l_1,横截面面积为 A_1,弹性模量为 E_1;DG 为钢杆,长度为 l_2,横截面面积为 A_2,弹性模量为 E_2。如要求构件 CG 始终保持水平,试求 x。

6.12 一横截面直径为 $d=10$ mm 的圆截面杆,在轴向拉力 F 作用下,直径减小 0.002 5 mm。如材料的弹性模量 $E=210$ GPa,泊松比 $\nu=0.3$,试求轴向拉力 F。

6.13 一横截面直径为 15 mm、标距为 200 mm 的合金钢杆,在线弹性范围内进行拉伸,当载荷从零缓慢增加到 58.4 kN 时,杆长增加了 0.9 mm,直径减小了 0.022 mm。试求材料的弹性模量和泊松比。

6.14 一横截面直径为 $d=10$ mm 的试样,标距 $l_0=50$ mm,拉伸断裂后,两标点间的长度 $l_1=63.2$ mm,颈缩处的横截面直径 $d_1=5.9$ mm,试求材料的延伸率与断面收缩率,并判断材料是脆性材料还是塑性材料。

6.15 某种材料的标准试样标距为 100 mm,其轴向拉伸实验得到的应力-应变曲线如图 6-36 所示,图中各点坐标为:点 $A(88\times10^{-4},240$ MPa),点 $B(1\ 776\times10^{-4},380$ MPa),点 $C(9\times10^{-4},180$ MPa)。(1) 求出材料的弹性模量;(2) 若试样的断后标距为 126.5 mm,求延伸率,并判断材料是脆性材料还是塑性材料。

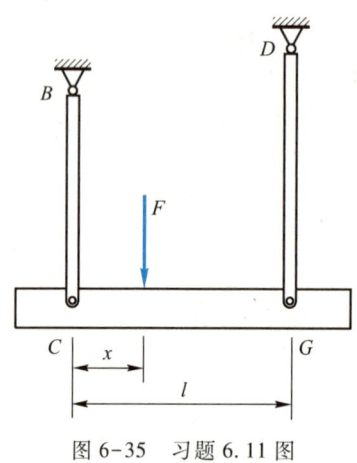

图 6-35   习题 6.11 图

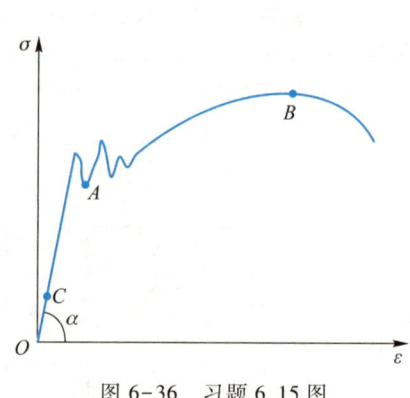

图 6-36   习题 6.15 图

6.16 某简易起重设备如图 6-37 所示。已知斜杆 AB 由两根不等边角钢∠63×40×4 组成,每根角钢的截面面积为 $A=4.058$ cm²,若角钢的许用应力 $[\sigma]=170$ MPa,则这个起重设备在提起重量为 $W=15$ kN 的重物时,斜杆 AB 是否满足强度条件?

6.17 如图 6-38 所示,用绳索吊运一重物,已知重物 $W=20$ kN,绳索的横截面面积 $A=1\ 260$ mm²,许用应力 $[\sigma]=10$ MPa。(1) 当 $\theta=45°$ 时,绳索强度是否够用?(2) 若 $\theta=60°$,再次校核绳索的强度。

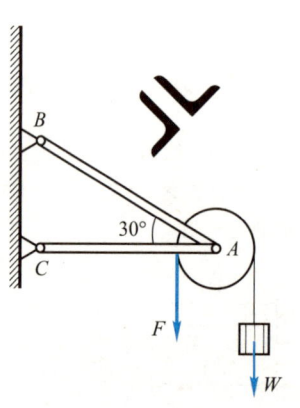

图 6-37   习题 6.16 图

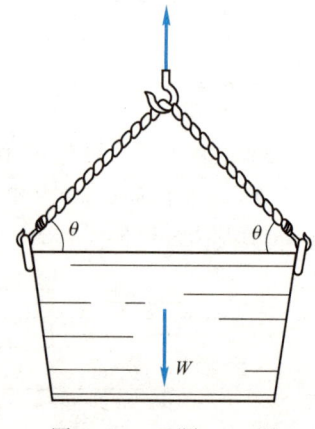

图 6-38   习题 6.17 图

6.18　某平面闸门受力如图 6-39 所示,闸门可以用两根钢索进行提升,已知闸门开启时需要 60 kN 的力,若钢索材料的许用拉应力 $[\sigma]=160$ MPa,试求钢索的横截面面积。若钢索由一组直径为 2 mm 的钢丝组成,至少需要几根钢丝构成钢索才能提升闸门?

6.19　一空心圆截面杆,横截面内径 $d=15$ mm,承受轴向压力 $F=20$ kN,已知材料的屈服强度 $\sigma_s=240$ MPa,安全因数 $n_s=1.6$。试求杆横截面的外径 D。

6.20　某结构中有一根承受轴向拉力的杆件,设计采用横截面直径为 21 mm 的 Q274 钢,但由于仓库缺少该材料,拟采用 Q235 钢替代。现仓库中库存的 Q235 钢有直径 21 mm、23 mm、25 mm 等几种规格。已知 Q235 钢的屈服强度为 235 MPa,Q274 钢的屈服强度为 274 MPa。在安全因数相同的条件下,试选择可用于替代原设计方案的 Q235 钢的直径。

6.21　某阶梯状立柱如图 6-40 所示,上部为钢质,高度为 200 mm,横截面是边长为 100 mm 的正方形,钢的弹性模量 $E=200$ GPa。下部为铝质,高度为 300 mm,横截面是边长为 200 mm 的正方形,铝的弹性模量 $E=70$ GPa。当柱体顶部受压力 F 作用时,柱子的总高度减少了 0.04 mm,试求柱顶的压力 F 的大小。

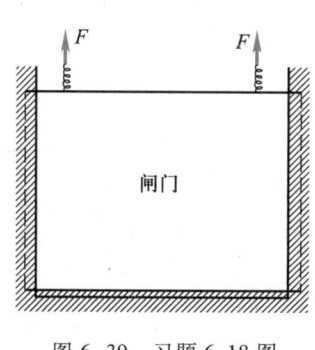 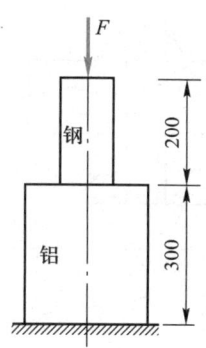

图 6-39　习题 6.18 图　　　　图 6-40　习题 6.21 图

6.22　某杆系结构由刚性横梁 AB 与两根杆组成,结构受力如图 6-41 所示。已知杆 1、杆 2 的横截面面积分别为 $A_1=100$ mm² 和 $A_2=200$ mm²,许用应力分别为 $[\sigma_1]=120$ MPa 和 $[\sigma_2]=160$ MPa。试求作用在横梁上的许可载荷。

6.23　图 6-42 所示杆系结构由杆 AB 与杆 AC 组成,在节点 A 承受集中载荷 F 作用,已知杆 AB 与杆 AC 的横截面面积均为 $A=200$ mm²,许用拉应力 $[\sigma_t]=200$ MPa,许用压应力 $[\sigma_c]=150$ MPa。试求许可载荷。

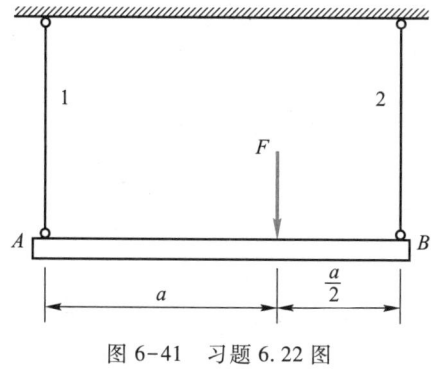 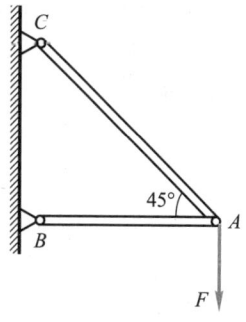

图 6-41　习题 6.22 图　　　　图 6-42　习题 6.23 图

第 7 章 剪切与挤压

7.1 剪切与挤压的概念和实例

在工程实际中,经常需要将构件相互连接。如图 7-1a 所示,两块钢板通过一个铆钉以搭接形式连接成一个整体;如图 7-2a 所示,机械中的轴与齿轮用一个键连接成了一个整体。诸如铆钉、键这种在连接部位起连接作用的部件称为连接件。

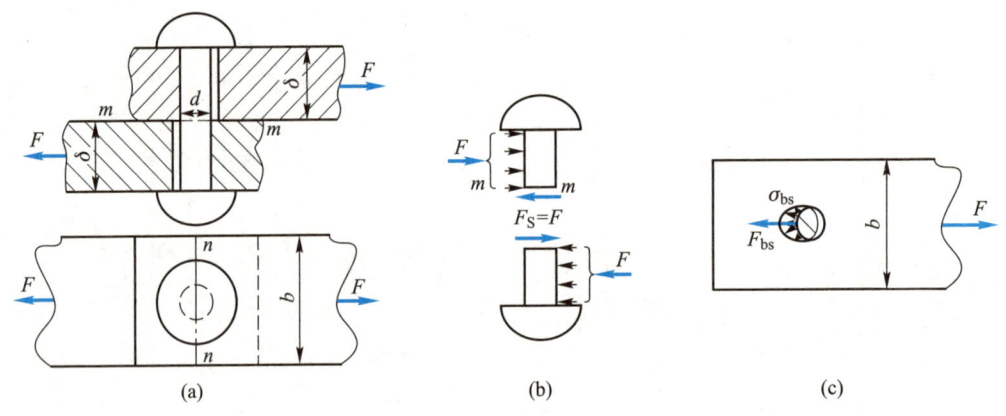

图 7-1　铆钉连接件

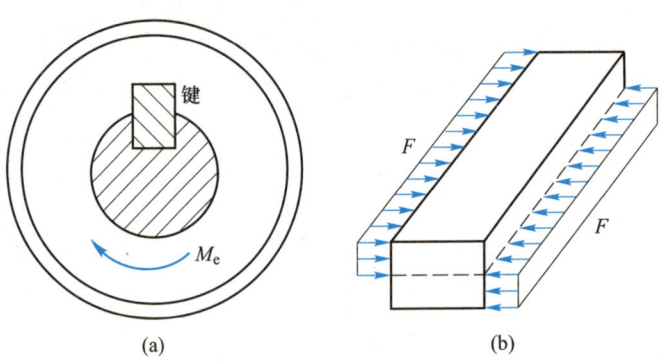

图 7-2　键连接件

为了保证连接后的构件能够安全地工作,除构件整体需要满足强度、刚度、稳定性要求外,作为连接件的铆钉、键等也应具有足够的强度。

这些连接件的主要变形特点和破坏特点如下:

(1) 如图 7-1b、图 7-2b 所示,连接件受到一对大小相等、方向相反、作用线很接近的分布外力系作用,在这样的外力作用下,连接件将沿着两侧外力之间且与外力作用线平行的截面发生相对错动。这种变形称为剪切变形,发生相对错动的截面称为剪切面。对于这些受剪的连接件,必须考虑其剪切强度问题。

(2) 如图 7-1c 所示,连接件在产生剪切变形的同时,连接件和被连接件在其相互接触的表面上将发生彼此间的局部承压现象。这种变形称为挤压变形,发生相互挤压现象的截面称为挤压面。如果挤压力过大,会在两者接触面的局部区域产生过大的塑性变形,从而导致连接件失效。

自测题 7.1

自测题 7.1.1　连接件受到一对大小相等、方向相反、作用线很接近的分布外力系作用,使得连接件沿着两侧外力之间且与外力作用线平行的截面发生相对错动。这种变形称为(　　　　　)。

A. 剪切变形　　　　　　　　　　B. 挤压变形

C. 拉伸变形　　　　　　　　　　D. 压缩变形

自测题 7.1
参考答案

自测题 7.1.2　连接件和被连接件在其相互接触的表面上将发生彼此间的局部承压现象,这种变形称为(　　　　　)。

A. 剪切变形　　　　　　　　　　B. 挤压变形

C. 拉伸变形　　　　　　　　　　D. 压缩变形

自测题 7.1.3　构件的两部分发生(　　　　　)的平面称为剪切面。

A. 相互挤压　　　　　　　　　　B. 相对错动

自测题 7.1.4　发生相互挤压现象的截面称为(　　　　　)。

A. 挤压面　　　　　　　　　　　B. 剪切面

7.2　剪切与挤压的实用计算

7.2.1　剪切的实用计算

现在分析图 7-1a 所示的铆钉连接件的受力情况。应用截面法切开截面 $m-m$,可求得铆钉中间剪切面上的内力,即剪力,用 F_s 表示,如图 7-1b 所示。在剪切实用计算中,假设剪切面上只有切应力,且各点处的切应力相等,可得到剪切面上的切应力为

$$\tau = \frac{F_s}{A_s} \tag{7-1}$$

式中,F_s 为剪切面上的剪力,A_s 为剪切面的面积。

为使连接件不发生剪切破坏,连接件应满足的剪切强度条件为

$$\tau = \frac{F_s}{A_s} \leqslant [\tau] \tag{7-2}$$

式中,$[\tau]$ 为连接件的许用切应力,是由连接件按实际受力情况进行剪切破坏试验得到连接件的极限切应力 τ_u 除以安全因数得到的。

注意,有些连接件的剪切面不止一个,例如图 7-3a 中的铆钉,每个铆钉都有两个剪切面,如图 7-3b、c 所示,称为双剪切。在实际计算中,对这类问题需要认真分析,得出连接件的剪切面数目,确定剪力的大小。

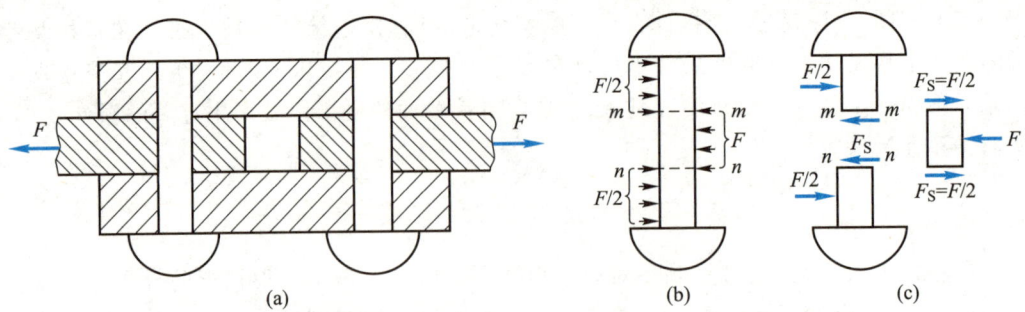

图 7-3   多个剪切面的连接件

例题 7-1   如图 7-4a 所示，已知钢板厚度 $\delta = 10$ mm，其剪切极限应力 $\tau_u = 300$ MPa。若用冲床将钢板冲出直径 $d = 25$ mm 的孔，需要多大的冲剪力 F?

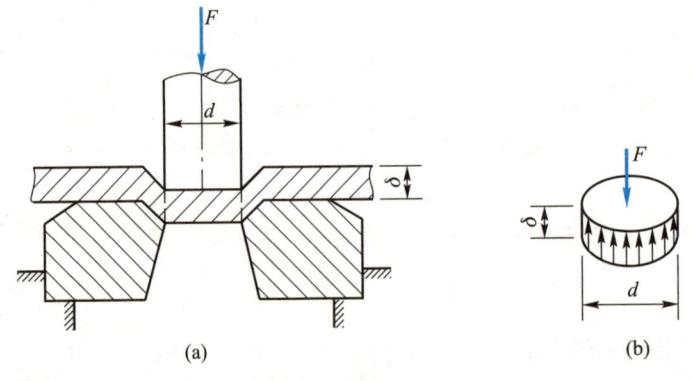

图 7-4   例题 7-1 图

解：剪切面是钢板内被冲头冲出的圆饼体的柱形侧面，如图 7-4b 所示。其面积为

$$A = \pi d \delta = 3.14 \times 25 \times 10^{-3} \times 10 \times 10^{-3} \text{ m}^2 = 785 \times 10^{-6} \text{ m}^2$$

冲孔所需要的冲剪力应为

$$F \geqslant A\tau_u = 785 \times 10^{-6} \times 300 \times 10^6 \text{ N} = 236 \times 10^3 \text{ N} = 236 \text{ kN}$$

7.2.2   挤压的实用计算

挤压接触面上的应力分布也是比较复杂的。图 7-1a 所示的铆钉与被连接件在接触面上的压力称为挤压力，用 F_{bs} 表示。挤压力可以根据连接件所受的外力，由静力平衡条件求得。在挤压实用计算中，假设挤压力 F_{bs} 在计算挤压面面积 A_{bs} 上均匀分布，则挤压应力为

$$\sigma_{bs} = \frac{F_{bs}}{A_{bs}} \tag{7-3}$$

式中，F_{bs} 为接触面上的挤压力，A_{bs} 为计算挤压面面积。

所谓计算挤压面面积是指实际挤压接触面在垂直于挤压方向的投影面积。当接触面为圆柱面（如铆钉连接中铆钉与钢板的接触面）时，计算挤压面面积 A_{bs} 取为实际挤压接触面在直径平面上的投影面积，如图 7-5a 所示。当连接件的接触面为平面（如图 7-5b 所示的平键与轴的连接）时，其计算挤压面面积就是实际挤压接触面的面积。

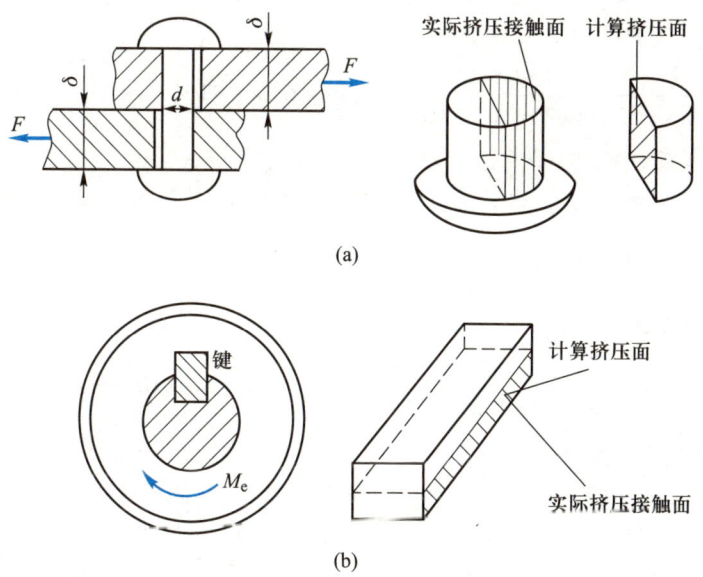

(a)

(b)

图 7-5 计算挤压面的选取

为使连接件不发生挤压破坏,连接件应满足的挤压强度条件为

$$\sigma_{bs} = \frac{F_{bs}}{A_{bs}} \leqslant [\sigma_{bs}] \qquad (7-4)$$

式中,$[\sigma_{bs}]$ 为许用挤压应力,是通过直接试验,按挤压应力公式得到材料的极限挤压应力再除以安全因数确定的。

连接部分的强度应同时满足强度条件式(7-2)和式(7-4)。根据这两个强度条件可校核连接件的强度、设计连接件尺寸和确定许可载荷。

例题 7-2　拉杆头部尺寸如图 7-6 所示,已知拉杆头部横截面直径 $D = 40$ mm,拉杆横截面直径 $d = 20$ mm,高度 $h = 10$ mm。拉杆底部受力 $F = 40$ kN 作用,已知材料许用切应力 $[\tau] = 100$ MPa,许用挤压应力 $[\sigma_{bs}] = 200$ MPa。试校核拉杆头部的强度。

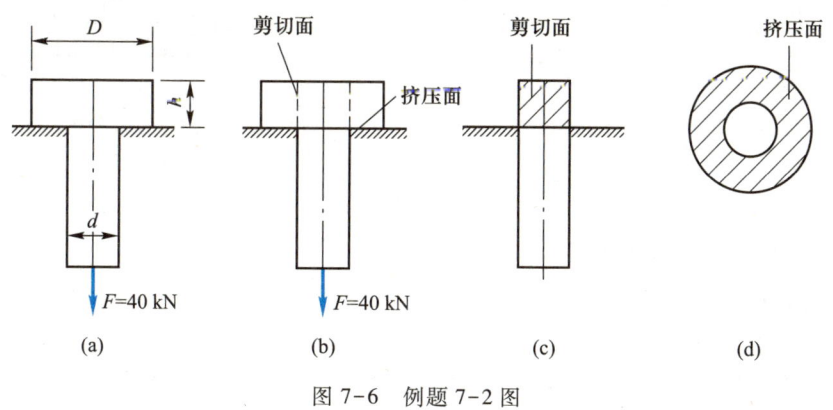

(a)　　　　　(b)　　　　　(c)　　　　　(d)

图 7-6 例题 7-2 图

解:(1) 剪切强度分析

拉杆头部在力的作用下,剪切面和挤压面位置如图 7-6b 所示。

剪切面是一个直径为 d、高度为 h 的圆柱面,如图 7-6c 所示,剪切面上的剪力 $F_s = F$,

剪切面面积 $A_s = \pi dh$。

根据剪切强度条件,有

$$\tau = \frac{F_S}{A_s} = \frac{F}{\pi dh} = \frac{40 \times 10^3}{3.14 \times 20 \times 10^{-3} \times 10 \times 10^{-3}} \text{ Pa} = 63.69 \times 10^6 \text{ Pa} = 63.69 \text{ MPa} \leqslant [\tau]$$

（2）挤压强度分析

挤压面是一个外径为 D、内径为 d 的空心圆截面,如图 7-6d 所示,挤压面上的挤压力 $F_{bs} = F$,挤压面面积 $A_{bs} = \frac{\pi}{4}(D^2 - d^2)$。

根据挤压强度条件,有

$$\sigma_{bs} = \frac{F_{bs}}{A_{bs}} = \frac{F}{\pi(D^2 - d^2)/4} = \frac{4 \times 40 \times 10^3}{3.14 \times (40^2 - 20^2) \times 10^{-6}} \text{ Pa} = 42.46 \times 10^6 \text{ Pa} = 42.46 \text{ MPa} \leqslant [\sigma_{bs}]$$

可见,拉杆头部的强度足够。

例题 7-3　图 7-7 所示一铆接接头,主板和上下两层盖板通过铆钉组铆接,每边有 3 个铆钉,主板受轴向拉力 $F = 130 \text{ kN}$ 作用。已知主板及盖板的宽度 $b = 110 \text{ mm}$,厚度 $\delta = 10 \text{ mm}$,铆钉直径 $d = 17 \text{ mm}$。材料的许用应力分别为 $[\tau] = 120 \text{ MPa}$,$[\sigma_t] = 170 \text{ MPa}$,$[\sigma_{bs}] = 300 \text{ MPa}$。试校核铆接接头的强度。

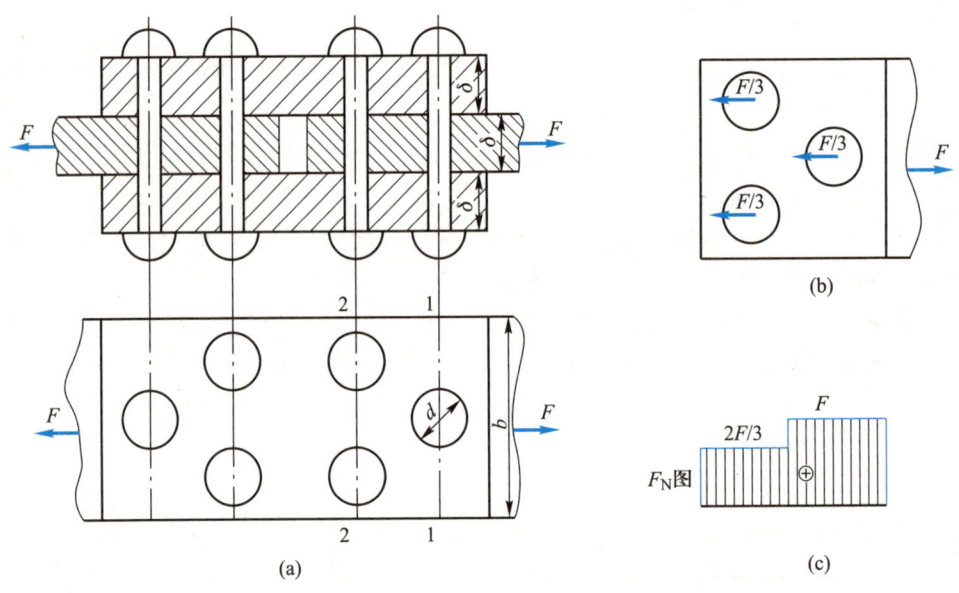

图 7-7　例题 7-3 图

解:（1）接头破坏形式分析

由于主板所受外力 F 通过铆钉群中心,所以每个铆钉受力相等,均为 $F/3$,如图 7-7b 所示。铆接接头的破坏形式可能有以下三种:铆钉在剪切面上发生剪切破坏;铆钉与钢板孔壁互相挤压,铆钉产生显著塑性变形,发生挤压破坏;主板在截面削弱处发生拉断破坏。

（2）剪切强度分析

由于铆钉受到的是双剪切,故铆钉每个剪切面上的剪力 $F_S = F/6$,剪切面面积 $A_s = \frac{\pi d^2}{4}$。

根据剪切强度条件,有

$$\tau = \frac{F_{\rm S}}{A_{\rm s}} = \frac{F/6}{\pi d^2/4} = \frac{130\times10^3\times4}{3.14\times(17\times10^{-3})^2\times6}\ {\rm Pa} = 95.5\times10^6\ {\rm Pa} = 95.5\ {\rm MPa} < [\tau]$$

(3) 挤压强度分析

每个铆钉所受的挤压力 $F_{\rm bs} = F/3$,挤压面面积 $A_{\rm bs} = d\delta$。

根据挤压强度条件,有

$$\sigma_{\rm bs} = \frac{F_{\rm bs}}{A_{\rm bs}} = \frac{F/3}{d\delta} = \frac{130\times10^3}{17\times10^{-3}\times10\times10^{-3}\times3}\ {\rm Pa} = 254.9\times10^6\ {\rm Pa} = 254.9\ {\rm MPa} < [\sigma_{\rm bs}]$$

(4) 拉伸强度分析

首先绘出主板的轴力图,如图 7-7c 所示。由图可见,在截面 1-1 上,轴力 $F_{\rm N1} = F$,只被一个铆钉孔削弱,$A_{\rm j1} = (b-d)\delta$;在截面 2-2 上,轴力 $F_{\rm N2} = 2F/3$,被两个铆钉孔削弱,$A_{\rm j2} = (b-2d)\delta$。无法直观判断哪一个是危险截面,故应按式(6-1)对两个截面都进行拉伸强度校核。

根据拉伸强度条件,有

$$\sigma_{\rm t} = \frac{F_{\rm N}}{A_{\rm j}} \leqslant [\sigma_{\rm t}]$$

将已知数据代入,得

$$\sigma_{\rm t1} = \frac{F_{\rm N1}}{A_{\rm j1}} = \frac{130\times10^3}{(0.11-0.017)\times0.01}\ {\rm Pa} = 139.8\times10^6\ {\rm Pa} = 139.8\ {\rm MPa} < [\sigma_{\rm t}]$$

$$\sigma_{\rm t2} = \frac{F_{\rm N2}}{A_{\rm j2}} = \frac{2\times130\times10^3/3}{(0.11-2\times0.017)\times0.01}\ {\rm Pa} = 114.0\times10^6\ {\rm Pa} = 114.0\ {\rm MPa} < [\sigma_{\rm t}]$$

综合考虑以上三个方面,铆接接头的强度足够。

<h2 style="text-align:center;color:blue;">自测题 7.2</h2>

自测题 7.2.1　在铆钉的挤压实用计算中,挤压面积应取为(　　　　)。

A. 实际的挤压面积

B. 实际的接触面积

C. 接触面在垂直于挤压力的平面上的投影面积

D. 挤压力分布的面积

自测题 7.2
参考答案

自测题 7.2.2　挤压强度条件是,挤压应力不得超过材料的(　　　　)。

A. 许用挤压应力　　　　　　　　B. 极限挤压应力

C. 最大挤压应力　　　　　　　　D. 破坏挤压应力

自测题 7.2.3　在剪切实用计算中,假定切应力在剪切面上(　　　　)。

A. 均匀分布　　　　　　　　　　B. 不均匀分布

自测题 7.2.4　在挤压实用计算中,假定挤压应力在挤压面上(　　　　)。

A. 均匀分布　　　　　　　　　　B. 不均匀分布

自测题 7.2.5　图 7-8 所示薄板在冲剪时的剪切面面积为＿＿＿＿＿＿＿＿,挤压面面积为＿＿＿＿＿＿＿＿。

自测题 7.2.6　图 7-9 所示厚度为 t 的基础上有一方柱,柱受轴向压力 F 作用,则基础的剪切面面积为＿＿＿＿＿＿＿＿,挤压面面积为＿＿＿＿＿＿＿＿。

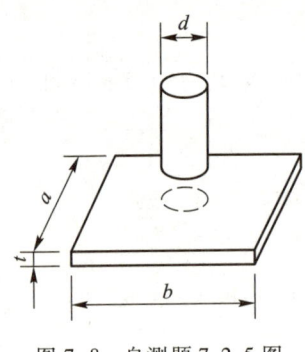

图 7-8   自测题 7.2.5 图

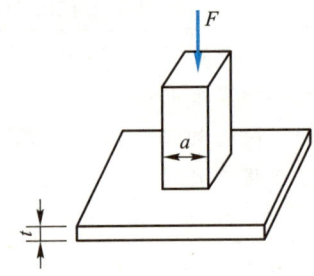

图 7-9   自测题 7.2.6 图

自测题 7.2.7   图 7-10 所示拉杆头和拉杆的横截面均为圆形,拉杆头的剪切面面积为_____,挤压面面积为_____。

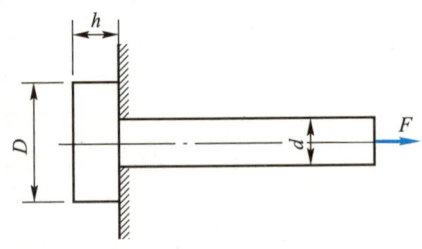

图 7-10   自测题 7.2.7 图

自测题 7.2.8   图 7-11 所示木楔接头的剪切面面积为_____,挤压面面积为_____。

自测题 7.2.9   如图 7-12 所示,直径为 d 的圆柱放在横截面直径 $D=3d$、厚度为 h 的圆柱基座上,地基对基座的约束力为均匀分布,圆柱承受的轴向力为 F,则基座剪切面上的剪力 $F_s =$ _____。

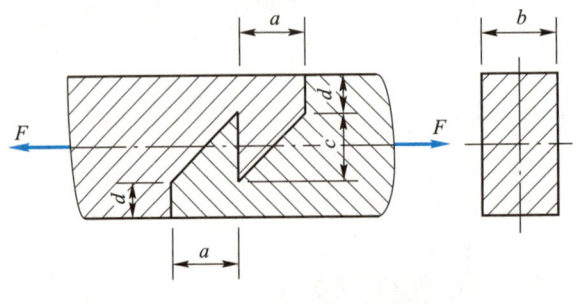

图 7-11   自测题 7.2.8 图   图 7-12   自测题 7.2.9 图

习   题

第 7 章习题

参考答案

7.1   某连接件装置如图 7-13 所示,试根据标注尺寸写出螺栓上剪切面面积和挤压面面积的表达式。

7.2   手摇柄示意图如图 7-14 所示。横截面直径为30 mm 的圆轴上安装着一个手摇柄,手摇柄与圆轴之间通过键 K 连接。键的长×宽×高为 36 mm×8 mm×8 mm,已知键的许用切应力 $[\tau] = 56$ MPa,在距轴心 700 mm 处所加的力 $F = 300$ N,试校核键的强度。

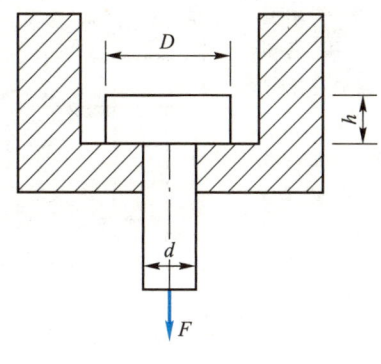

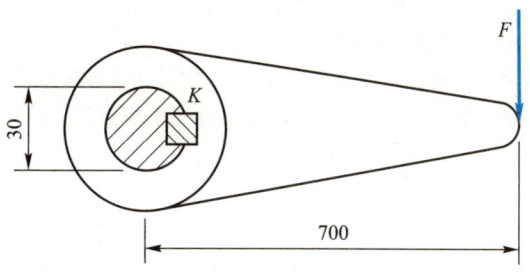

图 7-13 习题 7.1 图   图 7-14 习题 7.2 图

7.3 某部件用销固定,如图 7-15 所示,已知部件上受力 $F = 120$ kN,销的直径 $d = 30$ mm,材料的许用切应力 $[\tau] = 70$ MPa。试校核销的强度,若强度不够,试确定销的直径。

7.4 如图 7-16 所示切料装置,切料模中的棒料为钢,横截面直径 $d = 16$ mm,剪切强度极限 $\tau_h = 320$ MPa。试求刀刃切断该棒料时的切断力 F。

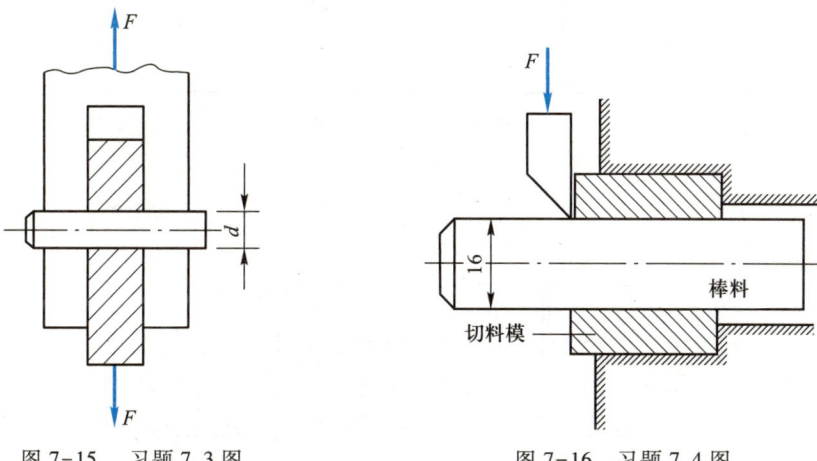

图 7-15 习题 7.3 图   图 7-16 习题 7.4 图

7.5 机床花键轴如图 7-17 所示,轴的截面上共有 8 个齿,轴与轮毂的配合长度 $l = 50$ mm,靠花键侧面传递的力偶矩为 3.5 kN·m,花键材料的许用挤压应力为 $[\sigma_{bs}] = 140$ MPa。试校核该花键的挤压强度。

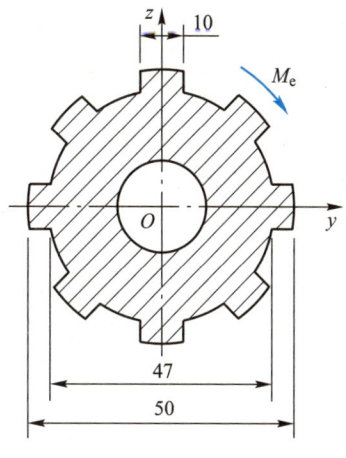

图 7-17 习题 7.5 图

7.6   拉杆头部尺寸如图 7-18 所示,已知拉杆头部横截面直径 $D = 40$ mm,拉杆横截面直径 $d = 20$ mm,高度 $h = 15$ mm。拉杆底部受一个力 F 作用,已知材料许用切应力 $[\tau] = 100$ MPa,许用挤压应力 $[\sigma_{bs}] = 240$ MPa。试确定拉杆底部可以承受的最大拉力。

7.7   两块木板连接如图 7-19 所示,已知 $b = 100$ mm,外力 $F = 50$ kN,木板的许用切应力 $[\tau] = 2$ MPa,许用挤压应力 $[\sigma_{bs}] = 10$ MPa。试求尺寸 a 和 c。

7.8   某部件用螺栓连接(如图 7-20 所示)。已知部件受力 $F = 40$ kN,螺栓的许用切应力 $[\tau] = 130$ MPa,许用挤压应力 $[\sigma_{bs}] = 300$ MPa,部件上下两板的厚度 $\delta_1 = 10$ mm,中板厚度 $\delta_2 = 20$ mm。试确定螺栓的直径 d。

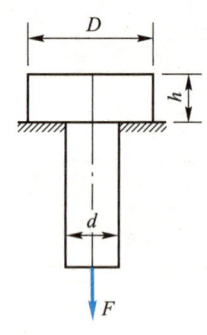

图 7-18   习题 7.6 图

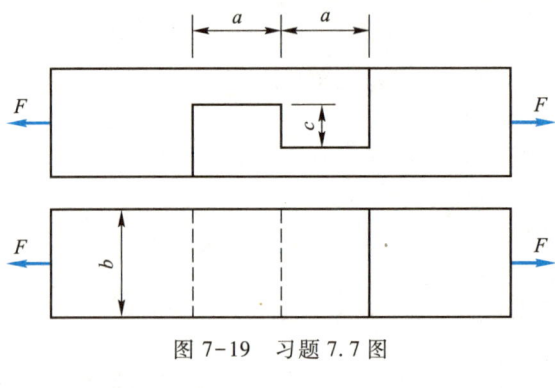

图 7-19   习题 7.7 图

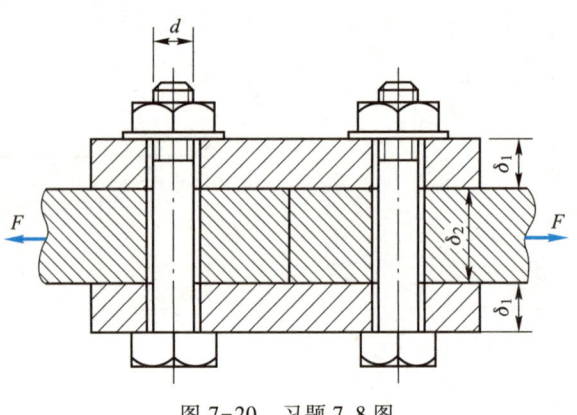

图 7-20   习题 7.8 图

7.9   用两个铆钉将 140 mm×140 mm×12 mm 的等边角钢铆接在立柱上构成托架,如图 7-21 所示。已知 $F = 30$ kN,铆钉直径 $d = 21$ mm,试求铆钉的切应力和挤压应力。

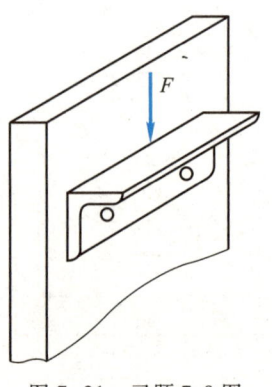

图 7-21   习题 7.9 图

7.10 如图 7-22 所示,两钢板的厚度均为 $\delta = 12$ mm,其中,钢板 1 的宽度 $b_1 = 200$ mm,钢板 2 的宽度 $b_2 = 160$ mm,两块钢板用直径 $d = 25$ mm 的铆钉连接。已知铆钉的许用切应力 $[\tau] = 100$ MPa,许用挤压应力 $[\sigma_{bs}] = 280$ MPa,钢板的许用拉应力 $[\sigma_t] = 160$ MPa,试求拉力 F 的许可值。

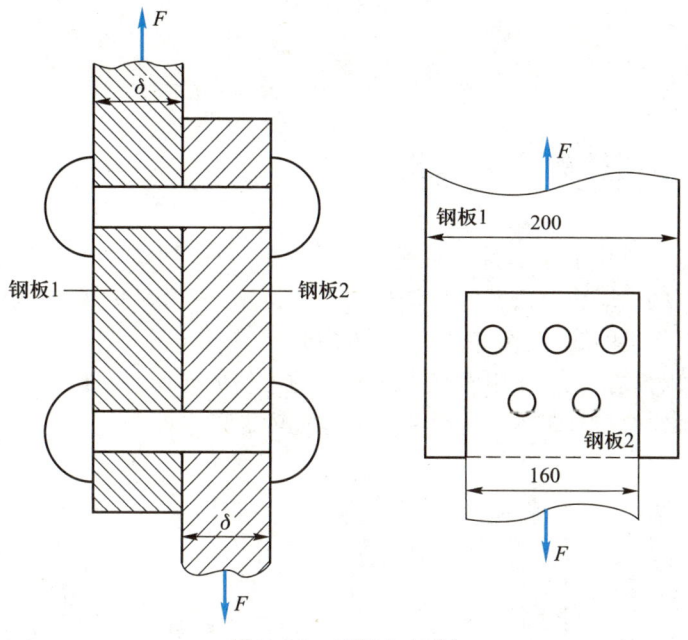

图 7-22　习题 7.10 图

7.11 如图 7-23 所示的铆接接头,承受轴向拉力作用。已知板的厚度 $\delta = 2$ mm,板的宽度 $b = 15$ mm,铆钉直径 $d = 4$ mm,铆钉的许用切应力 $[\tau] = 100$ MPa,铆钉的许用挤压应力 $[\sigma_{bs}] = 300$ MPa,板的许用拉应力 $[\sigma_t] = 160$ MPa。试求拉力的许可值。

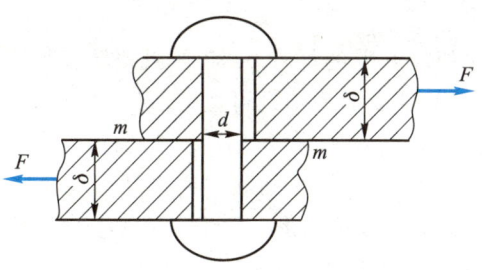

图 7-23　习题 7.11 图

第8章 圆轴扭转

8.1 圆轴扭转的概念和实例

工程实际及日常生活中经常会遇到受力后发生扭转变形的杆件,如汽车转向盘操纵杆(图 8-1a),杆的上端受到由转向盘传来的力偶作用,下端则受到来自转向器的阻抗力偶作用。再如钻探机的钻杆(图 8-1b),车床的光杠、旋具(图 8-1c)等,这些杆件都在两端受到大小相等、方向相反、作用面垂直于杆轴的力偶的作用,使杆件的任意两个横截面之间发生绕杆轴线的相对转动。这种变形称为扭转变形。

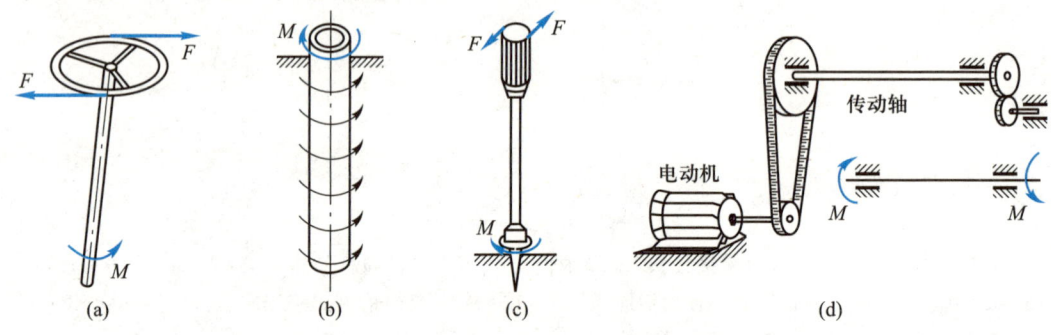

图 8-1 圆轴扭转的实例

工程实际中单纯发生扭转变形的杆件不多,但以扭转变形为主要变形的则不少。如果杆件的变形以扭转为主、其他变形为辅且可忽略不计,可按扭转变形对其进行强度和刚度计算。工程中把以扭转为主要变形的杆件称为轴,圆形截面的轴称为圆轴。工程中经常遇到的是圆轴,所以本章主要分析圆轴扭转时的强度和刚度问题。另外,机器中的传动轴(图 8-1d)、钻杆等,不仅发生扭转变形,还同时伴有弯曲变形,属于组合变形,将在第 11 章组合变形中讨论。

自测题 8.1

自测题 8.1
参考答案

自测题 8.1.1　杆件发生扭转变形时,两端受到_____、_____的力偶,其作用面_____杆轴。

自测题 8.1.2　圆轴扭转的变形特点是:杆件的各横截面绕杆轴线发生相对_____。

8.2 外力偶矩的计算和扭矩

8.2.1 外力偶矩的计算

在图 8-1d 所示的传动机构中,主动轮驱动轴转动,轴带动从动轮转动。通常作用在轴上的外力偶矩的数值不是直接给出的,工程中,往往仅已知其所传递的功率和轴的转速。

设一传动轴的传送功率为 P,其转速为 n,每分钟输入的功与外力偶矩 M 每分钟做功相等,由此可得外力偶矩 M_e 为

$$\{M_e\}_{N \cdot m} = 9\,549\, \frac{\{P\}_{kW}{}^{①}}{\{n\}_{r/min}} \tag{8-1}$$

对于外力偶矩的转向,主动轮上的外力偶矩的转向与轴的转动方向相同,而从动轮上的外力偶矩的转向则与轴的转动方向相反。

8.2.2 扭矩和扭矩图

作用在圆轴上的外力偶矩 M_e 确定后,即可利用截面法研究轴横截面上的内力,扭转时横截面上的内力称为扭矩。以图 8-2a 所示圆轴为例,求任一横截面(截面 $m-m$)上的内力。假想将轴沿横截面 $m-m$ 截开,取左半段为研究对象(图 8-2b),为了保持平衡,截面 $m-m$ 上必定存在一个内力偶矩 T 与外力偶矩 M_e 相互平衡。由平衡条件

$$\sum M_x = 0, \quad T - M_e = 0$$

可得这个内力偶矩的大小为

$$T = M_e$$

这个内力偶矩即为该横截面上的扭矩。扭矩用符号 T 来表示,常用单位为牛·米(N·m)或者千牛·米(kN·m)。

同样,如果取右半段为研究对象(图 8-2c),也可求得横截面 $m-m$ 上的扭矩,其值仍等于 M_e,但转向与左半段中的扭矩相反。

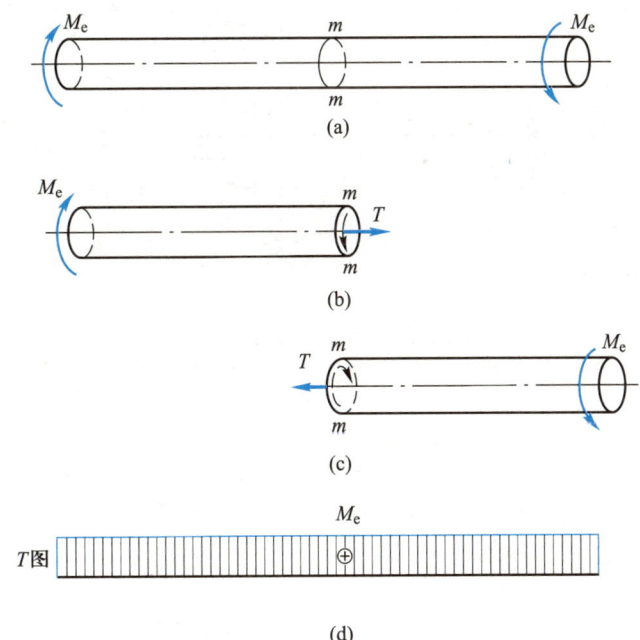

图 8-2   截面法求扭矩及扭矩图

为使从杆的左右两部分所求得的同一横截面上扭矩的正负号一致,对扭矩 T 的正负号做如下规定:把扭矩表示为矢量,按右手螺旋法则,四指代表扭矩的转向,拇指代表扭矩

---

① 这是国家标准 GB 3101—93《有关量、单位和符号的一般原则》规定的数值方程式的表示方法。

矢量方向,若矢量方向与横截面外法线方向一致,则扭矩为正;反之为负(图 8-3)。在求扭矩时,通常将未知扭矩假设为正。

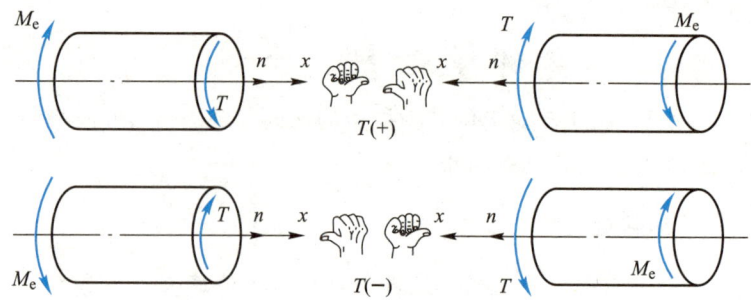

图 8-3   扭矩符号规定

很多情况下,作用于轴上的外力偶矩往往多于两个,则轴内各横截面上的扭矩也不尽相同。为了清楚地表示沿杆轴线各横截面上的扭矩的变化情况,可仿照轴力图画出扭矩图。画图时,以横坐标表示横截面的位置,纵坐标表示相应截面上的扭矩,扭矩图中扭矩正值画在轴线上方,负值画在下方。图 8-2d 即为图 8-2a 所示轴的扭矩图。

下面举例说明扭矩的计算和扭矩图的画法。

例题 8-1   图 8-4a 所示传动轴,已知转速 $n = 400$ r/min,B 轮为主动轮,输入功率 $P_B = 150$ kW,A、C 轮为从动轮,输出功率分别为 $P_A = 60$ kW 和 $P_C = 90$ kW。试求轴指定截面的扭矩,并画出扭矩图。

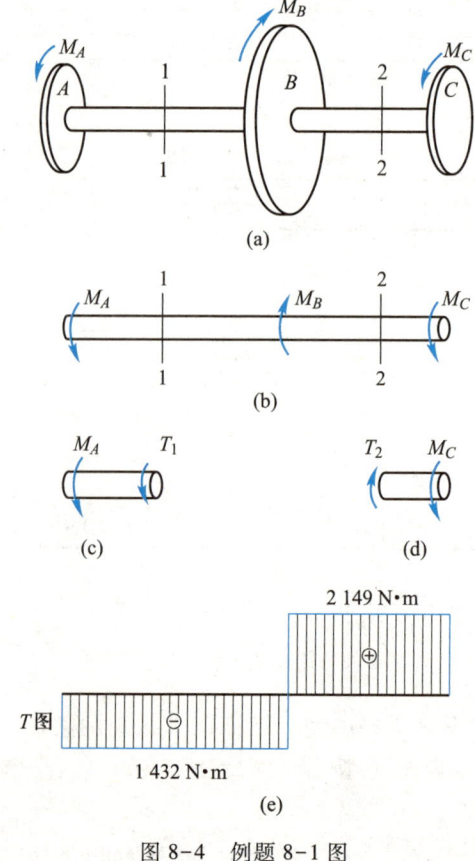

图 8-4   例题 8-1 图

解:(1) 计算外力偶矩

由式(8-1)可知,作用在轮 A、轮 B、轮 C 上的外力偶矩分别为

$$M_A = 9\ 549\ \frac{P_A}{n} = 9\ 549 \times \frac{60}{400}\ \text{N} \cdot \text{m} = 1\ 432\ \text{N} \cdot \text{m}$$

$$M_B = 9\ 549\ \frac{P_B}{n} = 9\ 549 \times \frac{150}{400}\ \text{N} \cdot \text{m} = 3\ 581\ \text{N} \cdot \text{m}$$

$$M_C = 9\ 549\ \frac{P_A}{n} = 9\ 549 \times \frac{90}{400}\ \text{N} \cdot \text{m} = 2\ 149\ \text{N} \cdot \text{m}$$

(2) 求各段轴内的扭矩

将轴分为 AB 和 BC 两段,并设两段扭矩均为正,分别用 T_1、T_2 表示,则由图 8-4c、d 可知

$$T_1 = -M_A = -1\ 432\ \text{N} \cdot \text{m}$$

$$T_2 = M_C = 2\ 149\ \text{N} \cdot \text{m}$$

(3) 画出扭矩图

根据上述分析,画出扭矩图如图 8-4e 所示,扭矩的最大绝对值为

$$|T_{\max}| = T_2 = 2\ 149\ \text{N} \cdot \text{m}$$

自测题 8.2

自测题 8.2.1　当轴传递的功率一定时,轴的转速越小,则轴受到的外力偶矩越_____;当外力偶矩一定时,传递的功率越大,则轴的转速越_____。

自测题 8.2.2　扭矩的正负号按_____规定,四指代表扭矩的转向,若大拇指的指向离开截面,扭矩为_____。

自测题 8.2 参考答案

自测题 8.2.3　图 8-5 所示等截面圆轴上装有四个轮子,以下(　　　)为合理安排。

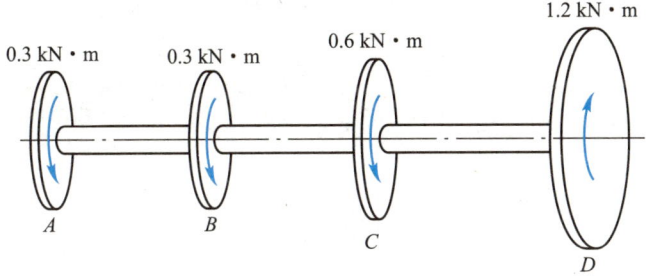

图 8-5　自测题 8.2.3 图

A. 将轮 C 与轮 D 对调　　　　　B. 将轮 B 与轮 D 对调

C. 将轮 B 与轮 C 对调　　　　　D. 将轮 B 与轮 D 对调,然后再将轮 B 与轮 C 对调

8.3　切应力互等定理与剪切胡克定律

8.3.1　薄壁圆筒的扭转切应力

图 8-6a 所示为一等厚薄壁圆筒,圆筒的壁厚 t 远小于其平均半径 $r(t \leqslant r/10)$。在圆筒外表面画上相互平行的纵向直线和横向圆周线,将圆筒外表面分成许多小方格。施加外力偶 M_e 使薄壁圆筒发生扭转变形,如图 8-6b 所示,两横截面 p 和 q 绕轴线相对转动,

纵向线均倾斜一微小角度 γ，但圆筒沿轴线及圆周线的长度不变，且纵向线之间、圆周线之间的距离不变。小方格左右两边发生相对错动变成菱形，即薄壁圆筒横截面和包含轴线的纵向截面上都无正应力，横截面上只有沿截面方向垂直于半径的切应力 τ，如图 8-6c所示。由于圆筒的极对称性，各纵向线的倾斜角度相同，圆周上各点的切应力完全相同。由于圆筒壁很薄，可近似认为沿圆筒厚度方向的切应力 τ 均匀分布，故可近似地认为薄壁圆筒横截面上的切应力 τ 处处相等。

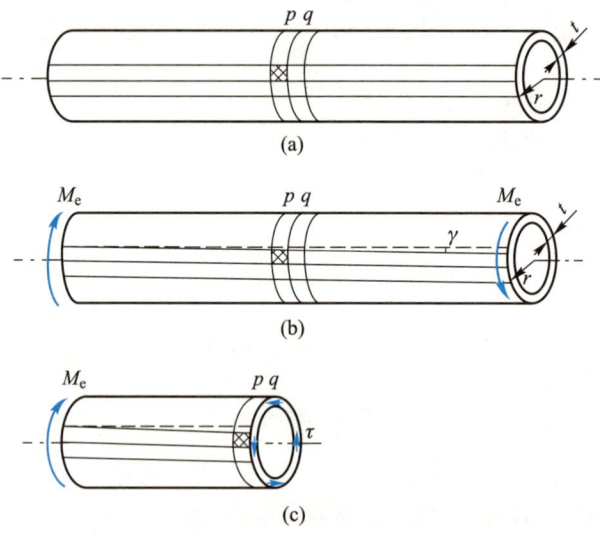

图 8-6　薄壁圆筒的扭转变形及切应力

综上所述，薄壁圆筒在扭转时，横截面上任一点的切应力 τ 值均相等，其方向与圆周相切。根据静力学关系，横截面上内力系对轴的矩即为该截面的扭矩，可得

$$\tau = \frac{M_e}{2\pi r^2 t} \tag{8-2}$$

式(8-2)为薄壁圆筒扭转的切应力公式。

8.3.2　切应力互等定理

在图 8-6a 中，用相邻两个横截面和两个纵向面沿薄壁圆筒厚度方向取出边长分别为 $\mathrm{d}x$、$\mathrm{d}y$ 和 t 的单元体（见图 8-7a）。

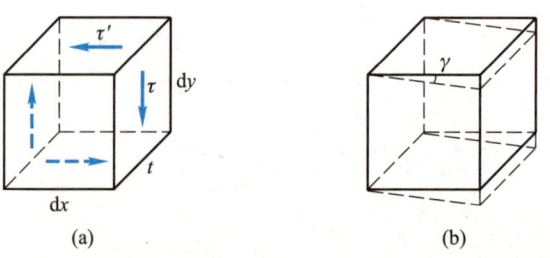

图 8-7　单元体上的切应力和切应变

单元体的左右两侧面是圆筒横截面的一部分，其上只有切应力而无正应力。两侧面上分别作用着由切应力 τ 构成的剪力 $\tau t \mathrm{d}y$，它们的方向相反，构成一个矩为 $\tau t \mathrm{d}y \cdot \mathrm{d}x$ 的力

偶。为保持单元体的平衡,其上、下面上必然同时存在切应力,且上、下面上的切应力大小相等、方向相反,组成的力偶与左右两侧面形成的力偶平衡。设上、下面的切应力为 τ',由力偶矩的平衡方程得

$$\tau' t \mathrm{d}x \cdot \mathrm{d}y = \tau t \mathrm{d}y \cdot \mathrm{d}x$$

得到

$$\tau' = \tau \qquad (8-3)$$

上述分析表明:在两个相互垂直的平面上,切应力必然成对存在且数值相等,方向都垂直于两平面的交线,共同指向或共同背离这一交线。此规律称为切应力互等定理。

8.3.3　剪切胡克定律

如图 8-7a 所示单元体,其上、下、左、右四个面上仅存在切应力而无正应力,这种应力状态称为纯剪切应力状态。在切应力 τ 的作用下,单元体两侧面发生相对的微小错动,单元体原来相互垂直的两个棱边的夹角改变了一个微量 γ,如图 8-7b 所示,此直角的改变量 γ 称为切应变。

薄壁圆筒的扭转试验表明,当切应力 τ 不超过材料的剪切比例极限 τ_p 时,切应力 τ 与切应变 γ 成正比,即

$$\tau = G\gamma \qquad (8-4)$$

上式称为剪切胡克定律。其中比例常数 G 称为材料的切变模量,单位为帕(Pa),值随材料而异,由实验测得。例如,钢的切变模量 $G = 75 \sim 80 \ \mathrm{GPa}$。

对于各向同性材料,弹性模量 E、泊松比 ν 与切变模量 G 三者之间有如下关系:

$$G = \frac{E}{2(1+\nu)} \qquad (8-5)$$

因此,当已知任意两个弹性常数后,由上述关系式可以确定第三个弹性常数。

自测题 8.3

自测题 8.3.1　在两个相互垂直的平面上,切应力必然成对存在且数值相等,方向都垂直于两平面的交线,共同指向或共同背离这一交线。此规律称为_____ 。

自测题 8.3.2　圆轴扭转时满足平衡条件,但切应力超过剪切比例极限,则(　　　　)。

A. 切应力互等定理和剪切胡克定律均成立

B. 切应力互等定理和剪切胡克定律均不成立

C. 切应力互等定理不成立,而剪切胡克定律成立

D. 切应力互等定理成立,而剪切胡克定律不成立

自测题 8.3.3　各向同性材料有____个弹性常数,它们分别是_____、_____和_____,它们之间的关系是_____,因此,各向同性材料独立的弹性常数是____个。

自测题 8.3.4　微元体 $ABCD$ 如图 8-8 所示,已知切应力 $\tau = 50 \ \mathrm{MPa}$,切变模量 $G = 80 \ \mathrm{GPa}$,则该单元体在点 A 处的切应变 $\gamma = $ _____ ,直角_____(增大或减小)。

自测题 8.3
参考答案

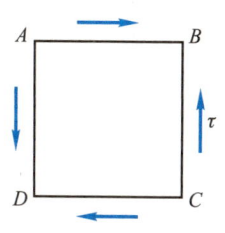

图 8-8　自测题 8.3.4 图

8.4   圆轴扭转时横截面上的应力·强度计算

8.4.1   横截面上的切应力

推导圆轴扭转时横截面上的应力分布及计算公式需要从实验入手,观察实验现象,找出圆轴的变形特征,提出关于变形的假设,从几何关系、物理关系与静力学关系三方面进行综合分析。

1. 几何关系

实验发现,圆轴扭转时的表面变形与薄壁圆筒扭转时的变形情况相似(图 8-6):① 各圆周线的形状、大小均没有改变,间距也没有改变,只是不同程度地绕杆轴旋转了一个角度;② 所有纵向线都倾斜了同一个角度 γ,圆轴表面由圆周线与纵向线构成的小矩形变成了平行四边形。

根据圆轴扭转时的表面变形现象,对轴内变形做如下假设:圆轴是由无数层薄壁圆筒组合而成的,其内部各层的变形规律与表面变形类似。在圆轴扭转变形过程中,横截面如同刚性圆片,一直保持平面,仅绕杆轴作相对转动。此假设称为圆轴扭转的平面假设。由于横截面的形状、大小均没有改变,间距也没有变,由此认定横截面上无正应力而只有切应力。

为了确定横截面上各点处的应力,需要了解轴内各点处的变形。为此,从圆轴上截取微段 dx(图 8-9a),再从微段中切取一楔形体 O_1ABCDO_2(图 8-9b)来分析。表层的矩形 $ABCD$ 变为平行四边形 $ABC'D'$;与轴线相距为 ρ 的矩形 $abcd$ 变为平行四边形 $abc'd'$,即均在垂直于半径的平面内产生剪切变形。

如图 8-9b 所示,矩形 $ABCD$ 的切应变为 γ,矩形 $abcd$ 的切应变为 γ_ρ,楔形体 O_1abcdO_2 左右两端横截面的相对扭转角为 dφ,直角三角形 add' 和直角三角形 O_2dd' 有公共边 dd',由几何关系可知

$$\gamma_\rho \approx \tan \gamma_\rho = \frac{dd'}{ad} = \frac{\rho \, d\varphi}{dx}$$

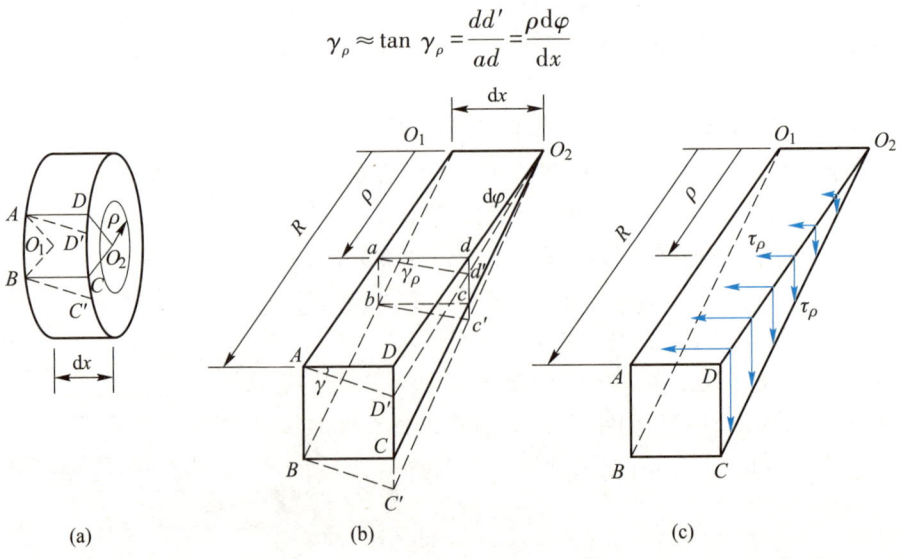

(a)   (b)   (c)

图 8-9   圆轴扭转变形及切应力

即

$$\gamma_\rho = \rho \frac{\mathrm{d}\varphi}{\mathrm{d}x} \qquad\qquad (\text{a})$$

式中，$\frac{\mathrm{d}\varphi}{\mathrm{d}x}$ 称为圆轴单位长度相对扭转角，对于给定的横截面，其值为一常量。由式（a）可见，切应变 γ_ρ 与 ρ 成正比，即沿圆轴半径按直线规律变化。

2. 物理关系

由剪切胡克定律可知，在线弹性范围内，切应力与切应变成正比，将式（a）代入剪切胡克定律，可得横截面上半径为 ρ 处的切应力为

$$\tau_\rho = G\rho \frac{\mathrm{d}\varphi}{\mathrm{d}x} \qquad\qquad (\text{b})$$

方向垂直于该点处的半径。根据切应力互等定理，在纵向截面和横截面上，切应力沿半径的分布如图 8-9c 所示。

由式（b）可知，圆轴扭转时横截面上某点的切应力分布规律如图 8-10a 所示，即切应力的方向垂直于对应点处的半径，并与扭矩方向一致；切应力的大小沿半径呈线性分布，在与圆心等距离处，切应力的值相等。

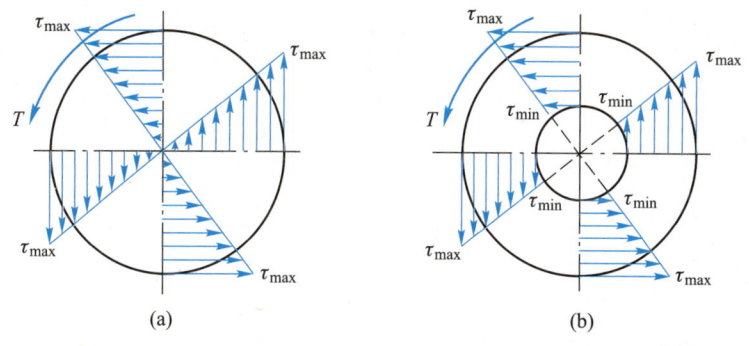

图 8-10　切应力分布规律

3. 静力学关系

在整个横截面上，所有微力矩之和应该等于该截面上的扭矩 T。如图 8-11 所示，在距离圆心 ρ 处取微面积 $\mathrm{d}A$，其上作用有微剪力 $\tau_\rho \mathrm{d}A$，它对圆心 O 的力矩为 $\rho \cdot \tau_\rho \mathrm{d}A$。由静力学合力矩定理可得

$$\int_A \rho \tau_\rho \mathrm{d}A = T$$

将式（b）代入上式，得

$$G \frac{\mathrm{d}\varphi}{\mathrm{d}x} \int_A \rho^2 \mathrm{d}A = T \qquad\qquad (\text{c})$$

式中，令

$$I_\mathrm{p} = \int_A \rho^2 \mathrm{d}A \qquad\qquad (8\text{-}6)$$

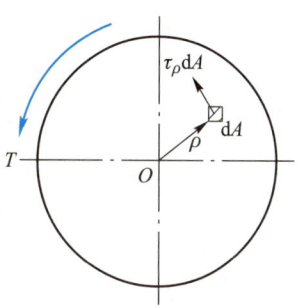

图 8-11　力矩等效

I_p 只与截面形状和尺寸有关，称为横截面的极惯性矩，单位为 m^4 或 mm^4。

将式（8-6）代入式（c），可得

$$\frac{\mathrm{d}\varphi}{\mathrm{d}x} = \frac{T}{GI_\mathrm{p}} \tag{8-7}$$

式(8-7)为圆轴扭转变形时单位长度扭转角 $\dfrac{\mathrm{d}\varphi}{\mathrm{d}x}$ 的表达式,可见,对于给定的横截面,其值为一常量。

将式(8-7)代入式(b),则得

$$\tau_\rho = \frac{T\rho}{I_\mathrm{p}} \tag{8-8}$$

式中,T 为横截面上的扭矩,I_p 为圆截面对圆心的极惯性矩,ρ 为所求应力点至圆心的距离。该式即为圆轴扭转变形时横截面上的切应力公式。

式(8-8)对于空心圆轴同样适用,只是极惯性矩不同。图8-10b为空心圆轴扭转时横截面上的切应力分布情况。

8.4.2　最大扭转切应力

由式(8-8)可知,当 ρ 等于横截面半径 R 时,即在圆截面边缘处的各点,其切应力最大:

$$\tau_\mathrm{max} = \frac{TR}{I_\mathrm{p}} = \frac{T}{I_\mathrm{p}/R}$$

式中,令

$$W_\mathrm{p} = \frac{I_\mathrm{p}}{R} \tag{8-9}$$

W_p 也是一个只与截面形状和尺寸有关的量,称为圆截面的抗扭截面系数,单位为 m^3 或 mm^3。则圆轴扭转时的最大切应力为

$$\tau_\mathrm{max} = \frac{T}{W_\mathrm{p}} \tag{8-10}$$

8.4.3　极惯性矩与抗扭截面系数

计算截面的极惯性矩 I_p 和抗扭截面系数 W_p 是计算圆轴扭转切应力的前提。工程中一般给定圆轴的直径,如图8-12a所示一直径为 D 的实心圆截面,取微面积 $\mathrm{d}A = \rho\mathrm{d}\theta\mathrm{d}\rho$ 代入式(8-6),可得

$$I_\mathrm{p} = \int_A \rho^2\,\mathrm{d}A = \int_0^{2\pi}\int_0^{\frac{D}{2}} \rho^3\mathrm{d}\rho\mathrm{d}\theta = \frac{\pi D^4}{32} \tag{8-11}$$

则圆截面的抗扭截面系数 W_p 为

$$W_\mathrm{p} = \frac{I_\mathrm{p}}{D/2} = \frac{\pi D^3}{16} \tag{8-12}$$

对于空心圆截面(图8-12b),若截面的外径为 D,内径为 d,则有

$$I_\mathrm{p} = \int_A \rho^2\,\mathrm{d}A = \int_0^{2\pi}\int_{\frac{d}{2}}^{\frac{D}{2}} \rho^3\mathrm{d}\rho\mathrm{d}\theta = \frac{\pi}{32}(D^4-d^4) = \frac{\pi D^4}{32}(1-\alpha^4) \tag{8-13}$$

$$W_\mathrm{p} = \frac{I_\mathrm{p}}{D/2} = \frac{\pi D^3}{16}(1-\alpha^4) \tag{8-14}$$

式中,$\alpha = d/D$,为截面内外径之比。

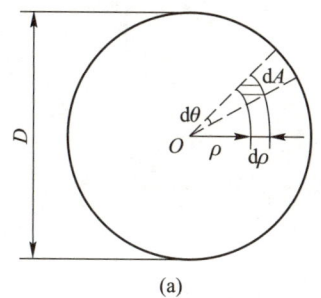 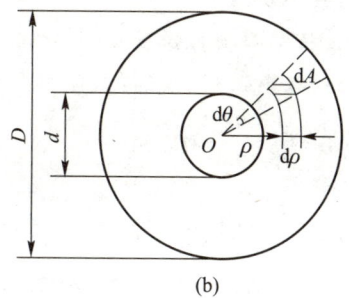

(a)　　　　　　　　(b)

图 8-12　圆截面的几何性质

例题 8-2　一实心圆轴,直径 $D=50$ mm,某横截面上的扭矩 $T=2$ kN·m,试求距离圆心 $\rho=15$ mm 处点 h 的切应力及横截面上的最大切应力。

解:横截面的极惯性矩和抗扭截面系数分别为

$$I_p = \frac{\pi D^4}{32} = \frac{3.14 \times 50^4 \times 10^{-12}}{32} \text{ m}^4 = 61.4 \times 10^{-8} \text{ m}^4$$

$$W_p = \frac{I_p}{D/2} = 24.5 \times 10^{-6} \text{ m}^3$$

由式(8-8)得点 h 处的切应力

$$\tau_\rho = \frac{T\rho}{I_p} = \frac{2 \times 10^3 \times 15 \times 10^{-3}}{61.4 \times 10^{-8}} \text{ Pa} = 48.8 \times 10^6 \text{ Pa} = 48.8 \text{ MPa}$$

由式(8-10)得最大切应力

$$\tau_{max} = \frac{T}{W_p} = \frac{2 \times 10^3}{24.5 \times 10^{-6}} \text{ Pa} = 81.6 \times 10^6 \text{ Pa} = 81.6 \text{ MPa}$$

8.4.4　圆轴扭转时的强度计算

在实际工程应用中,为了保证圆轴在扭转变形时不致因强度不足而破坏,应使轴内最大工作切应力不超过材料的许用切应力。即圆轴扭转变形时的强度条件为

$$\tau_{max} \leqslant [\tau] \tag{8-15}$$

对于等截面圆轴,W_p 为常数,圆轴的 τ_{max} 一定发生在 T_{max} 横截面上的最外边缘各点,此时,式(8-15)可写为

$$\tau_{max} = \frac{T_{max}}{W_p} \leqslant [\tau] \tag{8-16}$$

对于变截面轴(如阶梯轴),由于 W_p 不是常数,所以该轴的 τ_{max} 不一定发生在 T_{max} 横截面。此时需综合考虑 T 和 W_p,比较后确定 τ_{max}。

实验表明,材料的许用切应力 $[\tau]$ 可由材料的许用正应力 $[\sigma]$ 按下列关系确定:

塑性材料　　　　　$[\tau] = (0.5 \sim 0.6)[\sigma]$

脆性材料　　　　　$[\tau] = (0.8 \sim 1.0)[\sigma_t]$（$[\sigma_t]$ 为材料的许用拉应力）

根据强度条件可以解决强度计算中的三类问题,即校核强度、选择截面及确定许可载荷。

例题 8-3　某汽车的传动轴用优质钢管制成,钢管外径 $D=76$mm,内径 $d=71$mm,轴传递的扭转力偶矩 $M_e=1.98$ kN·m,材料的许用切应力 $[\tau]=100$ MPa。试校核轴的扭转

强度并求轴内最小切应力。

解: (1) 校核空心轴的强度

空心截面的极惯性矩和抗扭截面系数分别为

$$\alpha = \frac{d}{D} = \frac{71}{76} = 0.934$$

$$I_p = \frac{\pi D^4}{32}(1-\alpha^4) = \frac{3.14 \times 76^4 \times 10^{-12}}{32}(1-0.934^4) \ \text{m}^4 = 78.2 \times 10^{-8} \ \text{m}^4$$

$$W_p = \frac{\pi D^3}{16}(1-\alpha^4) = \frac{3.14 \times 76^3 \times 10^{-9}}{16}(1-0.934^4) \ \text{m}^3 = 20.6 \times 10^{-6} \ \text{m}^3$$

传动轴的扭矩为

$$T = M_e = 1.98 \ \text{kN} \cdot \text{m}$$

轴的最大切应力为

$$\tau_{max} = \frac{T}{W_p} = \frac{1.98 \times 10^3}{20.6 \times 10^{-6}} \ \text{Pa} = 96.1 \times 10^6 \ \text{Pa} = 96.1 \ \text{MPa} < [\tau]$$

该空心轴强度足够。

(2) 求最小切应力

最小切应力发生在传动轴内边缘各点,与最大切应力成正比,则

$$\tau_{min} = \alpha \tau_{max} = 89.8 \ \text{MPa}$$

例题 8-4 若将例题 8-3 的空心钢管改为材料相同的实心轴,且使两种情况下传动轴的强度相同,试设计实心轴轴径,并比较两种传动轴的重量。

解: (1) 设计实心轴的轴径 D_1

传动轴改为实心轴时强度相同,则 τ_{max} 相同,得

$$\tau_{max} = \frac{T}{W_{p1}} = \frac{1.98 \times 10^3 \ \text{N} \cdot \text{m}}{\dfrac{\pi D_1^3}{16}} = 96.1 \ \text{MPa}$$

则实心轴的直径为

$$D_1 = 47.1 \ \text{mm}$$

(2) 比较两轴的重量

因为两种轴的材料、长度相同,故两轴重量之比即为两轴横截面面积之比:

$$\frac{A_{\text{实}}}{A_{\text{空}}} = \frac{\dfrac{\pi}{4}D_1^2}{\dfrac{\pi}{4}(D^2-d^2)} = \frac{47.1^2}{76^2-71^2} = 3.02$$

由例题 8-4 的结果可知,在载荷相同的条件下,实心轴的重量是空心轴的 3 倍。采用实心轴不仅笨重还浪费材料。这是因为在横截面上切应力沿半径按直线规律分布,圆心附近的应力很小,材料没有充分发挥作用。因此,在工程应用中,常采用空心圆轴代替实心圆轴,这样比较节省材料。

自测题 8.4

自测题 8.4.1 推导圆轴扭转切应力公式 $\tau_\rho = \dfrac{T\rho}{I_p}$ 时,平面假设的作用是(   )。

自测题 8.4
参考答案

A. 给出了横截面上内力与应力的关系 $T = \int_A \tau_\rho \rho \mathrm{d}A$

B. 给出了圆轴扭转时的变形规律

C. 使物理方程得到简化

D. 是建立切应力互等定理的基础

自测题 8.4.2　一内外径之比 $\alpha = d/D$ 的空心圆轴,当两端承受扭转力偶时,若横截面上的最大切应力为 τ,则内圆周处的切应力为(　　　)。

A. τ 　　　　　B. $\alpha\tau$ 　　　　　C. $(1-\alpha^3)\tau$ 　　　　　D. $(1-\alpha^4)\tau$

自测题 8.4.3　T 为截面上的扭矩,空心圆轴横截面上的切应力分布正确的是(　　　)。

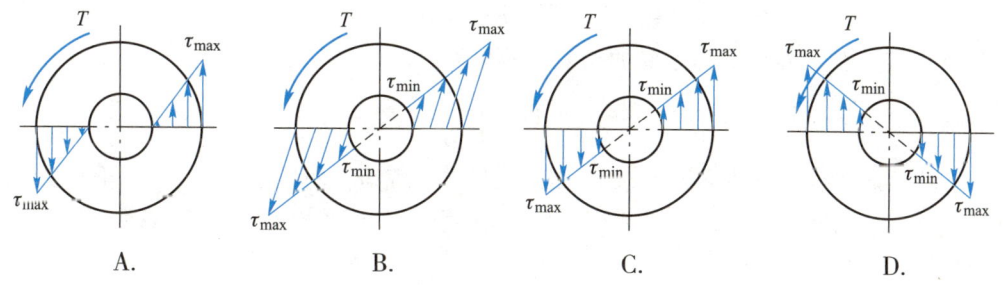

图 8-13　自测题 8.4.3 图

自测题 8.4.4　某空心圆轴,其内外径分别为 d 和 D,则该圆轴的抗扭截面系数可表示为 $W_p = W_{p1} - W_{p2} = \dfrac{\pi D^3}{16} - \dfrac{\pi d^3}{16}$。这一结论(　　　)。

A. 正确 　　　　　　　　　　　　　　B. 错误

自测题 8.4.5　内外直径分别为 d 和 D 的空心圆轴,其横截面的极惯性矩 I_p 和抗扭截面系数 W_p 为(　　　)。

A. $I_p = \dfrac{\pi}{32}(D^4 - d^4)$，$W_p = \dfrac{\pi}{16}(D^3 - d^3)$ 　　　　　B. $I_p = \dfrac{\pi}{64}(D^4 - d^4)$，$W_p = \dfrac{\pi}{32}(D^3 - d^3)$

C. $I_p = \dfrac{\pi}{32}(D^4 - d^4)$，$W_p = \dfrac{\pi}{16}\left(D^3 - \dfrac{d^4}{D}\right)$ 　　　　　D. $I_p = \dfrac{\pi}{64}(D^4 - d^4)$，$W_p = \dfrac{\pi}{32}\left(D^3 - \dfrac{d^4}{D}\right)$

自测题 8.4.6　强度计算的三类问题分别是_____、_____和_____。

自测题 8.4.7　圆轴扭转时,如果只将直径增大一倍,则其最大切应力是原来的_____倍。

自测题 8.4.8　一受扭等截面圆轴,若将直径缩小一半,其他条件不变,则其最大切应力是原来的_____倍。

自测题 8.4.9　空心圆轴内径为 d,外径为 D,内外径之比为 0.9,在外力偶作用下发生扭转,若分别按薄壁圆筒和空心圆轴计算横截面上的最大切应力为 τ_1 和 τ_2,则 $\tau_1/\tau_2 = $_____。

自测题 8.4.10　圆轴扭转时,横截面上任意点处的切应力沿横截面的半径呈_____分布。

自测题 8.4.11　圆轴扭转时,横截面上某点处的切应力与该点到圆心的距离成_____比,最大扭转切应力位于_____。

8.5   圆轴扭转变形与刚度计算

8.5.1   圆轴扭转时的变形

圆轴的扭转变形可以用两个横截面绕杆轴转动的相对扭转角 φ 来度量。在图 8-9b 中,相距为 $\mathrm{d}x$ 的两横截面之间的相对扭转角 $\mathrm{d}\varphi$,由式(8-7)可知

$$\mathrm{d}\varphi = \frac{T}{GI_\mathrm{p}}\mathrm{d}x$$

因此,相距为 l 的两端横截面之间的相对扭转角为

$$\varphi = \int \mathrm{d}\varphi = \int_0^l \frac{T}{GI_\mathrm{p}}\mathrm{d}x$$

若轴的两端受一对外力偶矩作用,则圆轴所有横截面上的扭矩 T 均相同,且等于杆端的外力偶矩。此外,对于同一材料制成的等截面圆轴,其切变模量 G 和横截面的极惯性矩 I_p 为常量。于是,由上式可得

$$\varphi = \frac{Tl}{GI_\mathrm{p}} \tag{8-17}$$

式中,φ 的单位为 rad,正负号与扭矩一致。由上式可见,相对扭转角 φ 与 GI_p 成反比,GI_p 反映了圆轴抵抗扭转变形的能力,称为圆轴的抗扭刚度(或扭转刚度)。

一般圆轴在扭转变形时,各段内的扭矩 T 并不完全相同,或轴的截面尺寸不相同(如阶梯轴),则应分段按式(8-17)计算各段轴两端截面间的相对扭转角,然后代数相加得到总的扭转角。

工程中,轴的长度也各不相同,因此通常用相对扭转角沿杆长度的变化率 $\dfrac{\mathrm{d}\varphi}{\mathrm{d}x}$ 来表示扭转变形的程度,用 θ 来表示,即

$$\theta = \frac{\mathrm{d}\varphi}{\mathrm{d}x} = \frac{T}{GI_\mathrm{p}} \tag{8-18a}$$

θ 又称为单位长度扭转角,单位为 rad/m。但工程中常用 $(°)/\mathrm{m}$ 作为 θ 的单位,则式(8-18a)可改写为

$$\theta = \frac{T}{GI_\mathrm{p}} \times \frac{180°}{\pi} \tag{8-18b}$$

根据以上公式的推导条件可知,以上公式只适用于材料在线弹性范围内的等截面圆轴。

例题 8-5   已知例题 8-1 中的圆截面传动轴,总长 700 mm,其中 AB 段长 400 mm,轴的直径 $D=55$ mm,切变模量 $G=80$ GPa,试求 AB、BC 及 AC 间的相对扭转角。

解: 由例题 8-1 可知各段扭矩分别为

AB 段:$T_1 = -1\ 432$ N·m,BC 段:$T_2 = 2\ 149$ N·m

AB 间的相对扭转角

$$\varphi_{AB} = \frac{T_1 l_1}{GI_\mathrm{p}} = \frac{-1\ 432 \times 0.4}{80 \times 10^9 \times \dfrac{3.14}{32} \times 55^4 \times 10^{-12}}\ \mathrm{rad} = -7.97 \times 10^{-3}\ \mathrm{rad}$$

BC 间的相对扭转角

$$\varphi_{BC} = \frac{T_2 l_2}{G I_{\mathrm{p}}} = \frac{2\ 149 \times 0.3}{80 \times 10^9 \times \dfrac{3.14}{32} \times 55^4 \times 10^{-12}}\ \mathrm{rad} = 8.98 \times 10^{-3}\ \mathrm{rad}$$

AC 间的相对扭转角

$$\varphi_{AC} = \varphi_{AB} + \varphi_{BC} = 1.01 \times 10^{-3}\ \mathrm{rad}$$

8.5.2　圆轴扭转时的刚度计算

工程中,如果机床的主轴扭转变形过大,会影响工件的加工精度和粗糙度。因此,轴类构件除满足强度要求外,也应满足变形要求,需满足扭转刚度条件。即圆轴在扭转时的单位长度扭转角 θ 的最大值不超过规定的允许值 $[\theta]$,即

$$\theta_{\max} \leqslant [\theta] \tag{8-19}$$

式中,$[\theta]$ 称为许可单位长度扭转角,其数值可从相关设计规范和手册中查到。通常,对于精密机器的轴,$[\theta] = 0.25 \cdot 0.5 (°)/\mathrm{m}$,对于一般传动轴,$[\theta] = 0.5 \sim 2.0 (°)/\mathrm{m}$。

圆轴扭转的刚度条件也可以解决三类问题,即校核刚度、设计截面及确定许可力偶矩。

例题 8-6　已知例题 8-3 中汽车传动轴的许可单位长度扭转角 $[\theta] = 2(°)/\mathrm{m}$,材料的切变模量 $G = 80\ \mathrm{GPa}$。试校核轴的扭转刚度。

解:(1) 求传动轴的最大单位长度扭转角

$$\theta_{\max} = \frac{T}{G I_{\mathrm{p}}} \times \frac{180°}{\pi} = \frac{1.98 \times 10^3}{80 \times 10^9 \times 78.2 \times 10^{-8}} \times \frac{180}{3.14} (°)/\mathrm{m} = 1.81 (°)/\mathrm{m}$$

(2) 刚度校核

$\theta_{\max} \leqslant [\theta] = 2(°)/\mathrm{m}$,满足刚度条件。

例题 8-7　由 45 号钢制成的某空心圆截面轴,内、外直径之比 $\alpha = 0.5$。已知材料的许用切应力 $[\tau] = 40\ \mathrm{MPa}$,材料的切变模量 $G = 80\ \mathrm{GPa}$。轴的横截面上最大扭矩为 $T_{\max} = 9.56\ \mathrm{kN \cdot m}$,轴的许可单位长度扭转角 $[\theta] = 0.3(°)/\mathrm{m}$。试按强度和刚度条件选择轴的直径。

解:(1) 按强度条件确定外直径 D

$$\tau_{\max} = \frac{T_{\max}}{W_{\mathrm{p}}} = \frac{T_{\max}}{\dfrac{\pi D^3}{16}(1 - \alpha^4)} \leqslant [\tau]$$

$$D \geqslant \sqrt[3]{\frac{16 T_{\max}}{\pi (1 - \alpha^4)[\tau]}} = \sqrt[3]{\frac{16 \times 9.56 \times 10^3}{\pi (1 - 0.5^4) \times 40 \times 10^6}}\ \mathrm{m} = 109\ \mathrm{mm}$$

(2) 按刚度条件确定外直径 D

$$\theta_{\max} = \frac{|T_{\max}|}{G I_{\mathrm{p}}} \times \frac{180°}{\pi} = \frac{|T_{\max}|}{G \dfrac{\pi D^4}{32}(1 - \alpha^4)} \times \frac{180°}{\pi} \leqslant [\theta]$$

$$D \geqslant \sqrt[4]{\frac{32 T_{\max}}{G \pi (1 - \alpha^4)} \times \frac{180°}{\pi} \times \frac{1}{[\theta]}} = \sqrt[4]{\frac{32 \times 9.56 \times 10^3}{80 \times 10^9 \times \pi (1 - 0.5^4)} \times \frac{180}{\pi} \times \frac{1}{0.3}}\ \mathrm{m} = 125.5\ \mathrm{mm}$$

(3) 确定内外直径

轴应同时满足强度和刚度条件,故空心圆轴的外径应不小于 125.5 mm,再根据 α 确定内径为 62.75 mm。

自测题 8.5

自测题 8.5.1 GI_p 称为圆轴的_____,它反映圆轴_____变形的能力。

自测题 8.5.2   将实心圆轴的直径增加一倍,则其强度为原来的_____倍,刚度为原来的_____倍。

自测题 8.5.3   将实心圆轴的直径增加一倍,则其最大切应力为原来的_____,最大单位长度扭转角为原来的_____。

自测题 8.5.4   有钢和铝两根尺寸完全相同的圆截面轴,已知 $G_钢 = 3G_铝$,当受力情况相同时,轴发生扭转变形,有(   )。

    A. 钢轴的最大切应力和扭转角都小于铝轴的

    B. 钢轴的最大切应力和扭转角都等于铝轴的

    C. 两轴的最大切应力相等,而钢轴的扭转角小于铝轴的

    D. 两轴的最大切应力相等,而钢轴的扭转角大于铝轴的

8.6   圆轴受扭破坏分析

8.6.1   圆轴受扭破坏现象

对圆截面试样进行扭转试验,大量试验结果表明,受扭圆轴的破坏情况可分为塑性屈服和脆性断裂两种。

属于塑性材料的低碳钢试样受扭时,试样横截面边缘处的切应力最大,先屈服,随着外力偶矩的增加,试样两端截面的相对转动变形明显,整个横截面发生屈服。这时,在试样表面出现横向与纵向的滑移线,如果继续增大外力偶矩,试样变形继续增加,材料进一步强化,最后,试样沿横截面被"剪断",如图 8-14a 所示。属于脆性材料的铸铁试样受扭时,试样变形始终很小,最后,在较小的外力偶矩作用下,沿与轴线约呈 45°的螺旋面被"拉断",如图 8-14b 所示。可见,塑性材料和脆性材料在扭转破坏时断口区别明显。

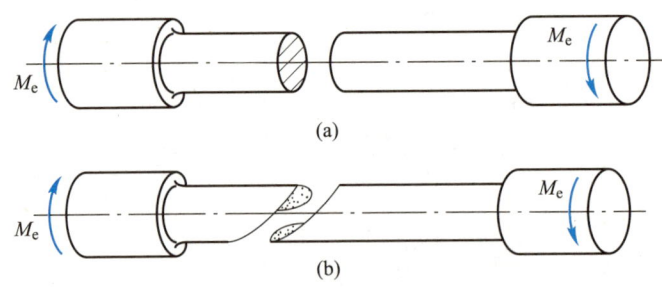

图 8-14   圆轴扭转破坏现象

8.6.2   圆轴受扭破坏原因

圆轴扭转时横截面上只有切应力,而斜截面上不仅有切应力还有正应力。为了全面了解圆轴内的应力情况,从图 8-7a 所示的单元体内,取垂直于前后两平面的任一斜截面 ef(见图 8-15a)进行应力分析。

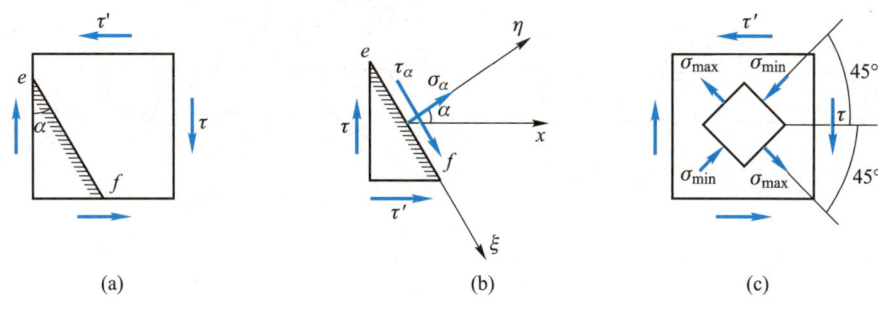

图 8-15 纯剪切应力状态应力分析

应用截面法,取左半部分为研究对象(如图 8-15b),列平衡方程:

$$\sum F_\eta = 0, \quad \sigma_\alpha dA + (\tau dA\cos\alpha)\sin\alpha + (\tau' dA\sin\alpha)\cos\alpha = 0$$

$$\sum F_\xi - 0, \quad \tau_\alpha dA - (\tau dA\cos\alpha)\cos\alpha + (\tau' dA\sin\alpha)\sin\alpha = 0$$

式中,dA 为斜截面 ef 的面积,η 和 ξ 分别为与斜截面垂直和平行的参考轴,α 为 x 轴与 η 轴的夹角,规定从 x 轴正向至 η 轴正向逆时针转动为正。

由切应力互等定理知 $\tau = \tau'$,将上两式整理后,即得任一斜截面 ef 上的正应力和切应力公式分别为

$$\sigma_\alpha = -\tau\sin 2\alpha \tag{8-20}$$

和

$$\tau_\alpha = \tau\cos 2\alpha \tag{8-21}$$

分析式(8-20)和式(8-21)可知,在微元体四个侧面上($\alpha = 0$ 和 $\alpha = 90°$)切应力绝对值最大,值为 τ。在 $\alpha = -45°$ 和 $\alpha = 45°$ 两斜截面上,正应力有最大值和最小值,分别为

$$\sigma_{-45°} = \sigma_{max} = +\tau$$

和

$$\sigma_{45°} = \sigma_{min} = -\tau$$

最大拉应力和最大压应力作用面与最大切应力的作用面之间互为 45°,如图 8-15c 所示。

低碳钢的剪切强度低于拉伸强度,扭转破坏的断面为最大切应力的作用面,因此被剪断。铸铁的拉伸强度低于剪切强度,扭转破坏的断面为最大拉应力的作用面,因此破坏是由杆的最外层沿与杆轴线约呈 45°的螺旋曲面被拉断。

<h3 style="text-align:center;color:#1a6cb5;">自测题 8.6</h3>

自测题 8.6.1 圆轴受扭破坏时有_____ 和_____ 两种情况。

自测题 8.6.2 圆轴纯扭转时,最大正应力发生在_____上,其值_____。

自测题 8.6.3 在扭转破坏试验中,低碳钢圆试样沿_____面被_____,铸铁圆试样沿_____ 面被_____。

自测题 8.6
参考答案

<h3 style="color:#fff;background:#1a6cb5;display:inline-block;padding:2px 10px;">习 题</h3>

8.1 试用截面法求图 8-16 中各杆指定横截面的扭矩。

8.2 试画出习题 8-1 图示各杆的扭矩图。

第 8 章习题
参考答案

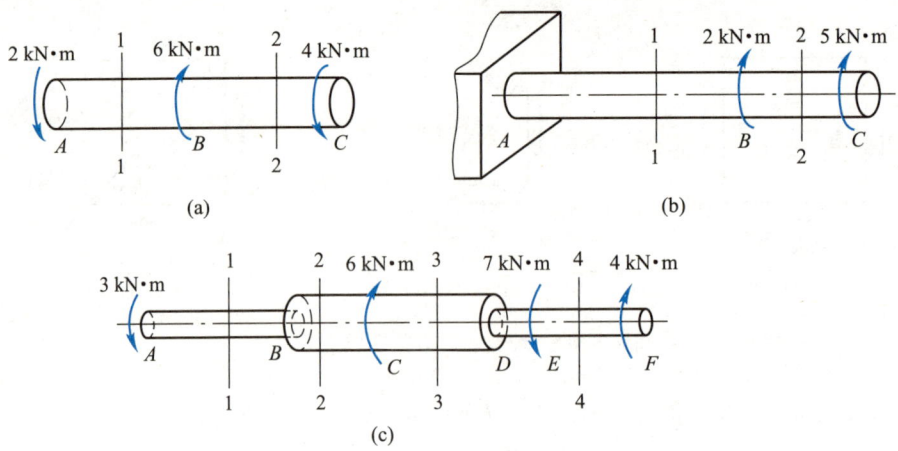

(a)   (b)

(c)

图 8-16   习题 8.1 图

8.3   一传动轴如图 8-17 所示,转速 $n = 300$ r/min,主动轮输入的功率 $P_A = 500$ kW,三个从动轮输出的功率分别为 $P_B = 150$ kW,$P_C = 150$ kW,$P_D = 200$ kW。试求截面 1-1、2-2 和 3-3 上的扭矩,并画出扭矩图。

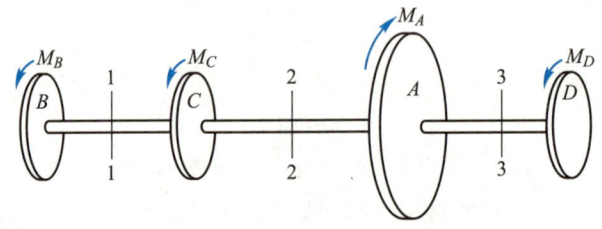

图 8-17   习题 8.3 图

8.4   某圆轴受力如图 8-18 所示,$M_1 = 10$ kN·m,$M_2 = 15$ kN·m,$M_3 = 10$ kN·m。试画出轴的扭矩图,并确定扭矩绝对值的最大值。

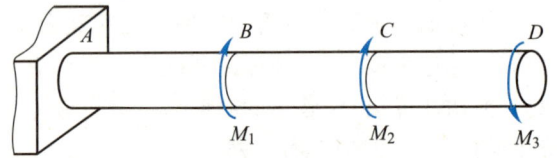

图 8-18   习题 8.4 图

8.5   试画出图 8-19 中三种截面上扭转切应力的分布规律。T 为横截面上的扭矩。

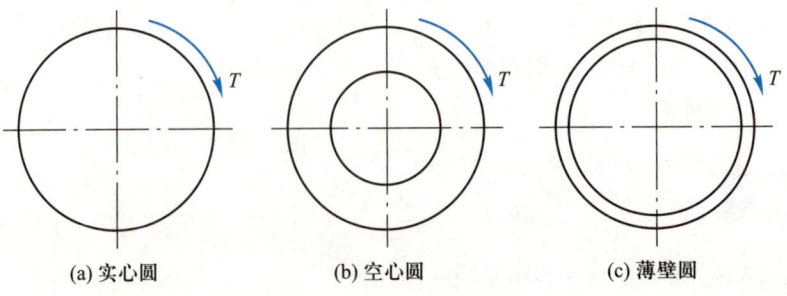

(a) 实心圆   (b) 空心圆   (c) 薄壁圆

图 8-19   习题 8.5 图

8.6　某空心圆轴受扭,其外径 $D = 44$ mm,内径 $d = 40$ mm,任一横截面上的扭矩 $T = 750$ N·m。试求该轴的最大切应力和最小切应力。

8.7　某实心圆轴,直径为 d,圆轴受扭矩 T 作用,如图 8-20 所示,该截面上的最大扭转切应力小于扭转比例极限。图中阴影部分的面积等于整个横截面面积的一半,试求该阴影区域所承担的扭矩。

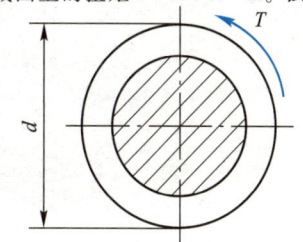

图 8-20　习题 8.7 图

8.8　某阶梯形圆轴受力如图 8-21 所示,圆轴直径分别为 $d_1 = 35$ mm、$d_2 = 55$ mm,$M_1 = 382$ N·m,$M_3 = 955$ N·m,已知材料的许用切应力 $[\tau] = 60$ MPa。若轴做匀速转动,试校核轴的强度。

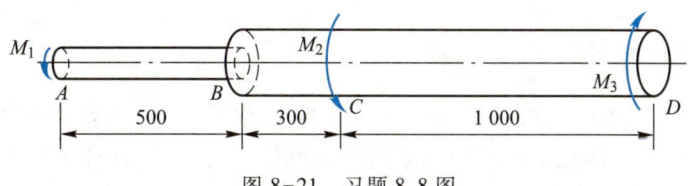

图 8-21　习题 8.8 图

8.9　圆轴直径 $d = 100$ mm,长度 $l = 1$ m,两端作用外力偶矩 $M = 14$ kN·m,材料的切变模量 $G = 80$ GPa。试:(1) 求轴上距离轴心 50 mm、40 mm、12.5 mm 三点处的切应力;(2) 求最大切应力 τ_{max};(3) 求单位长度扭转角 θ。

8.10　汽车驾驶盘直径 $D_1 = 520$ mm,驾驶员每只手作用于驾驶盘上的最大切向力 $F = 200$ N,转向轴材料的许用切应力 $[\tau] = 50$ MPa。试:(1) 如果转向轴为实心,设计其直径;(2) 如果转向轴为空心,且其内外径之比为 0.8,求其内外径大小;(3) 比较实心轴和空心轴的重量。

8.11　某一实心圆轴受力如图 8-22 所示,圆轴直径 $d = 100$ mm,轴上最大切应力 $\tau_{max} = 80$ MPa,B 端的相对扭转角 $\varphi_{BA} = 0.014$ rad,材料的切变模量 $G = 80$ GPa。试求 M_1 和 M_2。

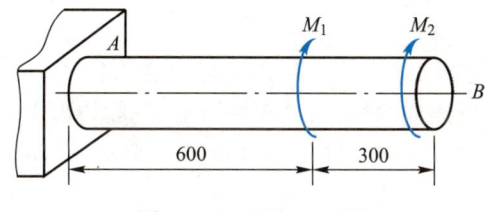

图 8-22　习题 8.11 图

8.12　某钢轴转速 $n = 250$ r/min,传递功率 $P = 60$ kW,许用切应力 $[\tau] = 40$ MPa,切变模量 $G = 80$ GPa,许可单位长度扭转角 $[\theta] = 0.8(°)/$m。试设计轴的直径 d。

8.13　一直径为 80 mm 的钢轴,长度为 3 m,切变模量 $G = 80$ GPa,两端受外力偶作用。若规定其切应力不得超过 80 MPa,两端面相对扭转角不得超过 0.06 rad,试求该轴所能承受的最大扭矩。

8.14　直径 $d = 25$ mm 的圆截面钢杆,若受扭转力偶矩 150 N·m 作用时,相距 0.1 m 的两端截面相对扭转角为 0.28°;若受轴向拉力 60 kN 作用时,距离为 0.1 m 的长度内伸长了 0.056 mm。试求钢材的弹性模量 E、切变模量 G、泊松比 ν。

第9章 梁的平面弯曲——强度计算

9.1 梁弯曲的概念与计算简图

9.1.1 弯曲的概念

在现代工业生产中广泛使用的桥式起重机的大梁（图9-1）和火车轮轴（图9-2）有共同的受力特点,都承受垂直于杆轴线方向的外力或外力偶作用,杆件的轴线由直线变为曲线。这种变形称为弯曲变形。

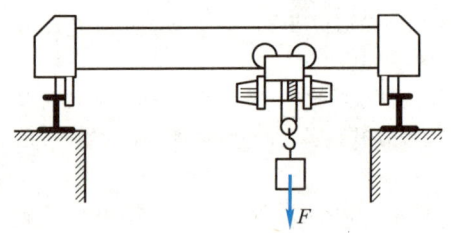

图9-1 桥式起重机的大梁

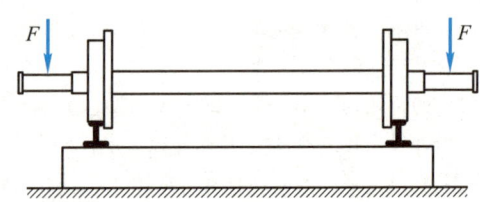

图9-2 火车轮轴

以弯曲变形为主的杆件统称为梁。梁在工程中应用广泛,它们大多有一个纵向对称面（各个横截面的对称轴所连成的平面,见图9-3）。一般情况下,外力的作用线或外力偶的作用平面都在此对称面内。由变形的对称性可知,梁发生弯曲变形后的轴线将是位于这个对称面内的一条平面曲线,这种弯曲形式称为平面对称弯曲（平面弯曲的一种）,简称对称弯曲。对称弯曲是弯曲中最简单和最常见的情况,本书只讨论梁在对称弯曲时的应力和变形的计算。

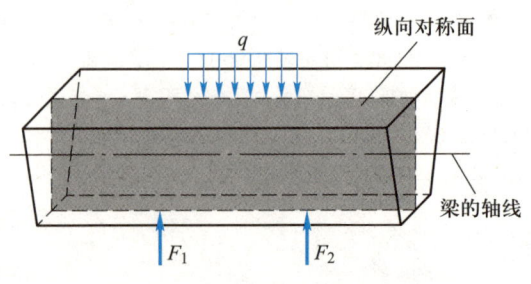

图9-3 梁的对称弯曲

9.1.2　梁的计算简图

在分析梁的弯曲问题前,需要将梁进行简化,得到梁的计算简图。通常用梁的轴线表示梁,梁上的载荷可简化为集中力、集中力偶和分布载荷。梁的类型可以根据不同的支承约束情况,分为以下三种。

简支梁:一端为固定铰支座、另一端为滚动支座的梁,如图 9-4a 所示。

悬臂梁:一端为固定端、另一端为自由端的梁,如图 9-4b 所示。

外伸梁:一端或两端伸出支座之外的梁,如图 9-4c 所示。

以上三种梁,其支座约束力均可由静力平衡方程求出,称为静定梁。仅用静力平衡方程不能求出全部支座约束力的梁,称为静不定梁。在梁的两支座间的部分称为跨,其长度称为跨长。本章只介绍静定梁的弯曲内力、弯曲应力和强度计算。

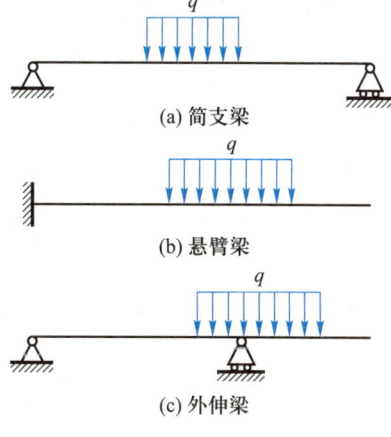

(a) 简支梁

(b) 悬臂梁

(c) 外伸梁

图 9-4　梁的计算简图

自测题 9.1

自测题 9.1.1　平面对称弯曲的特征是(　　　　)。

A. 弯曲时横截面仍保持为平面

B. 弯曲载荷均作用在同一平面内

C. 弯曲变形的轴线是一条平面曲线

D. 弯曲变形的轴线与载荷作用面同在一个平面内

自测题 9.1.2　简支梁、悬臂梁和外伸梁都是(　　　　)。

A. 静定梁　　　　　　　　　　　　　　B. 静不定梁

自测题 9.1
参考答案

9.2　梁的内力与内力方程

9.2.1　梁横截面上的内力——剪力和弯矩

为了求梁的应力和位移,应先确定梁在外力作用下任意横截面上的内力。当作用在梁上的所有外力(包括载荷和支座约束力)均已知时,可以用截面法求出梁任意横截面上的内力。

简支梁受集中力 F 作用,如图 9-5a 所示。两支座处的约束力分别为 F_A 和 F_B。取梁的左侧支座为坐标原点,沿轴线向右为 x 轴正向,向上为 y 轴正向。取距离原点为 x 的任一横截面 m-m,假想地将梁截开,取截面左段为研究对象(图 9-5b)。

由于原梁处于平衡状态,因此从中截取的任意部分均处于平衡状态。由此可知,所取研究对象满足平衡条件,所以在横截面 m-m 上必然存在作用线与 F_A 平行的切向内力,用 F_s 表示。由平衡方程

$$\sum F_y = 0, \quad F_A - F_s = 0$$

得

$$F_s = F_A$$

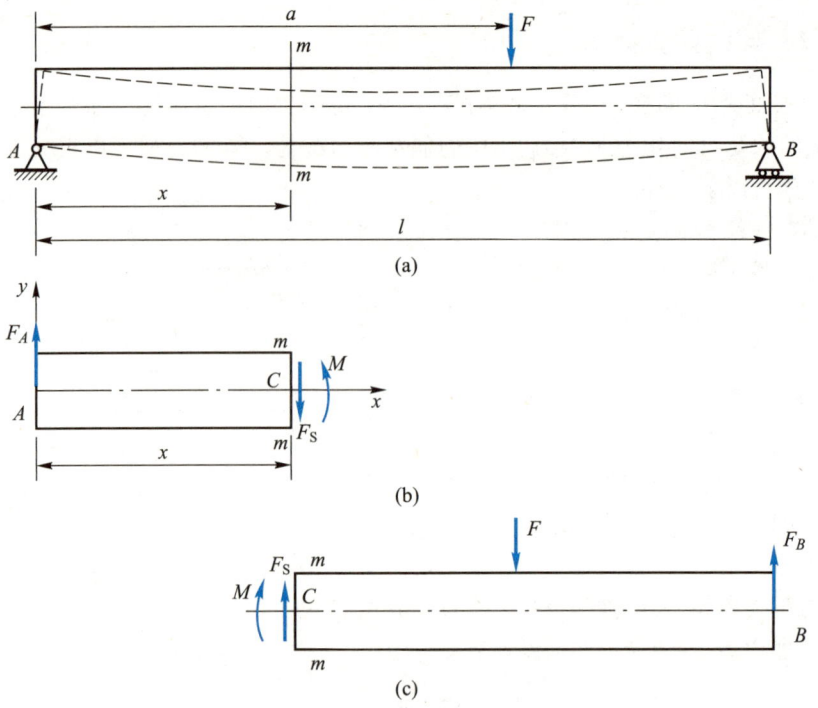

图 9-5   梁的弯曲内力

该切向内力 F_S 称为剪力。对于左段梁而言,由于剪力 F_S 与 F_A 组成一个力偶,根据力矩平衡条件,横截面 $m\text{-}m$ 上还应该存在一个位于纵向对称面内的力偶 M,由平衡方程

$$\sum M_C = 0, \quad M - F_A x = 0$$

得

$$M = F_A x$$

其中,矩心 C 点为横截面 $m\text{-}m$ 的形心。该内力偶矩 M 称为弯矩。

剪力和弯矩同为梁横截面上的内力,它们的大小可以由静力平衡方程来确定,但是需要判断正负。为了保证梁同一处左、右两侧截面上的内力具有相同的正负号,做如下规定。

剪力的正负号规定:如图 9-6a 所示,对于截取的一段梁而言,其左右两侧横截面上的剪力使其产生"左上右下"的错动趋势时,该段梁左右两侧横截面上的剪力 F_S 均规定为正号;反之,为负号。

弯矩的正负号规定:如图 9-6b 所示,对于截取的一段梁而言,其左右两侧横截面上的弯矩使微段的弯曲变形向下凸时,该段梁左右两侧横截面上的弯矩 M 均规定为正号;反之,为负号。

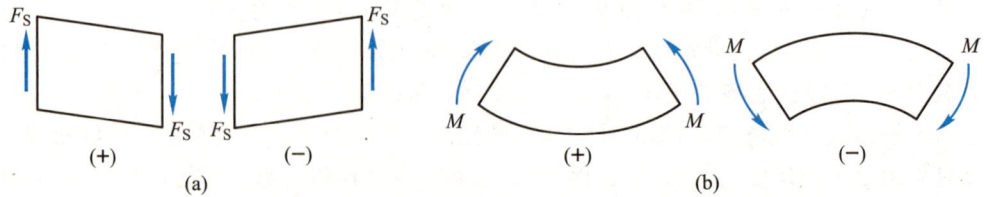

图 9-6   剪力和弯矩的正负号规定

例题 9-1   已知悬臂梁上受到如图 9-7 所示的集中力偶 $M = ql^2$ 和分布力 q 的作用,试求截面 D 上的剪力和弯矩。

解：作截面 1-1 将梁截开,取 DB 段为研究对象,截面 D 上存在剪力 F_{SD} 和弯矩 M_D,并假设其方向均为规定的正号方向,如图 9-7b 所示。列平衡方程

$$\sum F_y = 0, \quad F_{SD} - ql/2 = 0$$

$$\sum M_C = 0, \quad -M_D - \frac{ql}{2} \cdot \frac{l}{4} + M = 0$$

解得

$$F_{SD} = \frac{ql}{2}, \quad M_D = \frac{7}{8}ql^2$$

剪力和弯矩均为正,说明假设的方向与正号方向一致。

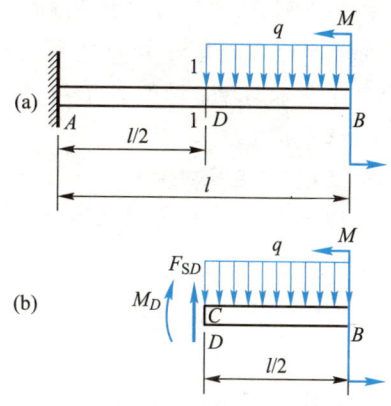

图 9-7　例题 9-1 图

9.2.2　剪力方程和弯矩方程

一般情况下,剪力和弯矩将随截面位置的改变而发生变化。设横截面沿梁轴线的位置用坐标 x 表示,则梁各横截面上的剪力和弯矩可以表示为坐标 x 的函数,即

$$F_S = F_S(x), \quad M = M(x)$$

以上两式分别称为剪力方程和弯矩方程,它们可以描述横截面上的剪力和弯矩沿梁轴线变化的规律。

例题 9-2　悬臂梁 AB 受集中力 F 作用,如图 9-8a 所示。试列出梁的剪力方程和弯矩方程。

解：(1) 建立坐标系

以梁的左端点 A 为坐标原点,建立坐标系 Axy,如图 9-8a 所示。

(2) 列剪力方程和弯矩方程

取一距点 A 距离为 x 的横截面 $m-m$,以截面右半部分为研究对象,如图 9-8b 所示。列平衡方程

$$\sum F_y = 0, \quad F_S(x) - F = 0$$

$$\sum M_C = 0, \quad -M(x) - F(l-x) = 0$$

则梁的剪力方程和弯矩方程分别为

$$F_S(x) = F \quad (0 < x < l)$$

$$M(x) = -F(l-x) = F(x-l) \quad (0 \leqslant x \leqslant l)$$

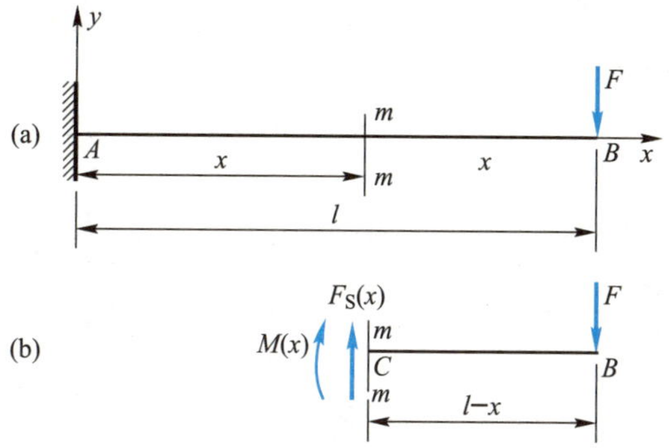

图 9-8　例题 9-2 图

结果表明,梁的剪力方程是 x 的零次函数,而弯矩方程是 x 的一次函数。

例题 9-3　如图 9-9a 所示简支梁承受均匀分布载荷 q。试列出梁的剪力方程和弯矩方程。

解:(1) 求支座约束力

根据平衡条件和支座约束的形式,可求得

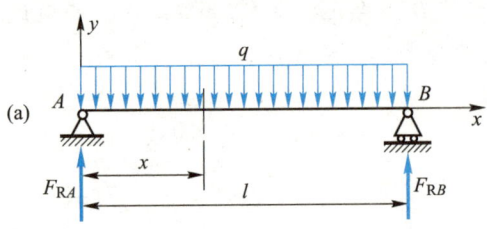

$$F_{RA} = F_{RB} = \frac{ql}{2}$$

(2) 建立坐标系

以梁的左端点 A 为坐标原点,建立坐标系 Axy。

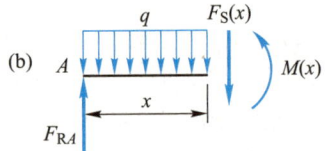

图 9-9　例题 9-3 图

(3) 列剪力方程和弯矩方程

以 AB 之间横坐标为 x 的任意截面为假想截面,将梁截开,取左段为研究对象,在截开的截面上标出正号的剪力和弯矩,如图 9-9b 所示。列左段梁的平衡方程

$$\sum F_y = 0, \quad F_{RA} - qx - F_S(x) = 0$$

$$\sum M_C = 0, \quad M(x) - F_{RA} \cdot x + q \cdot x \cdot \frac{x}{2} = 0$$

得到梁的剪力方程和弯矩方程分别为

$$F_S(x) = F_{RA} - qx = \frac{ql}{2} - qx \quad (0 < x < l)$$

$$M(x) = F_{RA} \cdot x - \frac{qx^2}{2} = \frac{qxl}{2} - \frac{qx^2}{2} \quad (0 \leqslant x \leqslant l)$$

结果表明,梁的剪力方程是 x 的一次函数,而弯矩方程是 x 的二次函数。

9.2.3　载荷集度与剪力、弯矩之间的微分关系

梁内各个横截面上的剪力和弯矩与梁上的外力之间的定量关系需要通过截取微段梁由静力平衡条件来分析。假设一根简支梁在 Oxy 平面内有任意外力作用(图 9-10a)。取梁的左端为坐标原点,沿着梁的轴线向右为 x 轴正向,向上为 y 轴正向。其中分布载荷的集度 $q(x)$ 是 x 的连续函数,向上为正。

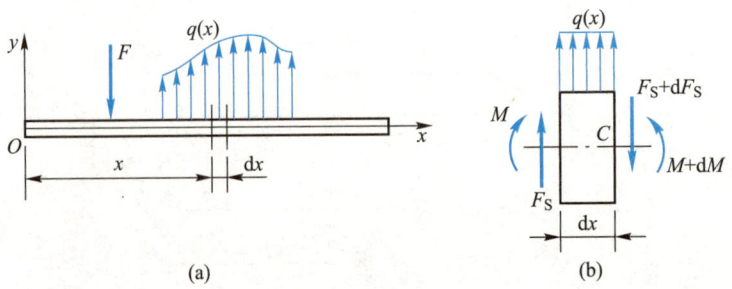

图 9-10　梁弯曲内力的微分关系

用坐标为 x 和 $(x+\mathrm{d}x)$ 的两相邻截面从梁中截取出长度为 $\mathrm{d}x$ 的微段(图9-10b),其中点 C 为 $(x+\mathrm{d}x)$ 的截面的形心。由于 $\mathrm{d}x$ 为微量,可略去载荷集度沿 $\mathrm{d}x$ 长度方向的变化,即认为该微段上的分布载荷 $q(x)$ 为均匀分布。

设在坐标为 x 的截面上的剪力和弯矩分别为 $F_{\mathrm{S}}(x)$ 和 $M(x)$;而在坐标为 $(x+\mathrm{d}x)$ 的截面上的剪力和弯矩有增量,分别为 $[F_{\mathrm{S}}(x)+\mathrm{d}F_{\mathrm{S}}(x)]$ 和 $[M(x)+\mathrm{d}M(x)]$。由于梁在所有外力作用下处于平衡状态,则取出的微段也应该是平衡的。列平衡方程,得

$$\sum F_y=0,\quad F_{\mathrm{S}}(x)-[F_{\mathrm{S}}(x)+\mathrm{d}F_{\mathrm{S}}(x)]+q(x)\cdot\mathrm{d}x=0$$

$$\sum M_C=0,-M(x)+[M(x)+\mathrm{d}M(x)]-F_{\mathrm{S}}(x)\cdot\mathrm{d}x-q(x)\cdot\mathrm{d}x\cdot\frac{\mathrm{d}x}{2}=0$$

略去上面第二式中的二阶微量 $q(x)\cdot\mathrm{d}x\cdot\dfrac{\mathrm{d}x}{2}$,整理简化得到

$$\frac{\mathrm{d}F_{\mathrm{S}}(x)}{\mathrm{d}x}=q(x) \tag{9-1a}$$

$$\frac{\mathrm{d}M(x)}{\mathrm{d}x}=F_{\mathrm{S}}(x) \tag{9-1b}$$

将式(9-1b)代入式(9-1a),得

$$\frac{\mathrm{d}^2M(x)}{\mathrm{d}x^2}=\frac{\mathrm{d}F_{\mathrm{S}}(x)}{\mathrm{d}x}=q(x) \tag{9-2}$$

以上三式就是载荷集度 $q(x)$ 与剪力 $F_{\mathrm{S}}(x)$ 及弯矩 $M(x)$ 间的微分关系。

自测题 9.2

自测题 9.2.1　梁弯曲时,剪力对梁内任一点的力矩是_____转向的为正。
自测题 9.2.2　梁弯曲时,弯矩使所取梁段产生_____变形的为正。
自测题 9.2.3　下列关于剪力、弯矩符号与坐标选择的表述,正确的是(　　　　)。
A. 剪力、弯矩符号都与坐标系的选择无关
B. 剪力、弯矩符号都与坐标系的选择有关
C. 剪力符号与坐标系的选择无关,而弯矩符号有关
D. 剪力符号与坐标系的选择有关,而弯矩符号无关

自测题 9.2
参考答案

9.3　梁的内力图·剪力图和弯矩图

与绘制轴力图和扭矩图类似,可以用图线来表示梁的各个横截面上剪力和弯矩沿着轴线的变化情况,这种图线分别称为梁的剪力图和弯矩图,合称为梁的内力图。

本节介绍根据剪力方程与弯矩方程绘制剪力图与弯矩图的具体方法。首先建立以梁的左端作为坐标原点的坐标系,横坐标为 x 轴,向右为正;纵坐标为剪力 $F_{\mathrm{S}}(x)$ 或者弯矩 $M(x)$,均取正号以向上为正。其次根据梁的剪力方程和弯矩方程,从左向右依次画出每段梁的剪力图和弯矩图。

由截面法可知,在集中力、集中力偶和分布载荷的起止点处,剪力方程和弯矩方程可能发生变化,所以这些点均是剪力方程和弯矩方程的分段点。分段点截面也称为控制截面。求出分段点处横截面上剪力和弯矩的数值(包括正负号),并将这些数值标在坐标系中相应位置。分段点之间的图形可根据剪力方程和弯矩方程绘出。最后注明 $|F_{\mathrm{S}}|_{\max}$ 和

$|M|_{max}$ 的数值。

例题 9-4 试画出图 9-11a 所示简支梁的剪力图和弯矩图。

解:(1) 求支座约束力

取梁为研究对象,画出受力图,如图 9-11a 所示。

列平衡方程:

$$\sum M_B = 0, \quad Fb - F_{RA}l = 0$$

$$\sum F_y = 0, \quad F_{RA} - F + F_{RB} = 0$$

解得

$$F_{RA} = \frac{Fb}{l}, \quad F_{RB} = \frac{Fa}{l}$$

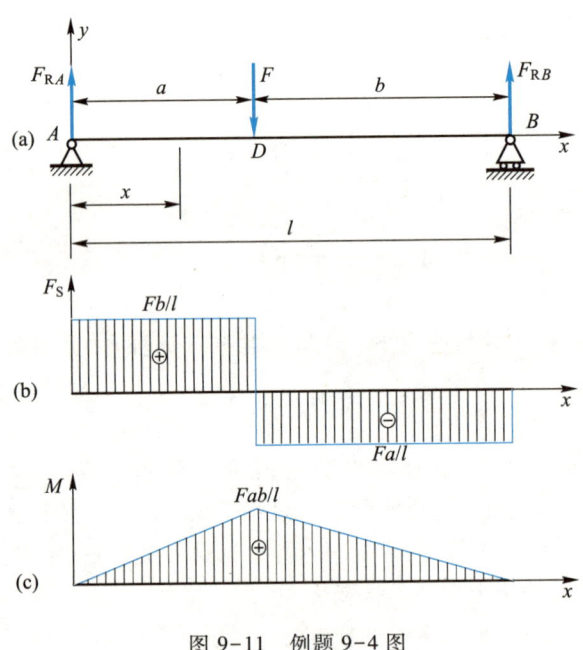

图 9-11   例题 9-4 图

(2) 列剪力方程和弯矩方程

梁上点 D 处存在集中力作用,剪力和弯矩将产生变化。利用截面法,在梁的 AD 段上任意截取一个横截面,令其位置坐标为 x,且 $0 \leqslant x \leqslant a$。假设在此截面上存在剪力和弯矩,且都取为正号,列平衡方程:

$$\sum F_y = 0, \quad F_{RA} - F_S(x) = 0$$

$$\sum M_C = 0, \quad F_{RA} \cdot x - M(x) = 0$$

可得剪力方程:

$$F_S(x) = \frac{Fb}{l} \quad (0 < x < a)$$

弯矩方程:

$$M(x) = \frac{Fb}{l}x \quad (0 \leqslant x \leqslant a)$$

同理,在梁的 BD 段可得剪力方程:

$$F_S(x) = \frac{Fb}{l} - F = -\frac{Fa}{l} \quad (a < x < l)$$

弯矩方程:

$$M(x) = \frac{Fb}{l}x - F(x-a) = \frac{Fa}{l}(l-x) \quad (a \leqslant x \leqslant l)$$

（3）画剪力图和弯矩图

根据剪力方程和弯矩方程可以发现，剪力在 AD 段和 BD 段上均为常数，而弯矩均为 x 的一次函数。所以剪力图应该为水平线，而弯矩则为斜直线。从左向右依次分段画出梁的剪力图和弯矩图（图9-11b、c）。由于在集中力 F 的左、右两侧截面上的剪力值分别是 Fb/l 和 Fa/l，说明集中力在剪力图上引起突变。

例题 9-5 如图9-12a所示，简支梁受均匀分布载荷 q 作用，试利用内力方程画该梁的剪力图和弯矩图。

解：（1）求支座约束力

由于载荷及支座约束力均对称于梁跨的中点，因此，两个支座约束力相等，根据平衡方程，$\sum F_y = 0$，得 A、B 两点的约束力为

$$F_{RA} = F_{RB} = \frac{ql}{2}$$

方向如图9-12a所示。

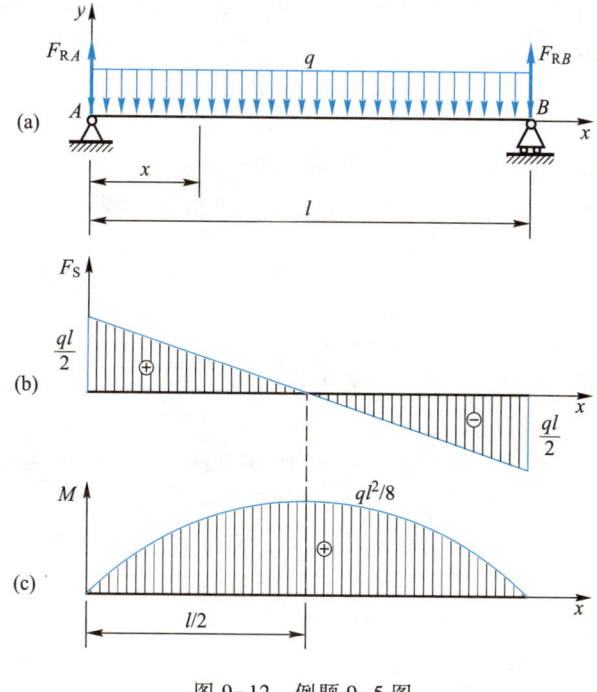

图 9-12 例题 9-5 图

（2）列剪力方程和弯矩方程

取距梁左端（坐标原点）为 x 的任意截面，此截面上的剪力和弯矩即分别为该梁的剪力方程和弯矩方程：

$$F_S(x) = F_{RA} - qx = \frac{ql}{2} - qx \quad (0 < x < l)$$

$$M(x) = F_{RA}x - qx \cdot \frac{x}{2} = \frac{qlx}{2} - \frac{qx^2}{2} \quad (0 \leqslant x \leqslant l)$$

由剪力方程可知，剪力图是一条斜向右下的直线（图9-12b）。由弯矩方程可知，弯矩图为一条向上凸的二次曲线（图9-12c）。并且在梁的中点处有最大的弯矩值，而对应截面处的剪力等于零。

由于分布载荷集度 $q(x)$ 与剪力、弯矩之间存在平衡微分关系,也可以根据梁上载荷的变化推知剪力图和弯矩图形状变化的规律:

(1) 若某段梁上无分布载荷,即 $q(x)=0$,则该段梁的剪力 $F_S(x)$ 为常量,剪力图为平行于 x 轴的直线;弯矩 $M(x)$ 为 x 的一次函数,弯矩图为斜直线,且弯矩图上某处的斜率等于梁在该处的剪力 F_S。

(2) 若某段梁上的分布载荷 $q(x)=q$(常量),则该段梁的剪力 $F_S(x)$ 为 x 的一次函数,剪力图为斜直线,且剪力图上某处的斜率等于梁在该处的分布载荷集度 q;而 $M(x)$ 为 x 的二次函数。

(3) 弯矩图为抛物线时其上某处斜率的变化率等于梁在该处的分布载荷集度 q。当 $q>0$ 时,弯矩图向下凸,当 $q<0$ 时,弯矩图则向上凸。

(4) 若某截面内的剪力 $F_S(x)=0$,根据 $\dfrac{\mathrm{d}M(x)}{\mathrm{d}x}=F_S(x)=0$,说明该截面处的弯矩为极值。

此外,集中力作用的横截面两侧,剪力 $F_S(x)$ 有突变,从左向右看,剪力 $F_S(x)$ 突变的大小等于集中力的大小,突变的方向与集中力方向一致,同时在弯矩图中由于斜率变化会形成一个折点。集中力偶作用的横截面两侧,弯矩 $M(x)$ 有突变,弯矩突变的大小等于集中力偶的大小。

由上述分析可知,载荷集度与剪力、弯矩之间的微分关系除可以校核已作出的剪力图和弯矩图是否正确外,还可以利用微分关系画剪力图和弯矩图,而不必列剪力方程和弯矩方程,其步骤如下:

① 求支座约束力;

② 分段确定剪力图和弯矩图的形状;

③ 求控制截面内力,根据微分关系画剪力图和弯矩图;

④ 确定 $|F_S|_{max}$ 和 $|M|_{max}$。

例题 9-6 外伸梁的受力如图 9-13a 所示,试利用微分关系画梁的剪力图和弯矩图。

解:(1) 求支座约束力

根据平衡方程 $\sum M_A=0$,$\sum F_y=0$ 分别求得 A、B 两点的约束力为

$$F_{RA}=10\ \text{kN},\qquad F_{RB}=5\ \text{kN}$$

方向如图 9-13a 所示。

(2) 分段确定曲线形状

由于载荷在 A、D 处不连续,故将梁分为三段绘内力图。

CA 段:$q=0$,剪力图为水平线,弯矩图为斜直线;

AD 段:$q=0$,剪力图为水平线,弯矩图为斜直线;

DB 段:$q<0$,剪力图为斜向下的直线,弯矩图为二次曲线。

(3) 求控制截面的内力值,画剪力图和弯矩图。

画剪力图:点 C 右侧截面剪力 $F_{SC右}=-3\ \text{kN}$,点 A 右侧截面剪力 $F_{SA右}=7\ \text{kN}$,据此可作出 CA 和 AD 两段剪力图的水平线。点 D 右侧截面剪力 $F_{SD右}=7\ \text{kN}$,点 B 左侧截面剪力 $F_{SB左}=-5\ \text{kN}$,据此可作出 DB 段剪力图的斜直线。梁的剪力图如图 9-13b 所示。

画弯矩图:点 C 右侧截面弯矩 $M_C=0$,点 A 左侧截面弯矩 $M_{A左}=-1.8\ \text{kN}\cdot\text{m}$,据此可以作出 CA 段弯矩图的斜直线。支座 A 的约束力 F_{RA} 只会使截面 A 左右两侧剪力发生突变,不改变两侧的弯矩值,故 $M_{A左}=M_{A右}=M_A=-1.8\ \text{kN}\cdot\text{m}$,点 D 左侧截面弯矩 $M_{D左}=2.4\ \text{kN}\cdot\text{m}$,

据此可画出 AD 段弯矩图的斜直线。D 处的集中力偶会使截面 D 左右两侧的弯矩发生突变,故需求出点 D 右侧截面弯矩 $M_{D右}=-1.2$ kN·m。点 B 左侧截面弯矩 $M_B=0$;由 DB 段的剪力图知在 E 处的剪力为零,故该处弯矩为极值。因 $F_{RB}=5$ kN,根据 BE 段的平衡条件 $\sum F_y=0$,知 BE 段的长度为 0.5 m,于是求得 $M_E=1.25$ kN·m。根据上述三个截面的弯矩值可画出 DB 段的弯矩图。梁的弯矩图如图9-13c所示。

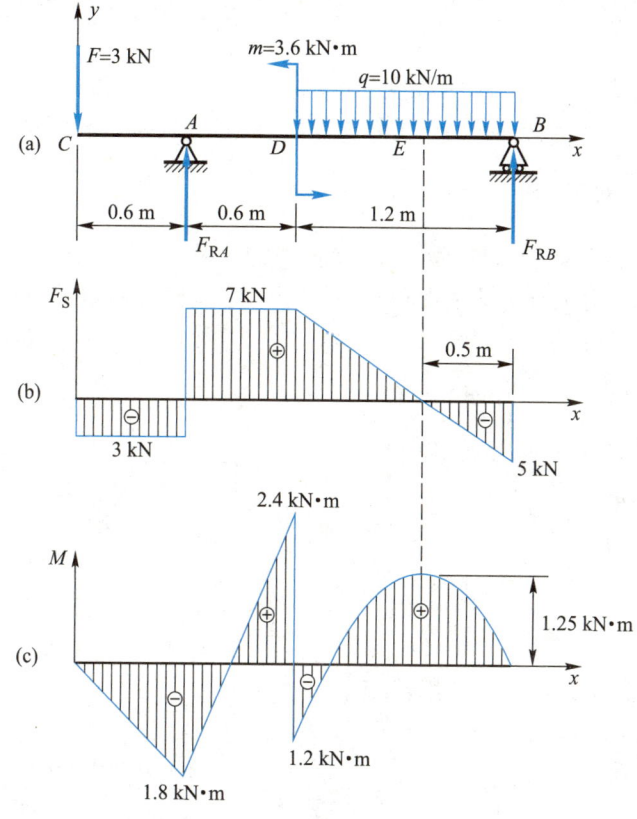

图 9-13　例题 9-6 图

对画出的剪力图和弯矩图,要利用微分关系和突变规律、端点规律做进一步的校核。如 DB 段内的均布载荷为负值,该段剪力图的斜率应为负;CA 段的剪力为负值,该段弯矩图的斜率应为负;AD 段的剪力为正值,该段弯矩图的斜率应为正;支座 A 处剪力图应发生突变,突变值应为 10 kN;D 处有集中力偶,D 截面左右两侧的弯矩应发生突变,突变值应为 3.6 kN·m;支座 B 和自由端 C 处的弯矩应为零。

自测题 9.3

自测题 9.3.1　若梁在某一梁段内无载荷作用,则该段内的弯矩图必定是一根直线段。这一结论(　　　)。

A. 正确　　　　　　　　　　　　　　B. 错误

自测题 9.3.2　梁中集中力作用的截面处,(　　　)。

A. 剪力图有突变,弯矩图光滑连续　　B. 剪力图有突变,弯矩图有折角

C. 弯矩图有突变,剪力图光滑连续　　D. 弯矩图有突变,剪力图有折角

自测题 9.3.3　梁中集中力偶作用截面处,(　　　)。

自测题 9.3
参考答案

A. 剪力图有突变,弯矩图无变化　　　　B. 剪力图有突变,弯矩图有折角

C. 弯矩图有突变,剪力图无变化　　　　D. 弯矩图有突变,剪力图有折角

自测题 9.3.4　梁的某截面处剪力等于零,则该截面处弯矩有(　　　　　)。

A. 极值　　　　　　B. 最大值　　　　　　C. 最小值　　　　　　D. 零值

9.4　截面的几何性质

研究杆件在外力作用下的应力和变形时,将用到杆件横截面的几何性质。截面的几何性质包括截面的面积 A、极惯性矩 I_p,以及静矩、形心、惯性矩、惯性积等。

9.4.1　静矩和形心

设任意形状的截面如图 9-14 所示,其面积为 A。从截面中坐标为 (y,z) 处取一微面积 dA,则 $z dA$ 和 $y dA$ 分别称为该微面积 dA 对于 y 轴和 z 轴的静矩或一次矩。整个截面对坐标轴的静矩可以表示为

$$S_y = \int_A z\,dA, \quad S_z = \int_A y\,dA \quad (9-3)$$

同一截面对于不同坐标轴的静矩不同,其单位为 m^3、cm^3、mm^3。

截面的形心坐标为

$$z_C = \frac{\int_A z\,dA}{A}, \quad y_C = \frac{\int_A y\,dA}{A}$$

截面形心的坐标 z_C 和 y_C 可用静矩表示为

$$z_C = \frac{S_y}{A}, \quad y_C = \frac{S_z}{A} \quad (9-4)$$

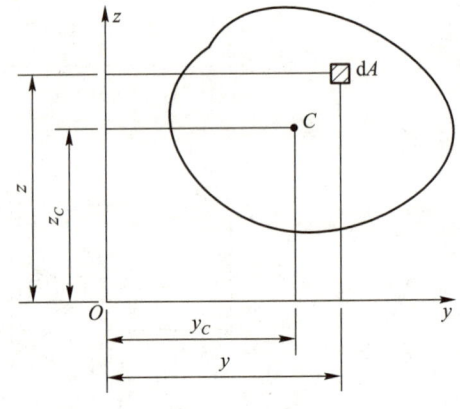

图 9-14　静矩和形心的概念

若将上式改写为

$$S_y = A z_C, \quad S_z = A y_C \quad (9-5)$$

则表示为用形心坐标与面积的乘积来求静矩。由此可知,当坐标轴通过形心时,则截面对该轴的静矩等于零。反之,若截面对某一轴的静矩等于零,则该轴必然通过截面的形心。静矩与所选坐标轴有关,其值可能为正、负或零。

如一个截面由几个简单平面图形组成,称为组合截面。设第 i 块分图形的面积为 A_i,形心坐标为 y_{Ci} 和 z_{Ci},则截面的静矩为

$$S_z = \sum_{i=1}^{n} A_i y_{Ci}, \quad S_y = \sum_{i=1}^{n} A_i z_{Ci} \quad (9-6)$$

截面的形心坐标为

$$y_C = \frac{S_z}{A} = \frac{\sum_{i=1}^{n} A_i y_{Ci}}{\sum_{i=1}^{n} A_i}, \quad z_C = \frac{S_y}{A} = \frac{\sum_{i=1}^{n} A_i z_{ci}}{\sum_{i=1}^{n} A_i} \quad (9-7)$$

例题 9-7　在图 9-15 所示坐标系中,试求该截面对 y 轴和 z 轴的静矩(图中尺寸单位为 mm)。

解: 将截面看作由两个矩形 I 和 II 组成,在图示坐标下每个矩形的面积及形心位置分别为

矩形 I:$A_1 = 120 \text{ mm} \times 10 \text{ mm} = 1\,200 \text{ mm}^2$, $y_{C1} = \dfrac{10 \text{ mm}}{2} = 5 \text{ mm}$, $z_{C1} = \dfrac{120 \text{ mm}}{2} = 60 \text{ mm}$

矩形 II:$A_2 = 70 \text{ mm} \times 10 \text{ mm} = 700 \text{ mm}^2$, $y_{C2} = 10 \text{ mm} + \dfrac{70 \text{ mm}}{2} = 45 \text{ mm}$, $z_{C1} = \dfrac{10 \text{ mm}}{2} = 5 \text{ mm}$

截面对两个坐标轴的静矩为

$$S_z = A_1 y_{C1} + A_2 y_{C2} = 1\,200 \text{ mm}^2 \times 5 \text{ mm} + 700 \text{ mm}^2 \times 45 \text{ mm} = 37\,500 \text{ mm}^3$$

$$S_y = A_1 z_{C1} + A_2 z_{C2} = 1\,200 \text{ mm}^2 \times 60 \text{ mm} + 700 \text{ mm}^2 \times 5 \text{ mm} = 75\,500 \text{ mm}^3$$

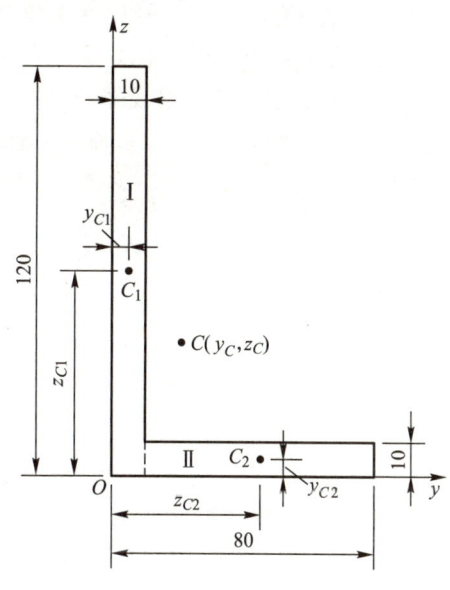

图 9-15 例题 9-7 图

9.4.2 惯性矩、惯性积和惯性半径

设一个面积为 A 的任意形状的截面如图 9-16 所示。从截面中坐标为 (y,z) 处取一个微面积 $\mathrm{d}A$,则 $z^2\mathrm{d}A$ 和 $y^2\mathrm{d}A$ 分别称为该微面积 $\mathrm{d}A$ 对于 y 轴和 z 轴的惯性矩或二次矩。

截面对于 y 轴和 z 轴的惯性矩表示为

$$I_y = \int_A z^2\,\mathrm{d}A, \quad I_z = \int_A y^2\,\mathrm{d}A \qquad (9-8)$$

同一截面对于不同坐标轴的惯性矩不同,显然其数值恒为正值,单位为 m^4。

若以 ρ 表示微面积 $\mathrm{d}A$ 到坐标原点 O 的距离,则截面对坐标原点 O 的二次矩为

$$I_\mathrm{p} = \int_A \rho^2\,\mathrm{d}A \qquad (9-9)$$

I_p 为整个面积对坐标原点 O 的极惯性矩。因为 $\rho^2 = y^2 + z^2$,所以极惯性矩与(轴)惯性矩之间的关系为

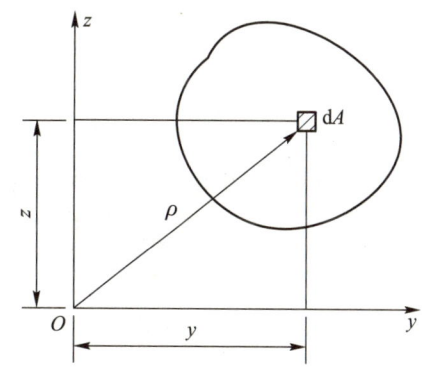

图 9-16 惯性矩的概念

$$I_\mathrm{p} = \int_A \rho^2\,\mathrm{d}A = \int_A (y^2 + z^2)\,\mathrm{d}A = I_z + I_y \qquad (9-10)$$

式(9-10)表明,截面对任意两个互相垂直轴的(轴)惯性矩之和,等于它对该两轴交点的极惯性矩。

微面积 $\mathrm{d}A$ 与其分别到 y 轴和 z 轴的距离的乘积 $yz\mathrm{d}A$,称为该微面积 $\mathrm{d}A$ 对于两坐标轴的惯性积。则截面对两坐标轴的惯性积为

$$I_{yz} = \int_A yz\,\mathrm{d}A \qquad (9-11)$$

由此可见,同一个截面对于不同坐标轴的惯性积与惯性矩一般是不同的。惯性积可能为正值或负值,也可能为零,其单位为 m^4。若 y 轴和 z 轴中有一根为截面的对称轴,则其惯性积为零。因为在对称轴两侧可以找到对称的两个微面积 $\mathrm{d}A$,其对两个坐标轴的惯

性积 $yz\mathrm{d}A$ 数值相等,正负号相反,求和后为零。

根据惯性矩和惯性积的定义,对于在工程中常遇到的组合截面,其对某坐标轴的惯性矩与惯性积等于其各个组成部分对同一个坐标轴的惯性矩与惯性积之和。例如截面可分为 n 个部分,则组合截面对 y 轴和 z 轴的惯性矩和惯性积分别为

$$I_y = \sum_{i=1}^{n} I_{yi}, \quad I_z = \sum_{i=1}^{n} I_{zi}, \quad I_{yz} = \sum_{i=1}^{n} I_{yzi} \tag{9-12}$$

式中, I_{yi}、I_{zi} 和 I_{yzi} 分别表示各组成部分对 y 轴和 z 轴的惯性矩及惯性积。

在某些时候,还做如下定义:

$$i_y = \sqrt{\frac{I_y}{A}}, \quad i_z = \sqrt{\frac{I_z}{A}} \tag{9-13}$$

式中, i_y 和 i_z 称为截面图形对 y 轴和 z 轴的惯性半径,其单位为 m。

例题 9-8   试求如图 9-17 所示圆形截面的惯性矩、极惯性矩和惯性积。

解:如图 9-17 所示取 $\mathrm{d}A$,根据定义

$$I_y = \int_A z^2 \mathrm{d}A = \int_{-\frac{D}{2}}^{\frac{D}{2}} z^2 \cdot 2\sqrt{R^2 - z^2}\, \mathrm{d}z = \frac{\pi D^4}{64}$$

由于轴对称性,则有

$$I_y = I_z = \frac{\pi D^4}{64}, \quad I_{yz} = 0$$

由式(9-10),有

$$I_p = I_y + I_z = \frac{\pi D^4}{32}$$

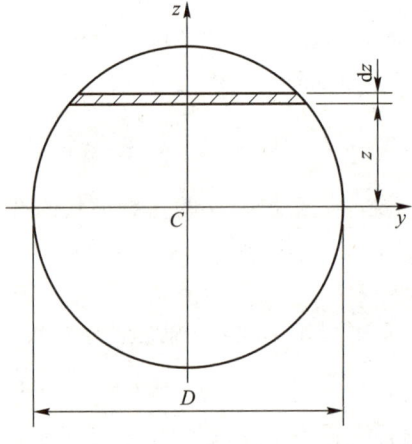

图 9-17   例题 9-8 图

对于空心圆截面,外径为 D,内径为 d,则

$$I_y = I_z = \frac{\pi D^4}{64}(1 - \alpha^4), \quad I_p = \frac{\pi D^4}{32}(1 - \alpha^4), \quad \alpha = \frac{d}{D}$$

9.4.3   平行移轴公式

设任意截面图形的形心 C 的坐标 z_C 和 y_C,过该截面形心分别画平行于原坐标轴的两根坐标轴,称为截面图形的形心坐标轴。同一截面图形对于相互平行的两对直角坐标轴的惯性矩或惯性积并不相同,如图 9-18 所示,定义 I_{y_C}、I_{z_C}、$I_{y_C z_C}$ 分别为截面图形对形心轴的惯性矩和惯性积。

截面上任一微面积 $\mathrm{d}A$ 在两个坐标系内的坐标 (y, z) 和 (y_C, z_C) 之间的关系为

$$y = y_C + b, \quad z = z_C + a$$

式中, a、b 是截面形心 C 在 Oyz 坐标系中的坐标值,即两平行坐标系之间的间距。将上式代入式(9-7),展开积分后可得

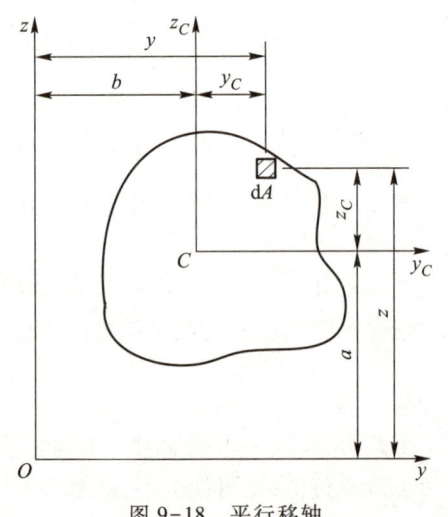

图 9-18   平行移轴

$$I_y = \int_A z^2 \, dA = \int_A (z_C + a)^2 \, dA$$

$$= \int_A z_C^2 \, dA + 2a \int_A z_C \, dA + a^2 \int_A dA$$

其中 $\int_A z_C \, dA$ 为图形对形心轴 y_C 的静矩,其值应等于零,则得

$$I_y = I_{y_C} + a^2 A \tag{9-14a}$$

同理可得

$$I_z = I_{z_C} + b^2 A \tag{9-14b}$$

$$I_{yz} = I_{y_C z_C} + abA \tag{9-14c}$$

注意,上式中的 a、b 两坐标值有正负号,可由截面形心 C 所在的象限来确定。

式(9-14)称为惯性矩和惯性积的平行移轴公式。结论:截面图形在同一平面内对所有相互平行的坐标轴的惯性矩,对形心轴的最小。

例题 9-9 图 9-19 所示为由两个 [80×43×5 槽钢和两块横截面为 10 cm×1 cm 的钢板组成的截面,试求其 I_{y_C}、I_{z_C}。

解:(1)求 I_{y_C}

根据平行移轴公式,求得每一钢板对 y_C 轴的惯性矩为

$$I_{y_C}^{\mathrm{I}} = \frac{10 \times 1^3}{12} \text{ cm}^4 + 10 \times 1 \times 4.5^2 \text{ cm}^4 = 203.3 \text{ cm}^4$$

从型钢规格表中查得每一槽钢对 y_C 轴的惯性矩为 $I_{y_C}^{\mathrm{II}} = 101 \text{ cm}^4$。

则该组合截面对 y_C 轴的惯性矩为

$$I_{y_C} = 2(I_{y_C}^{\mathrm{I}} + I_{y_C}^{\mathrm{II}}) = 2(203.3 + 101) \text{ cm}^4$$

$$= 608.6 \text{ cm}^4$$

(2)求 I_{z_C}

每一钢板对 z_C 轴的惯性矩为

$$I_{z_C}^{\mathrm{I}} = \frac{1 \times 10^3}{12} \text{ cm}^4 = 83.3 \text{ cm}^4$$

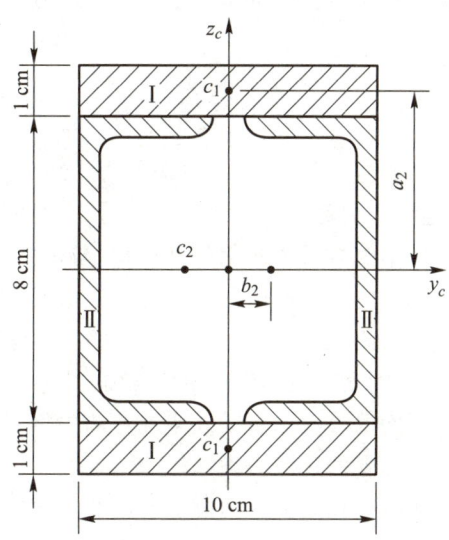

图 9-19 例题 9-9 图

从型钢规格表中查得,每一槽钢的形心到外侧边缘的距离为 1.43 cm,则该形心 C_2 与 z_C 轴的距离为 $b_2 = 5 \text{ cm} - 1.43 \text{ cm} = 3.57 \text{ cm}$。又从型钢规格表中查得槽钢对其形心轴 z 的惯性矩 I_z 及面积 A 分别为 $I_z = 16.6 \text{ cm}^4$ 和 $A = 10.24 \text{ cm}^2$。故由平行移轴公式得每一槽钢对 z_C 轴的惯性矩为

$$I_{z_C}^{\mathrm{II}} = 16.6 \text{ cm}^4 + 10.24 \times 3.57^2 \text{ cm}^4 = 147.1 \text{ cm}^4$$

最终可得到整个组合截面对 z_C 轴的惯性矩为

$$I_{z_C} = 2(I_{z_C}^{\mathrm{I}} + I_{z_C}^{\mathrm{II}}) = 2(83.3 + 147.1) \text{ cm}^4 = 460.8 \text{ cm}^4$$

自测题 9.4

自测题 9.4.1 若截面图形对某一轴的静矩为零,则该轴必通过截面的( )。

A. 形心

B. 质心

C. 中心

D. 任意一点

自测题 9.4

参考答案

自测题 9.4.2   在截面图形的一系列平行轴中,截面对(　　　　)的惯性矩为最小。

A. 对称轴
B. 形心轴

C. 水平轴
D. 任意轴

自测题 9.4.3   在下面关于截面图形的结论中,(　　　　)是错误的。

A. 截面的对称轴必定通过形心
B. 截面两个对称轴的交点必为形心

C. 截面对对称轴的静矩为零
D. 使静矩为零的轴必为对称轴

自测题 9.4.4   在截面图形的几何性质中,(　　　　)的值可正、可负,也可为零。

A. 静矩
B. 极惯性矩
C. 惯性矩

自测题 9.4.5   在 Oyz 直角坐标系中,一圆心在原点、直径为 d 的圆形截面图形对 z 轴的惯性半径为(　　　　)。

A. $\dfrac{1}{8}d$
B. $\dfrac{1}{4}d$
C. $\dfrac{1}{12}d$
D. $\dfrac{1}{16}d$

9.5   梁平面弯曲时横截面上的正应力·正应力强度计算

9.5.1   纯弯曲时梁横截面上的正应力

一般情况下,当梁在横向外力作用下发生弯曲变形时,其横截面上同时存在弯矩和剪力,这种弯曲称为横力弯曲。此时,在梁的横截面上同时存在正应力 σ 和切应力 τ。由截面上分布内力系的简化关系可知,与正应力有关的法向内力元素简化为弯矩,与切应力有关的切向内力元素简化为剪力。实践和理论都证明,弯矩是影响梁的强度和变形的主要因素。因此,我们先讨论剪力为零、弯矩为常数的弯曲问题。这种弯曲称为纯弯曲。图 9-20 所示梁的 CD 段为纯弯曲,其余部分则为横力弯曲。

下面以等截面直梁发生纯弯曲为例,综合考虑几何、物理和静力学三方面的关系来分析横截面上的正应力。

加载前在梁的表面画上与轴线垂直的横向线和与轴线平行的纵向线,如图 9-21a 所示。然后在梁的两端纵向对称面内施加一对力偶,使梁发生弯曲变形,如图 9-21b 所示。可以发现梁的表面变形具有如下特征:横向线 a-b 变形后仍为直线,但有转动;纵向线 a-a 和 b-b 变为曲线,且上面的 a-a 线段受压缩变短,下面的 b-b 线段受拉伸变长;横向线与纵向线变形后仍垂直。

根据上述梁表面变形的特征,可以作出如下假设。

① 梁变形后,其横截面仍保持为平面,并垂直于变形后梁的轴线,只是绕着某一轴线转过一个角度。这一假设称为弯曲变形的平面假设。

② 梁的各纵向层互不挤压,即梁的纵向截面上无正应力作用。

根据上述假设,将梁看作由若干条纤维构成,当梁弯曲后,与轴线平行的纵向纤维中靠近凸边部分被拉伸伸长,而靠近凹边部分则被压缩缩短。根据材料变形的连续性,中间必然存在一层纵向纤维既不伸长也不缩短,这一层纤维构成的曲面称为中性层,如图 9-22所示。中性层与横截面的交线称为截面的中性轴。梁在弯曲时,相邻横截面就是绕中性轴作相对转动的。由于中性层的纵向纤维既不伸长也不缩短,所以可推断出中性轴上各点的轴向正应力为零,而横截面上位于中性轴两侧的各点根据伸长或缩短分别承受拉应力或压应力。

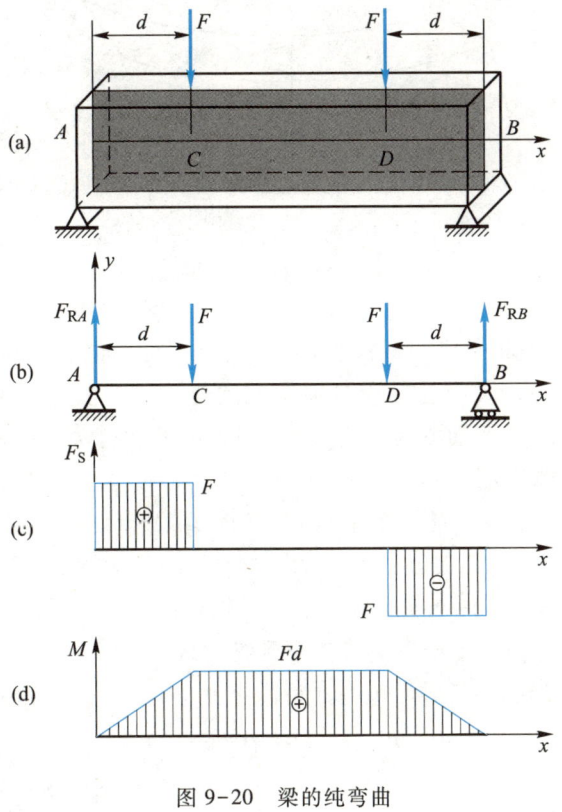

图 9-20　梁的纯弯曲

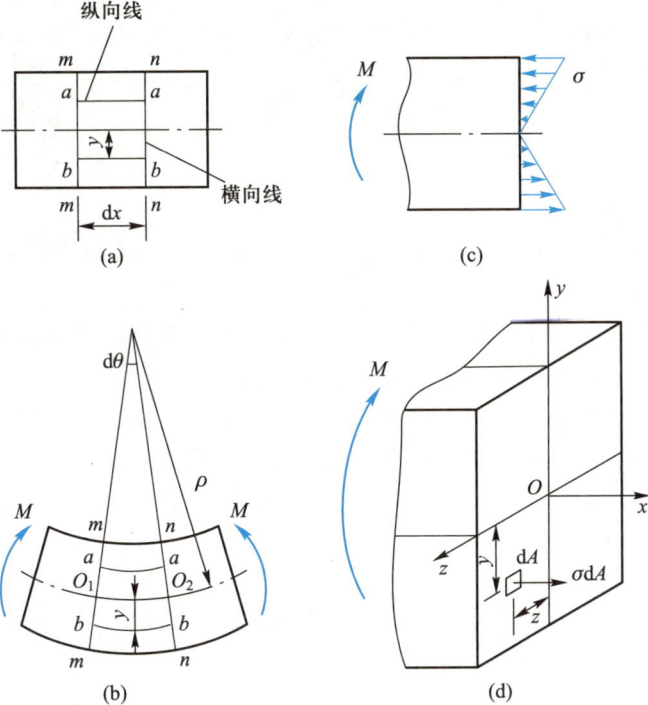

图 9-21　弯曲变形的正应力分析

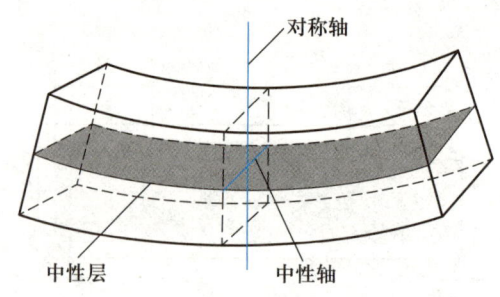

图 9-22   梁的中性层

由于外力、横截面形状及梁的材料性能均对称于梁的纵向对称面,故梁变形后的形状也必然对称于该平面,因此,中性轴应与横截面的对称轴正交。可取梁的轴线方向为 x 轴,截面对称轴为 y 轴,中性轴取为 z 轴,如图 9-21d 所示建立直角坐标系。至于中性轴的具体位置目前还不能确定。

（1）几何关系。根据平面假设找出纵向线应变沿截面高度的变化规律。考察梁上相距为 dx 的微段(见图 9-21a),其变形如图 9-21b 所示。由于材料是连续的,故变形也是连续的。根据平面假设,横截面绕中性轴转动,因此,若把相距为 dx 的两个截面之间的相对转角记为 $d\theta$,中性层 O_1O_2 的曲率半径为 ρ,并注意到纵向线段 O_1O_2 弯曲后的弧长 $\rho d\theta$ 等于原长 dx,则原长亦为 dx 的纵向纤维 $b-b$ 弯曲后的长度 $(\rho+|y|)d\theta$,其纵向线应变为

$$\varepsilon = \frac{\Delta l}{dx} = \frac{(\rho+|y|)d\theta - \rho d\theta}{\rho d\theta} = \frac{|y|}{\rho} = -\frac{y}{\rho}$$

上式表明,直梁纯弯曲时纵向线段的线应变与该线段到中性轴的距离 $|y|$ 成正比。

（2）物理关系。根据梁的纵向纤维间无挤压的假设,纵向纤维只是发生简单拉伸或压缩。当材料处于线弹性范围内,且拉伸弹性模量和压缩弹性模量相同时,根据胡克定律得

$$\sigma = E\varepsilon = -E\frac{y}{\rho} \tag{a}$$

式中,E、ρ 均为常数。

上式表明,纯弯曲直梁横截面上任一点处的正应力与该点到中性轴的距离 $|y|$ 成正比,且中性轴上各点的正应力均为零。亦即沿横截面高度,正应力按直线规律变化,如图 9-21c 所示。

（3）静力学关系。为了确定中性层的曲率半径 ρ 及中性轴的位置,还需要通过静力等效条件来建立横截面上的内力和正应力之间的联系。

设在横截面上坐标为 (y,z) 的点处取一微面积 dA,该点处的法向内力元素为 σdA,组成与横截面垂直的空间平行力系。这个内力系只能简化为三个内力分量,即平行 x 轴的轴力 F_N、对 z 轴的力偶矩 M_z 和对 y 轴的力偶矩 M_y,分别为

$$F_N = \int_A \sigma dA, \quad M_y = \int_A z\sigma dA, \quad M_z = \int_A y\sigma dA$$

由于梁横截面上仅有绕中性轴转动的弯矩 M,F_N 和 M_y 均为零,于是可得

$$F_N = \int_A \sigma dA = 0$$

$$M_y = \int_A z\sigma dA = 0$$

$$M_z = -\int_A y\sigma \mathrm{d}A = M$$

将式（a）代入以上三式，利用截面图形的几何参数定义，可得

$$F_N = -\frac{E}{\rho}\int_A y\mathrm{d}A_z = \frac{-E}{\rho}S_z = 0 \tag{b}$$

$$M_y = -\frac{E}{\rho}\int_A yz\mathrm{d}A_z = -\frac{E}{\rho}I_{yz} = 0 \tag{c}$$

$$M_z = \frac{E}{\rho}\int_A y^2\mathrm{d}A_z = \frac{EI_z}{\rho} = M \tag{d}$$

以上各式中 E、ρ 均不为零，故 E/ρ 不可能为零，由式（b）可得 $S_z = 0$，即表明 z 轴必通过横截面形心，从而确定了中性轴的位置。由式（c）可得 $I_{yz} = 0$，因为 y 轴是横截面的对称轴，所以 $I_{yz} = 0$ 的条件自然满足。事实上横截面的对称轴左右两侧的法向内力元素对 y 轴的力矩值等值反向，故其合力矩 M_y 为零。

最后，由式（d）得中性层的曲率表达式为

$$\frac{1}{\rho} = \frac{M}{EI_z} \tag{9-15}$$

上式表明：在相同弯矩下，EI_z 越大，则曲率 $1/\rho$ 越小。因此，EI_z 称为梁的抗弯刚度。将上式代入式（a），即可得到等截面直梁在纯弯曲时横截面上任一点的正应力为

$$\sigma = -\frac{My}{I_z} \tag{9-16}$$

式中，M 为横截面上的弯矩，I_z 为横截面对中性轴 z 的惯性矩，y 为所求应力点的纵坐标。

上式中所求点正应力 σ 的正负号与弯矩 M 及点的坐标 y 的正负号有关。实际计算中，可根据截面上弯矩 M 的方向，以梁的中性层为界，直接判断梁的凸出一侧的应力为拉应力，凹入的一侧受压应力，从而确定正应力 σ 的正负号。

9.5.2 横力弯曲时的正应力

梁在横力弯曲时，其横截面上不仅有正应力，还有切应力。由于存在切应力，纵向纤维间也存在相互挤压，横截面将不再保持为平面，而发生"翘曲"现象。进一步的分析表明，对于细长梁（即截面高度 h 远小于跨度 l 的梁），切应力对正应力和弯曲变形的影响很小，可以忽略不计，故式（9-15）和式（9-16）仍然适用。当然，式（9-15）和式（9-16）只适用于材料在线弹性范围内的变形，并且要求满足平面弯曲的条件。对于横截面具有对称轴的梁，只要外力作用在对称平面内，梁便产生平面弯曲；对于横截面无对称轴的梁，只要外力作用在形心主轴平面内，实心截面梁便产生平面弯曲。上述公式是根据等截面直梁导出的。对于缓慢变化的变截面梁，以及曲率很小的曲梁（$h/\rho_0 \leqslant 0.2$，ρ_0 为曲梁轴线的曲率半径），也可近似适用。

横力弯曲时，弯矩随截面位置变化。一般情况下，在弯矩最大的截面上离中性轴最远处发生最大应力。梁弯曲的强度条件为

$$\sigma_{max} = \frac{M_{max} y_{max}}{I_z} = \frac{M_{max}}{W_z} \tag{9-17}$$

式中

$$W_z = \frac{I_z}{y_{max}} \tag{9-18}$$

W_z 称为抗弯截面系数(或称抗弯截面模量),其单位为 m³。

宽度为 b、高度为 h 的矩形截面,抗弯截面系数为

$$W_z = \frac{I_z}{y_{max}} = \frac{bh^3/12}{h/2} = \frac{bh^2}{6} \tag{9-19}$$

直径为 d 的圆截面,抗弯截面系数为

$$W_z = \frac{I_z}{y_{max}} = \frac{\frac{\pi}{64}d^4}{d/2} = \frac{\pi d^3}{32} \tag{9-20}$$

内径为 d、外径为 D 的空心圆截面,抗弯截面系数为

$$W_z = \frac{I_z}{y_{max}} = \frac{\frac{\pi D^4}{64}(1-\alpha^4)}{D/2} = \frac{\pi D^3}{32}(1-\alpha^4) \tag{9-21}$$

式中,$\alpha = \dfrac{d}{D}$,为截面内外径之比。

例题 9-10   简支梁承受均布载荷 $q=60$ kN/m 的作用,已知梁的横截面为矩形,尺寸如图 9-23a 所示,单位为 mm。试求:(1) 截面 $n-n$ 上 1、2 两点的正应力;(2) 全梁的最大正应力。

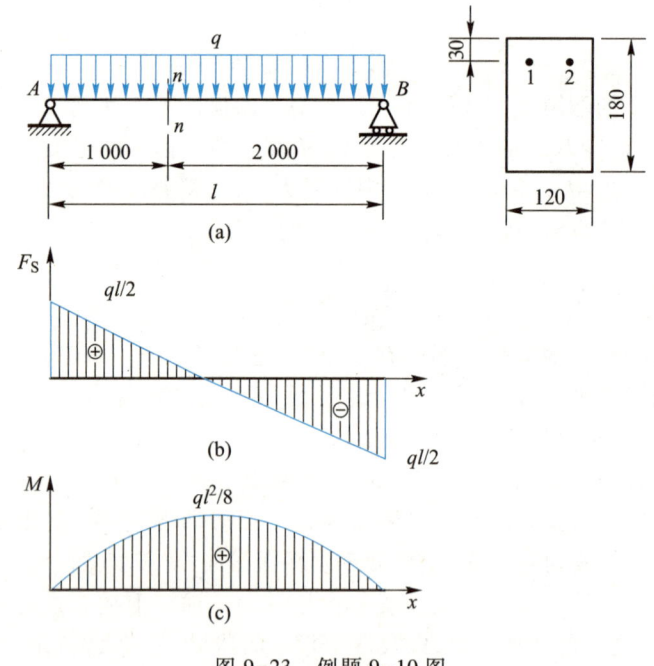

图 9-23   例题 9-10 图

解:(1) 求截面 $n-n$ 的弯矩值和整个梁的最大弯矩值

根据静力平衡条件,可以求得支座 A 和 B 处的约束力分别为

$$F_{RA} = F_{RB} = \frac{ql}{2} = \frac{60\times3}{2}\ kN = 90\ kN$$

参考例题 9-5,画出该梁的剪力图和弯矩图(图 9-23b、c)。求得截面 $n-n$ 的弯矩为 $M_1 = 60$ kN·m。

而最大弯矩在该梁中点处,数值为

$$M_{max} = ql^2/8 = 67.5 \text{ kN} \cdot \text{m}$$

（2）求横截面对中性轴的惯性矩和抗弯截面系数

$$I_z = \frac{bh^3}{12} = \frac{120 \times 180^3}{12} \times 10^{-12} \text{ m}^4 = 5.832 \times 10^{-5} \text{ m}^4$$

$$W_z = \frac{I_z}{h/2} = 6.48 \times 10^{-4} \text{ m}^3$$

（3）求指定点的正应力

因为 1、2 两点到中性轴的距离相同，且处于受压状态，即

$$\sigma_1 = \sigma_2 = -\frac{M_1 y}{I_z} = -\frac{60 \times 10^3 \times 60 \times 10^{-3}}{5.832 \times 10^{-5}} \text{ Pa} = -61.7 \text{ MPa}$$

（4）求最大正应力

全梁最大的正应力点在梁的中点横截面上，且为距离中性轴最远的点，其应力值为

$$\sigma_{max} = \frac{M_{max}}{W_z} = \frac{67.5 \times 10^3}{6.48 \times 10^{-4}} \text{ Pa} = 104.2 \text{ MPa}$$

9.5.3　弯曲正应力的强度条件

等截面直梁在弯曲变形中，其横截面上的最大正应力发生在最大弯矩所在截面处距离中性轴最远的点。按照单向应力状态下的强度条件的形式，即梁横截面上最大工作应力 σ_{max} 不得超过材料的许用弯曲正应力 $[\sigma]$，得强度条件为

$$\sigma_{max} \leqslant [\sigma] \tag{9-22}$$

对于等截面直梁，其最大正应力可由式（9-21）计算，所以强度条件也可表示为

$$\sigma_{max} = \frac{M_{max}}{W_z} \leqslant [\sigma] \tag{9-23}$$

根据上式，可按正应力强度条件对梁进行校核强度、选择截面或确定许可载荷。对于用铸铁等脆性材料制成的梁，由于材料的许用拉应力 $[\sigma_t]$ 和许用压应力 $[\sigma_c]$ 不同，而梁横截面的中性轴往往也不是对称轴，因此，需要对梁的最大拉应力和最大压应力分别进行校核，以确保整个梁的安全。

例题 9-11　T 形截面铸铁梁的载荷和截面尺寸如图 9-24a 所示，已知截面形心位置 $y_C = 88$ mm，对形心轴的惯性矩 $I_z = 7.63 \times 10^6 \text{ mm}^4$，材料的许用应力 $[\sigma_t] = 15$ MPa，$[\sigma_c] = 60$ MPa。试校核该梁的强度。

解：（1）画梁的内力图（图 9-24b、c）

（2）判断危险截面和危险点

截面 B 的弯矩绝对值最大，因此可能是危险截面，故需要对该截面上的拉、压应力分别校核。截面 C 虽然弯矩较小，但其受拉部位距离中性轴较远，也是可能的危险点，需要进行拉应力强度校核。

（3）强度校核

根据以上分析，由梁的弯曲正应力公式可得

$$\sigma_{tB} = \frac{M_B y_1}{I_z} = \frac{1.6 \times 10^6 \times (140 - 88)}{7.63 \times 10^6} \text{ MPa} = 10.9 \text{ MPa} < [\sigma_t]$$

$$\sigma_{cB} = \frac{M_B y_2}{I_z} = \frac{1.6 \times 10^6 \times 88}{7.63 \times 10^6} \text{ MPa} = 18.5 \text{ MPa} < [\sigma_c]$$

$$\sigma_{tC} = \frac{M_C y_2}{I_z} = \frac{0.8 \times 10^6 \times 88}{7.63 \times 10^6} \text{ MPa} = 9.22 \text{ MPa} < [\sigma_t]$$

故该梁的强度足够。

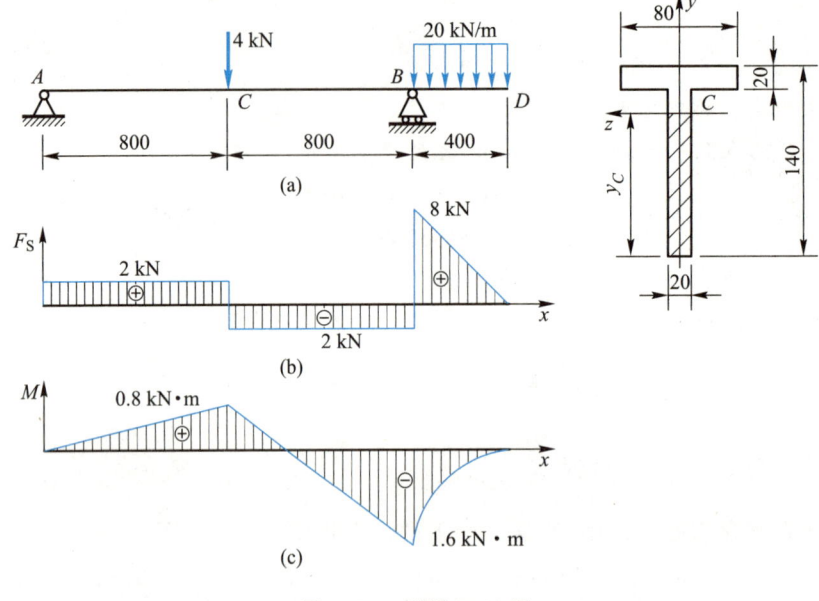

图 9-24 例题 9-11 图

自测题 9.5

自测题 9.5

参考答案

自测题 9.5.1 纯弯曲是指_____。

自测题 9.5.2 对于纯弯曲梁,可由平面假设直接导出(   )。

A. $\dfrac{1}{\rho} = \dfrac{M}{EI_z}$ B. $\varepsilon = -\dfrac{y}{\rho}$

C. 梁产生平面弯曲   D. 中性轴通过形心

自测题 9.5.3 梁发生平面弯曲时,其横截面绕(   )旋转。

A. 梁的轴线   B. 截面对称轴

C. 中性轴   D. 截面形心

自测题 9.5.4 一根空心轴,其外径为 D,内径为 d,当 $D = 2d$ 时,其抗弯截面系数为(   )。

A. $\dfrac{15}{32}\pi d^3$ B. $\dfrac{15}{64}\pi d^3$

C. $\dfrac{15}{256}\pi D^4$ D. $\dfrac{15}{64}\pi D^4$

自测题 9.5.5 等截面直梁发生纯弯曲变形,对于面积相等的四种横截面,抗弯能力最强的形状是(   )。

A. 正方形   B. 圆形

C. 矩形(高宽比 $h : b = 1 : 4$)   D. 矩形(高宽比 $h : b = 4 : 1$)

9.6　梁平面弯曲时横截面上的切应力·切应力强度计算

9.6.1　矩形截面梁的弯曲切应力

梁受横力弯曲时,虽然横截面上既有正应力 σ 又有切应力 τ,但一般情况下,切应力对梁的强度和变形的影响属于次要因素,因此对由剪力引起的切应力,不再用变形、物理和静力关系进行推导,而是在承认正应力公式(9-16)仍然适用的基础上,假定切应力在横截面上的分布规律,然后根据平衡条件导出切应力公式。

在平面弯曲的情况下,对于矩形截面梁上切应力的分布规律可做如下假设:① 横截面上的各点切应力方向都平行于剪力;② 切应力沿横截面宽度均匀分布。对于截面高度大于宽度的情况,由上述假定为基础得到的解与精确解相比有足够的精度。例如图 9-25 所示的矩形截面梁,距中性轴 z 为 y 的横线 aa_1 处的切应力 τ。利用静力平衡关系(具体过程可参考有关材料力学教材[①]),可以得到该处切应力 τ 为

$$\tau = \frac{F_S S_z^*}{b I_z} \tag{9-24}$$

式中,F_S 为截面上的剪力,I_z 为整个截面对中性轴 z 的惯性矩,b 为所求应力点处的横截面的宽度,S_z^* 为面积 A^* 对中性轴 z 的静矩(见图 9-25b)。

$$S_z^* = \frac{b}{2}\left(\frac{h^2}{4} - y^2\right)$$

可得

$$\tau = \frac{F_S}{2I_z}\left(\frac{h^2}{4} - y^2\right)$$

并且当 $y = 0$ 时,横截面的中性轴上出现最大切应力

$$\tau_{max} = \frac{3F_S}{2bh} = 1.5\bar{\tau} \tag{9-25}$$

式中,$\bar{\tau}$ 为横截面内的平均切应力,即 $\bar{\tau} = F_S/A$。

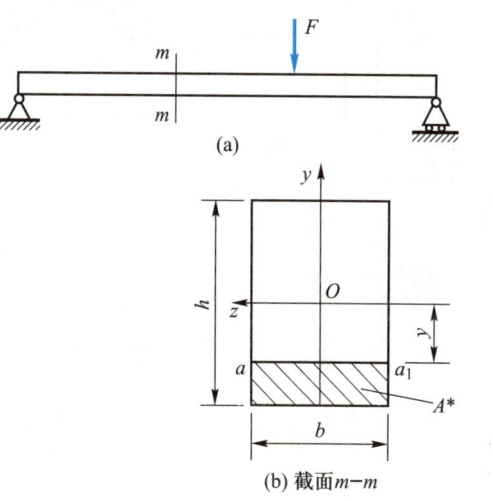

图 9-25　弯曲切应力

9.6.2　其他形状截面梁的弯曲切应力

对于工字形截面梁,其弯曲切应力与矩形截面梁类似,仍然沿用矩形截面梁弯曲切应力公式(9-24)。计算结果表明,翼缘上的切应力很小,腹板上的切应力沿腹板高度按抛物线规律变化,如图 9-26 所示。最大切应力在中性轴上,其值为

$$\tau_{max} = \frac{F_S\,(S_z^*)_{max}}{b_1 I_z}$$

[①]　例如,刘鸿文主编《材料力学　Ⅰ》(第 6 版,高等教育出版社 2017 年出版)第 154—156 页的推导。

式中, $(S_z^*)_{max}$ 为中性轴一侧截面面积对中性轴的静矩, b_1 为腹板的宽度。计算表明, 工字形截面的腹板承担 95%~97% 的剪力, 因此也可用 $\tau_{max} \approx \dfrac{F_S}{h_1 b_1}$ 来计算 τ_{max} 的近似值, 式中 h_1 为腹板的高度。

对于圆形截面梁(图 9-27), 切应力的方向必相切于圆周, 并相交于 y 轴上的点 C。因此, 横线上各点的切应力方向是变化的, 但在中性轴上各点切应力的方向皆平行于剪力 F_S。设中性轴上的切应力为均匀分布, 其值最大。由式(9-24)求得

$$\tau_{max} = \frac{4}{3} \frac{F_S}{A} \tag{9-26}$$

式中, $A = \dfrac{\pi}{4} d^2$, 即圆形截面的最大切应力为其平均切应力的 $\dfrac{4}{3}$ 倍。

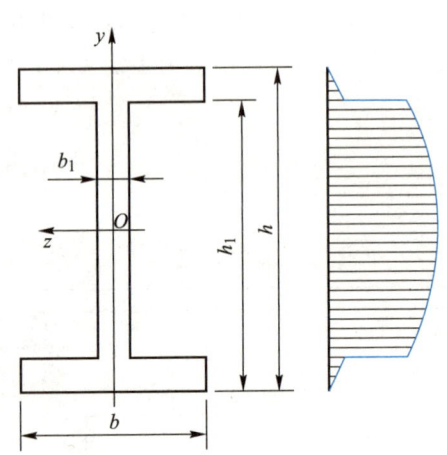

图 9-26   工字形截面梁的弯曲切应力

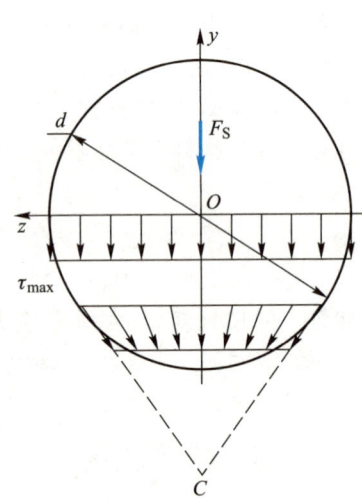

图 9-27   圆形截面梁弯曲切应力

9.6.3   弯曲切应力的强度条件

对于等截面直梁, 其最大切应力 τ_{max} 发生在最大剪力 $F_{S,max}$ 所在的横截面上, 而且一般来说是位于该截面的中性轴上。由以上各种形状的横截面上的最大切应力公式可知, 全梁各横截面中最大切应力 τ_{max} 可统一表达为

$$\tau_{max} = \frac{F_{S,max} (S_z^*)_{max}}{b I_z} \tag{9-27}$$

式中, $F_{S,max}$ 为全梁的最大剪力, $(S_z^*)_{max}$ 为横截面上中性轴一侧的面积对中性轴的静矩, b 为横截面在中性轴处的宽度, I_z 是整个横截面对中性轴的惯性矩。

对于横力弯曲下的等截面直梁, 一般其横截面上既有正应力又有切应力, 梁需要同时满足正应力和切应力的强度要求。与正应力强度条件类似, 梁的切应力强度条件为

$$\tau_{max} \leqslant [\tau] \tag{9-28}$$

式中, $[\tau]$ 为材料在横力弯曲时的许用切应力, 其值在有关设计规范中有具体规定。

例题 9-12   图 9-28a 所示外伸梁由工字钢制成。已知材料的许用正应力 $[\sigma] = 160$ MPa, 许用切应力 $[\tau] = 90$ MPa。试选择工字钢的型号。

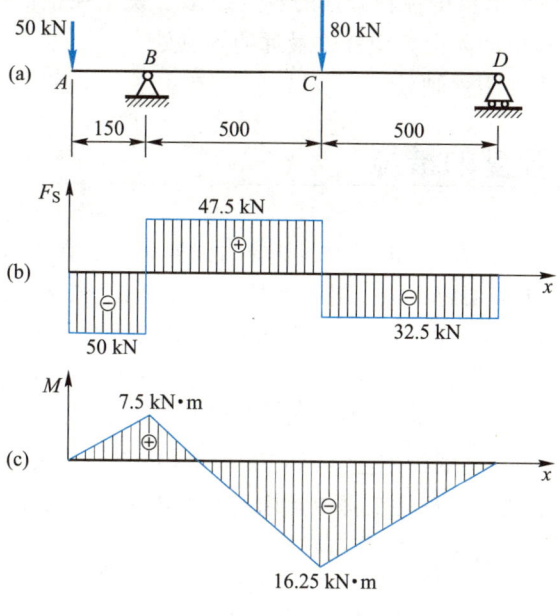

图 9-28　例题 9-12 图

解:(1) 求支座约束力及最大剪力和弯矩

$F_B = 97.5$ kN,　$F_D = 32.5$ kN,画梁的剪力图和弯矩图如图 9-28b、c 所示,可以得到最大剪力 $F_{S,max} = 50$ kN,最大弯矩 $M_{max} = 16.25$ kN·m。

(2) 选择工字钢型号

一般情况下,在梁的弯曲变形中,正应力强度条件是主要矛盾,切应力强度条件是次要矛盾。根据式(9-23),抗弯截面系数为

$$W_z \geqslant \frac{M_{max}}{[\sigma]} = \frac{16.25 \text{ kN·m}}{160 \text{ MPa}} = 101.56 \text{ cm}^3$$

查表选择工字钢型号。选 I14 工字钢,其相关参数为:$W_z = 102$ cm^3,$h = 140$ mm,$d = 5.5$ mm,$t = 9.1$ mm。

(3) 校核切应力

利用该工字钢的参数,对切应力进行强度校核。

$$\tau_{max} \approx \frac{F_{S,max}}{(h-2t)d} = \frac{50 \times 10^3}{(140-2 \times 9.1) \times 5.5} \text{ MPa} = 74.6 \text{ MPa} < [\tau]$$

所以选择 I14 工字钢既能满足正应力强度条件,又能满足切应力强度条件。如果切应力强度不满足,需要选择更高型号的工字钢,以保证两方面应力均符合强度要求。

自测题 9.6

自测题 9.6.1　梁在横力弯曲时,一般其截面上(　　　　)。

A. 只有正应力,无切应力　　　　　　　　B. 只有切应力,无正应力

C. 既有正应力,又有切应力　　　　　　　D. 既无正应力,又无切应力

自测题 9.6.2　一般情况下,梁内的弯曲正应力 σ_{max} 和弯曲切应力 τ_{max} 通常发生在何处? 正确的结论是(　　　　)。

A. σ_{max} 发生在横截面上离中性轴最远的各点处,τ_{max} 发生在中性轴处

自测题 9.6
参考答案

B. τ_{max} 发生在横截面上离中性轴最远的各点处，σ_{max} 发生在中性轴处

C. σ_{max}、τ_{max} 发生在横截面上离中性轴最远的各点处

D. σ_{max}、τ_{max} 都发生在中性轴处

9.7   提高梁强度的措施

梁在载荷作用下，须同时满足正应力和切应力强度条件。在进行强度计算时，通常按正应力强度进行计算，再按切应力强度进行校核。一般来说，弯曲正应力是影响弯曲强度的主要因素。根据弯曲正应力的强度条件式(9-23)，有

$$\sigma_{max} = \frac{M_{max}}{W_z} \leqslant [\sigma]$$

可以看出，提高弯曲强度的措施主要从三方面考虑：降低最大弯矩值、提高抗弯截面系数和提高材料的力学性能。现将工程中常用的几种措施分述如下。

9.7.1   降低最大弯矩值

1. 合理改变加载位置和加载方式

可以通过改变加载位置或加载方式达到减小最大弯矩的目的。如当集中力作用在简支梁跨度中间时(图 9-29a)，其最大弯矩为 $\frac{1}{4}Fl$；当载荷的作用点移到距左侧 $\frac{1}{4}l$ 处(图 9-29b)，则最大弯矩变为 $\frac{3}{16}Fl$，最大弯矩值下降 25%。若载荷的位置不能改变，可以把集中力分散成较小的力，或者改变成分布载荷，从而减小最大弯矩。例如利用辅梁把作用于跨中的集中力分散为两个集中力(图 9-29c)，使最大弯矩降低为 $\frac{1}{8}Fl$。利用辅梁分散载荷、减小最大弯矩是工程中经常采用的方法。

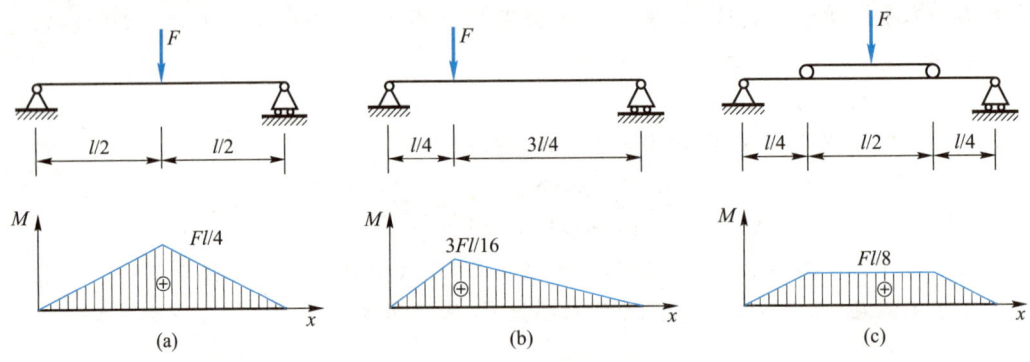

图 9-29   改变加载位置或加载方式以降低最大弯矩值

2. 改变支座的位置

可以通过改变支座的位置来减小最大弯矩。例如图 9-30a 所示受均布载荷的简支梁，$M_{max} = \frac{1}{8}ql^2 = 0.125\ ql^2$。若将两端支座各向内移动 $\frac{1}{4}l$ (图 9-30b)，则最大弯矩减小为 $\frac{1}{40}ql^2$，即

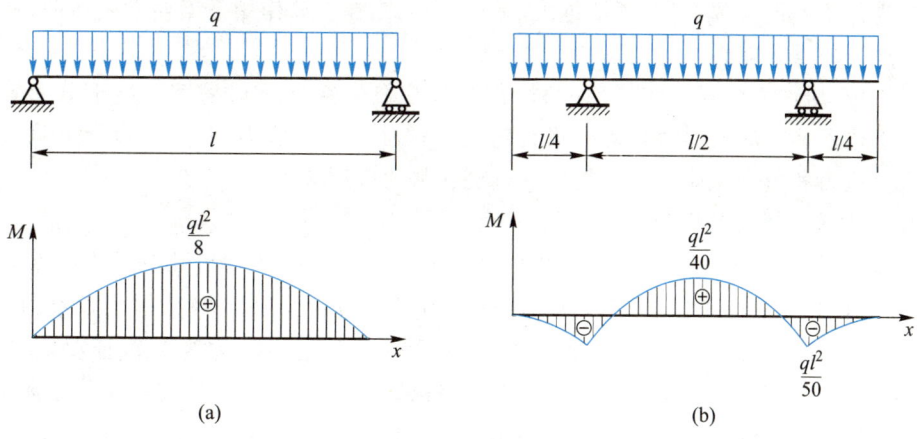

图 9-30　改变支座位置以降低最大弯矩值

$$M_{\max} = \frac{1}{40} ql^2 = 0.025\ ql^2$$

只及前者的 20%。

9.7.2　提高抗弯截面系数

1. 合理选用截面形状

在梁截面面积 A 相同的条件下,抗弯截面系数 W_z 越大,则梁的承载能力就越高。例如,对截面高度 h 大于宽度 b 的矩形截面梁,梁竖放时 $W_{z1} = \frac{1}{6}bh^2$;而梁平放时,$W_{z2} = \frac{1}{6}hb^2$。两者之比是 $\frac{W_{z1}}{W_{z2}} = \frac{h}{b} > 1$,所以梁竖放比平放有更高的抗弯能力。当梁截面的形状不同时,可以用比值 $\frac{W_z}{A}$ 来衡量截面形状的合理性和经济性。常见梁截面的 $\frac{W_z}{A}$ 值列于表 9-1。

表 9-1　常见梁截面的 W_z/A 值

梁的横截面形状	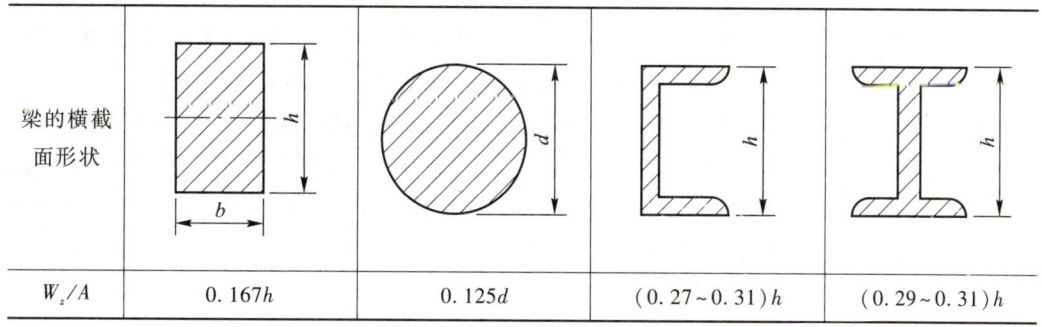			
W_z/A	$0.167h$	$0.125d$	$(0.27\sim0.31)h$	$(0.29\sim0.31)h$

表 9-1 中的数据表明,材料远离中性轴的截面(如槽形、工字形等)比较经济合理。这是因为弯曲正应力沿截面高度线性分布,中性轴附近的应力较小,该处的材料不能充分发挥作用,将这些材料移置到离中性轴较远处,则可使它们得到充分利用,形成“合理截面”。工程中的吊车梁、桥梁常采用工字形、槽形或箱形截面,房屋建筑中的楼板采用空心圆孔板,道理就在于此。需要指出的是,对于矩形、工字形等截面,增加截面高度虽然能有

效地提高抗弯截面系数,但若高度过大、宽度过小,则在载荷作用下梁会发生扭曲,从而使梁过早地丧失承载能力。

对于拉、压许用应力不相等的材料(例如大多数脆性材料),采用 T 字形截面等中性轴距上下边不相等的截面较合理。设计时使中性轴靠近拉应力的一侧,以使危险截面上的最大拉应力和最大压应力尽可能同时达到材料的许用应力。

2. 合理选用梁的截面形式

对于等截面梁,除 M_{max} 所在截面的最大正应力达到材料的许用应力外,其余截面的应力均小于甚至远小于许用应力。因此,为了节省材料和减轻结构的重量,可在弯矩较小处采用较小的截面,这种截面尺寸沿梁轴线变化的梁称为变截面梁。若使变截面梁每个截面上的最大正应力都等于材料的许用应力,则这种梁称为等强度梁。由于考虑加工的经济性及其他工艺要求,实际工程中常常采用近似的阶梯梁。例如机械设备中的阶梯轴(图 9-31a)、工业厂房中的鱼腹梁(图 9-31b)、摇臂钻床的摇臂(图 9-31c)等。

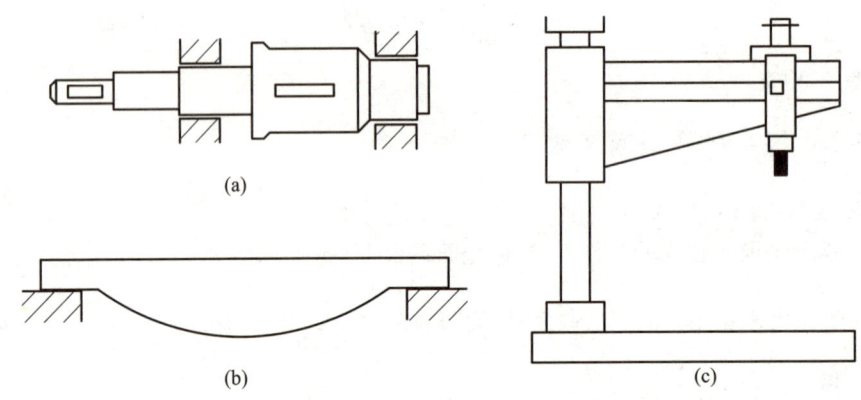

(a)

(b)

(c)

图 9-31　变截面梁的工程实例

9.7.3　提高材料的力学性能

确定构件材料时,应综合考虑安全、经济等因素。我国低合金钢生产发展迅速,如 16Mn 钢、15MnTi 钢等。这些低合金钢的生产工艺和成本与普通钢相近,但强度高、塑性好。铸铁抗拉强度较低,但价格低廉。铸铁经球化处理成为球墨铸铁后,提高了强度极限和塑性性能。不少工厂用球墨铸铁代替钢材制造曲轴和齿轮,取得了较好的经济效益。一般情况下,塑性材料的许用拉应力 $[\sigma_t]$ 和许用压应力 $[\sigma_c]$ 相等,可用于上、下对称的截面,其抗弯性能好;而脆性材料的许用拉应力 $[\sigma_t]$ 小于许用压应力 $[\sigma_c]$,可采用 T 字形或上下不对称的工字形截面,能充分发挥材料性能。

自测题 9.7

自测题 9.7.1　截面面积相等的圆形截面和正方形截面杆,从强度角度看,正确的是(　　　)。

A. 在轴向拉伸时,圆形截面杆比正方形截面杆弱

B. 在扭转时,圆形截面杆比正方形截面杆弱

C. 在纯弯曲时,圆形截面杆比正方形截面杆弱

D. 在剪切时,圆形截面杆比正方形截面杆强

自测题 9.7.2 设计钢梁时,宜采用中性轴为(   )的截面;设计铸铁梁时,宜采用中性轴为(   )的截面。

A. 对称轴

B. 偏于受拉边非对称轴

C. 偏于受压边非对称轴

D. 对称或非对称轴

自测题 9.7.3 工程中的叠板弹簧实质上是(   )。

A. 等截面梁

B. 宽度变化、高度不变的等强度梁

C. 宽度不变、高度变化的等强度梁

D. 宽度和高度都变化的等强度梁

习 题

9.1 试求图 9-32 所示各梁中指定截面上的剪力和弯矩,其中图 9-32a、b、d 所标记截面无限接近于截面 C 或截面 D。图中 F、M、q、a 均为已知。

第 9 章习题 参考答案

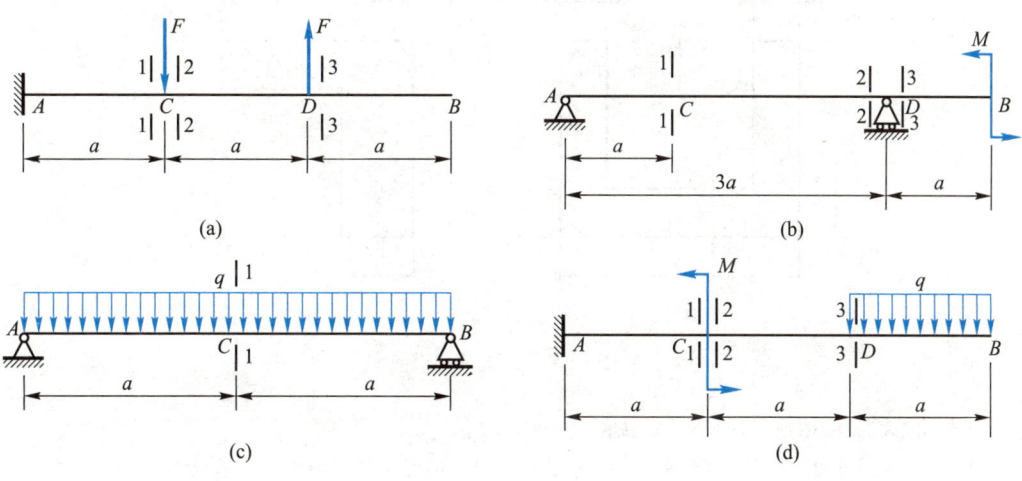

图 9-32 习题 9.1 图

9.2 试列出图 9-33 所示各梁的剪力方程和弯矩方程,并画出梁的剪力图与弯矩图。

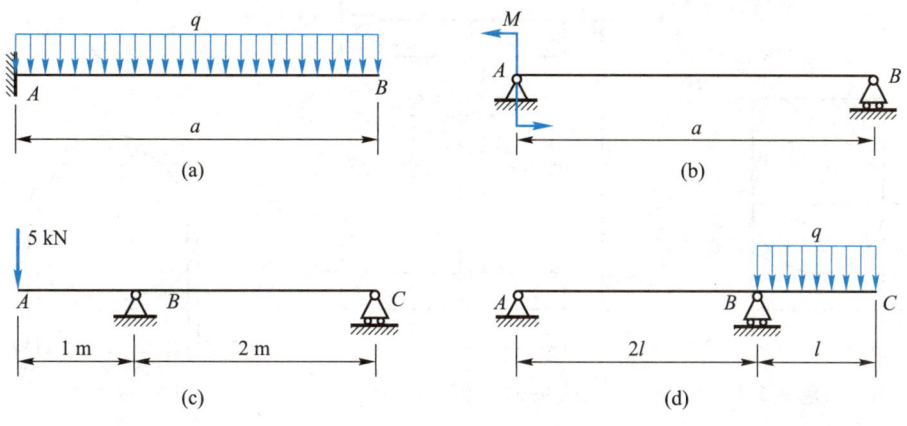

图 9-33 习题 9.2 图

9.3   试利用微分关系画出图 9-34 所示各梁的剪力图与弯矩图。

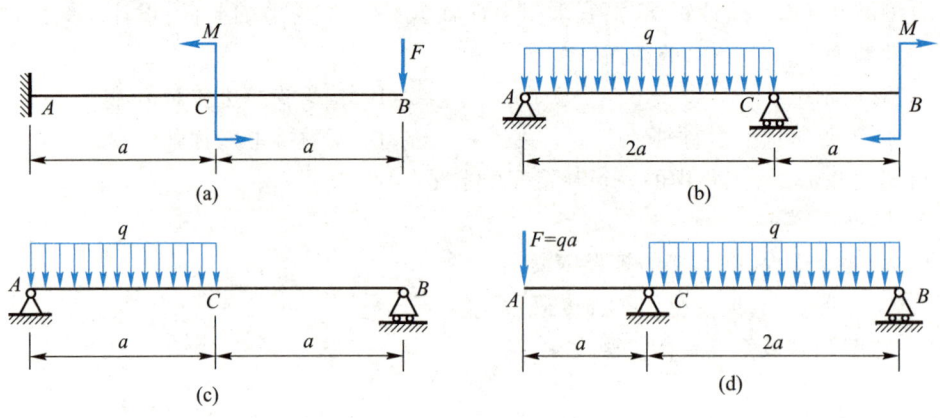

图 9-34   习题 9.3 图

9.4   试求图 9-35 所示型材截面形心的位置和对 y、z 轴的静矩。图中尺寸单位为 mm。

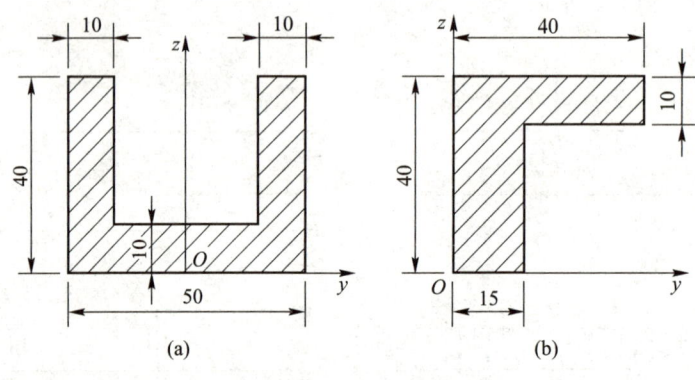

图 9-35   习题 9.4 图

9.5   试求图 9-36 所示图形对形心轴 z 的惯性矩 I_z。

9.6   试求图 9-37 所示工字形截面对 z 轴的惯性矩和惯性半径。图中尺寸单位为 mm。

9.7   如图 9-38 所示,将直径 $d=1$ mm 的钢丝绕在直径 $D=2$ m 的轮缘上,已知材料的弹性模量 $E=200$ GPa,试求钢丝内的最大弯曲正应力。

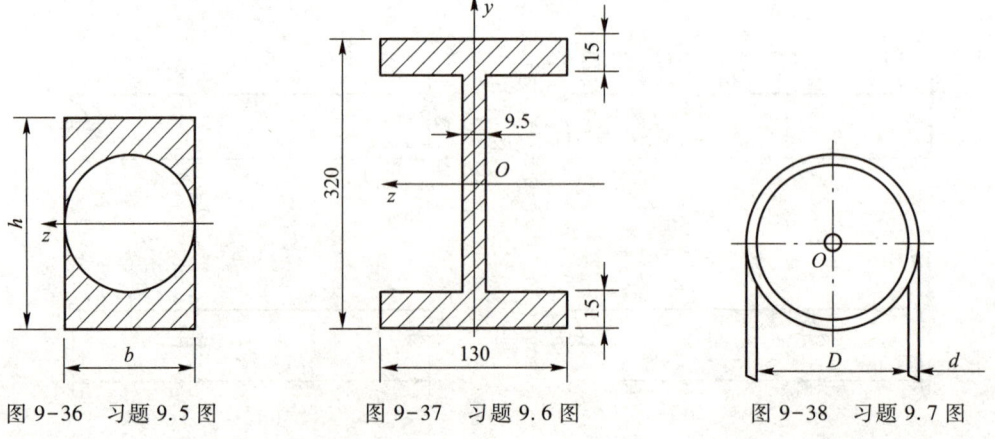

图 9-36   习题 9.5 图   图 9-37   习题 9.6 图   图 9-38   习题 9.7 图

9.8　已知矩形截面悬臂梁如图 9-39 所示，$F = 15$ kN，$M = 20$ kN·m，试画出梁的剪力图和弯矩图，并求固定端处截面上 A、B、C、D 四点的正应力。梁截面图中尺寸单位为 mm。

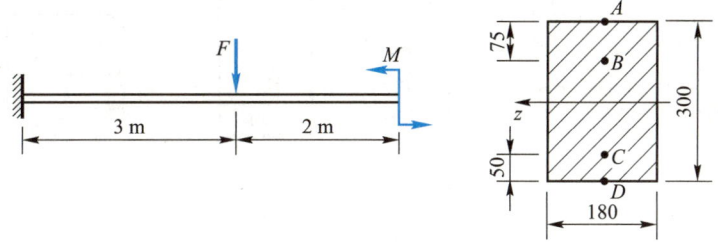

图 9-39　习题 9.8 图

9.9　图 9-40 所示外伸梁，受均布载荷作用，已知：$q = 10$ kN/m，$a = 4$ m，许用应力 $[\sigma] = 160$ MPa。试作梁的剪力图和弯矩图，并校核该梁的强度。图中尺寸单位为 mm。

9.10　圆形截面梁受力如图 9-41 所示。已知材料的许用应力 $[\sigma] = 160$ MPa，试作梁的剪力图和弯矩图，并求梁的最小直径 d_{min}。

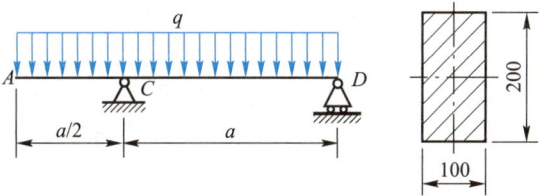

图 9-40　习题 9.9 图

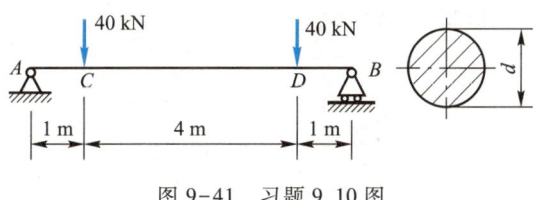

图 9-41　习题 9.10 图

9.11　图示简支梁由工字钢制成。已知钢的许用弯曲正应力 $[\sigma] = 152$ MPa，试选择工字钢的型号。

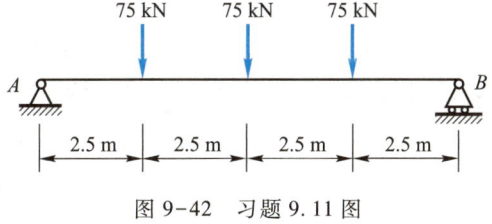

图 9-42　习题 9.11 图

9.12　图 9-43a 所示简支梁受集中力 F 作用，$l = 1$ m，材料的许用应力 $[\sigma] = 120$ MPa。已知横截面尺寸 $h = 2b = 100$ mm，试分别求出横截面竖放（图 9-43b）和横放（图 9-43c）时该梁的许可载荷 $[F]$。

9.13　外伸梁所受载荷及横截面尺寸如图 9-44 所示，尺寸单位为 mm，许用应力 $[\sigma] = 90$ MPa。试求该梁的许可载荷 $[F]$。

9.14　图 9-45 所示简支梁受均布载荷。若分别采用横截面面积相等的实心圆形截面和空心圆形截面，且 $D_1 = 40$ mm，$d_2/D_2 = 0.6$。试分别求出它们的最大弯曲正应力，并求空心圆形截面比实心圆形截面的最大弯曲正应力减少了多少。

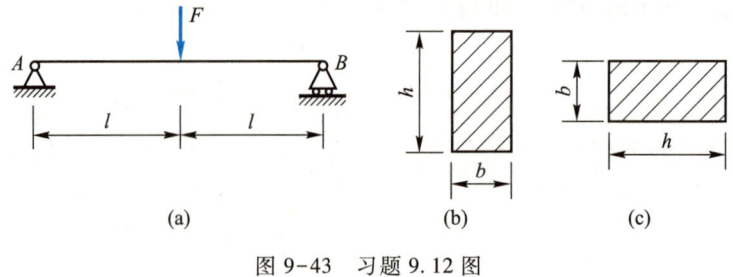

图 9-43　习题 9.12 图

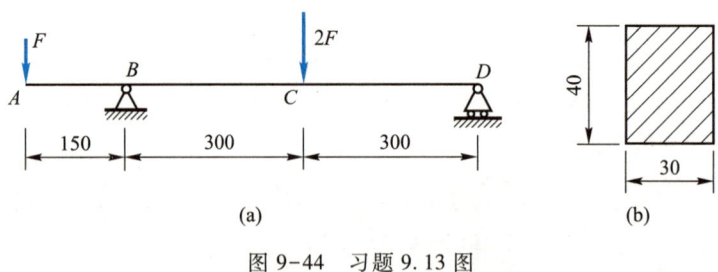

图 9-44　习题 9.13 图

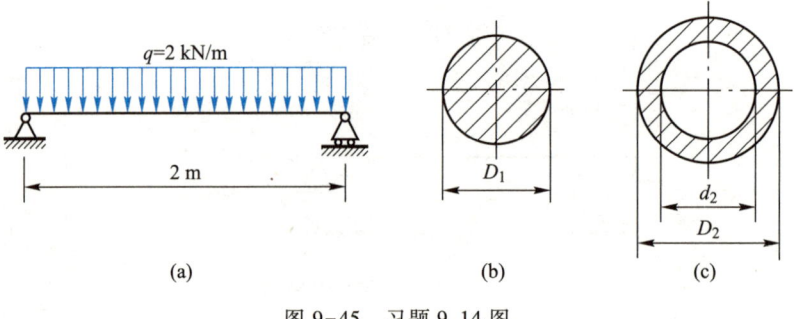

图 9-45　习题 9.14 图

9.15　铸铁梁的载荷及横截面尺寸(单位为 mm)如图 9-46 所示,截面对形心轴的惯性矩 $I_z = 6.01 \times 10^7 \, mm^4$,许用拉应力$[\sigma_t] = 40$ MPa,许用压应力$[\sigma_c] = 160$ MPa。试按正应力强度条件校核该梁的强度。若载荷不变,但将 T 形梁倒置,即成为⊥形梁,是否合理? 为什么?

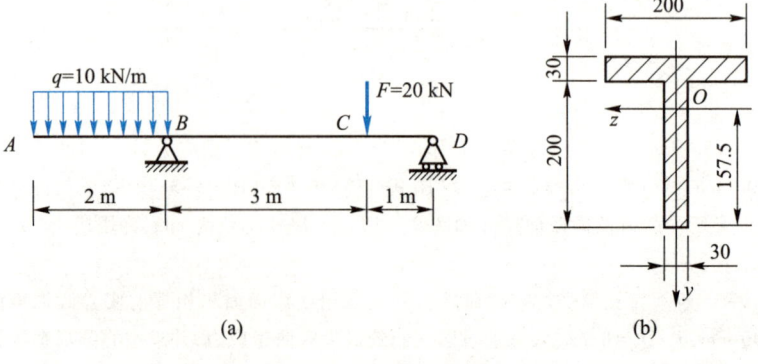

图 9-46　习题 9.15 图

9.16　矩形截面外伸梁所受载荷及横截面尺寸如图 9-47 所示,试作梁的剪力图和弯矩图,并校核梁的弯曲强度(已知材料的许用应力$[\sigma]=40$ MPa,$[\tau]=20$ MPa)。图中尺寸单位为 mm。

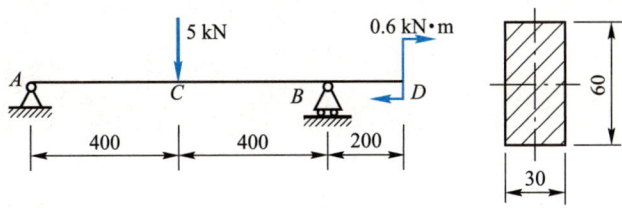

图 9-47　习题 9.16 图

第 10 章　梁的平面弯曲——刚度计算

10.1　梁的变形与位移的概念

为研究等截面直梁在对称弯曲时的变形,取梁变形前的轴线为 x 轴,梁横截面的竖直对称轴为 y 轴,Axy 平面即为梁的纵向对称面。等截面直梁发生对称弯曲变形如图 10-1 所示,其轴线由直线 ACB 变成曲线 AC_1B_1。由于在实际工程中其曲率难以测量,而且梁的变形还受到支座约束的影响,所以直接用梁变形后横截面位移的两个基本量来度量梁的变形,它们分别是:横截面的形心(即轴线上的点)沿垂直于 x 轴方向产生的线位移 y,称为挠度;横截面相对于原来位置发生偏转而产生的角位移 θ,称为转角。

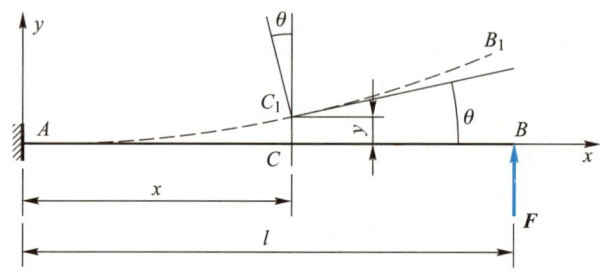

图 10-1　弯曲变形

等截面直梁发生对称弯曲时,在小变形情况下,忽略剪力影响,梁的轴线由直线变为 xy 面内的一条平坦光滑的连续曲线(即曲线 AC_1B_1),称为挠曲线。梁的任意截面上的挠度可以用挠曲线方程表示:

$$y = y(x)$$

式中,x 为梁在变形前轴线上任一点的横坐标,y 为该点的挠度。

同时,横截面在保持平面状态的情况下,绕自身的中性轴发生转动,即产生了转角 θ。在小变形情况下,横截面的转角是沿着轴线连续变化的,故转角可用转角方程表示:

$$\theta \approx \tan\theta = y' = y'(x)$$

由此可见,挠曲线上任一点处的切线斜率 y' 可足够精确地代表该点处横截面的转角 θ。

应当指出,梁轴线弯曲成曲线后,在 x 轴方向也将产生位移。但是在小变形情况下,梁的挠度远小于跨长,梁横截面形心沿 x 轴方向的位移与挠度相比属于高阶微量,可忽略不计。

综上所述,确定了梁的挠曲线方程 $y = y(x)$,即可求梁的任一截面的挠度的大小、指向和转角的数值及转向。在图 10-1 所示的坐标系中,正值的挠度向上,负值向下;正值的转角为逆时针转向,负值为顺时针转向。

自测题 10.1

自测题 10.1.1　研究梁的位移的目的是(　　　　)。

A. 进行梁的正应力计算　　　　　　B. 进行梁的刚度计算

C. 进行梁的稳定性计算　　　　　　D. 进行梁的切应力计算

自测题 10.1.2　下列关于梁转角的说法,(　　　　)是错误的。

A. 转角是横截面绕中性轴转过的角位移

B. 转角是变形前后同一横截面间的夹角

C. 转角是横截面绕梁轴线转过的角度

D. 转角是挠曲线之切线与轴向坐标轴间的夹角

自测题 10.1.3　梁发生弯曲变形时,横截面的挠度指截面形心沿＿＿＿＿＿＿方向的线位移,转角指截面绕＿＿＿＿＿＿转动的角位移。

自测题 10.1.4　图 10-2 所示悬臂梁在 B 处有集中力 F 作用,则 AB 段产生了＿＿＿＿＿＿,同时 BC 段产生了＿＿＿＿＿＿。

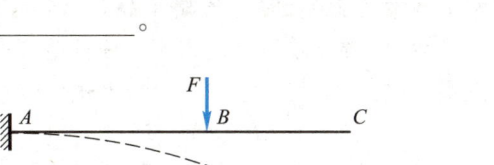

图 10-2　自测题 10.1.4 图

10.2　挠曲线近似微分方程

为了求得梁的挠曲线方程,采用梁对称弯曲时的曲率公式

$$\kappa = \frac{1}{\rho(x)} = \frac{M(x)}{EI} \tag{a}$$

上式表明,梁轴线上任一点的曲率 κ 与该点处横截面上的弯矩 $M(x)$ 成正比,而与该截面的抗弯刚度 EI 成反比。

在数学中,平面曲线的曲率与曲线方程导数之间存在如下关系:

$$\frac{1}{\rho(x)} = \pm \frac{y''}{(1+y'^2)^{3/2}} \tag{b}$$

在图 10-3 所示的直角坐标系 Oxy 中,曲线代表梁的挠曲线。考虑到梁的挠曲线为一平坦的曲线,即在小变形条件下,y'^2 与 1 相比十分微小,可略去不计,故上式可近似地写为

$$\pm y''(x) = \frac{1}{\rho(x)} \tag{c}$$

如图 10-3 所示,挠曲线向下凸时 $y''>0$;而挠曲线向上凸时 $y''<0$。根据弯矩正负的规定,正弯矩($M>0$)使挠曲线向下凸,负弯矩($M<0$)使挠曲线向上凸。可见,弯矩 M 与 y'' 的符号是一致的。

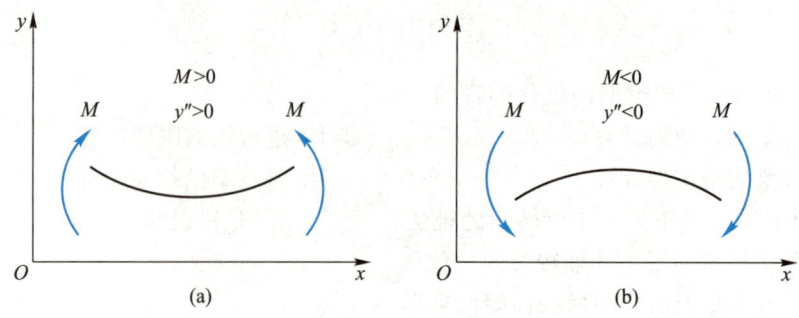

图 10-3　弯矩和曲率的关系

将式(c)代入式(a),得

$$y''(x) = \frac{M(x)}{EI} \qquad (10\text{-}1a)$$

由于上式中忽略了剪力的影响,并且省略了高阶微量 y'^2,故式(10-1a)称为梁的挠曲线近似微分方程。显然,该微分方程仅适用于线弹性范围内的平面弯曲问题。

若分析等截面直梁,其抗弯刚度 EI 为一常量,上式可改写为

$$EIy''(x) = M(x) \qquad (10\text{-}1b)$$

对于等截面直梁,按上式进行积分,并通过梁的边界条件确定积分常数,即可得梁的挠曲线方程。

自测题 10.2

自测题 10.2

参考答案

自测题 10.2.1　梁的挠曲线近似微分方程,其近似的原因是(　　　　)。

A. 横截面不一定保持平面

B. 材料不一定服从胡克定律

C. 梁的变形不一定是微小变形

D. 忽略高阶导数,并略去剪力的影响

自测题 10.2.2　等截面直梁在弯曲变形时,最大的挠曲线曲率发生在(　　　　)处。

A. 挠度最大　　　　B. 转角最大　　　　C. 剪力最大　　　　D. 弯矩最大

10.3　用积分法求梁的位移

将式(10-1b)两侧同时对 x 进行积分,得

$$EI\theta(x) = EIy'(x) = \int M(x)\,\mathrm{d}x + C \qquad (10\text{-}2)$$

再积分一次,得

$$EIy(x) = \int \left[\int M(x)\,\mathrm{d}x + C \right] \mathrm{d}x + D \qquad (10\text{-}3)$$

式中,C 和 D 为积分常数,可根据梁的边界条件来确定。将积分常数代入式(10-2)可得转角方程,代入式(10-3)可得梁的挠曲线方程,从而可确定梁上每个横截面唯一的挠度和转角。

对各段梁的挠曲线近似微分方程进行积分时,将出现积分常数。为确定这些积分常数,需要利用支座处的约束条件。例如,固定端约束处,挠度和转角都等于零(图 10-4);铰支座约束处,挠度等于零,而转角一般不为零(图 10-5)。此外,还可利

用相邻两段梁的交界处位移的连续条件,即在交界处的截面应该具有相同的挠度和转角。不论约束条件还是连续条件,均发生在各段挠曲线的边界处,故均称为边界条件,也称为弯曲位移中的变形相容条件。

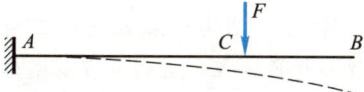

图 10-4　固定端约束的边界条件

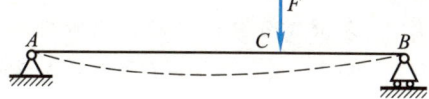

图 10-5　铰支座约束的边界条件

如图 10-4 所示,固定端约束处的边界条件为

$$y_A = 0, \quad \theta_A = 0$$

如图 10-5 所示,铰支座约束处的边界条件为

$$y_A = 0, \quad y_B = 0$$

图 10-4、图 10-5 所示两段梁交界处的连续条件为

$$y_{C左} = y_{C右}, \quad \theta_{C左} = \theta_{C右}$$

例题 10-1　一个弯曲刚度为 EI 的悬臂梁 AB（图10-6）,在自由端受到集中力 F 作用,试求该梁的挠曲线方程和转角方程,并确定其最大挠度和最大转角。

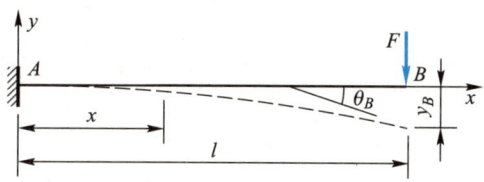

图 10-6　例题 10-1 图

解:建立坐标系 Axy,分两段列出梁 AB 的弯矩方程为

$$M(x) = -F(l-x) \qquad (0 \leqslant x \leqslant l)$$

建立挠曲线近似微分方程:

$$EIy'' = M(x) = -F(l-x)$$

对挠曲线近似微分方程积分,得

$$EI\theta(x) = EIy' = \frac{F}{2}x^2 - Flx + C$$

$$EIy(x) = \frac{F}{6}x^3 - \frac{Fl}{2}x^2 + Cx + D$$

通过梁的边界条件确定积分常数 C、D。

在固定端 A 处,挠度和转角均为零,即当 $x=0$ 时,$y=0$,$\theta=0$,则

$$C=0, \quad D=0$$

梁的转角方程和挠曲线方程分别为

$$\theta(x) = \frac{1}{EI}\left(\frac{F}{2}x^2 - Flx\right)$$

$$y(x) = \frac{1}{EI}\left(\frac{F}{6}x^3 - \frac{Fl}{2}x^2\right)$$

显然,梁的最大挠度和最大转角均在梁的自由端:

$$\theta_{max} = \theta_B = -\frac{Fl^2}{2EI}$$

$$y_{max} = y_B = -\frac{Fl^3}{3EI}$$

θ_B 为负值，表示截面 B 的转角是顺时针转向的；y_B 为负值，表示 B 端的挠度是向下的。

例题 10-2　试求图 10-7 所示简支梁的挠曲线方程和转角方程。梁的抗弯刚度为 EI。

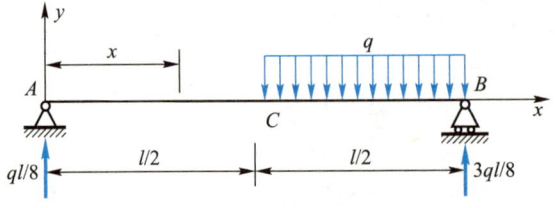

图 10-7　例题 10-2 图

解： 梁的约束力和所选坐标系如图所示。因载荷在 C 处不连续，应分两段列出弯矩方程。

AC 段：

$$M_1(x) = \frac{1}{8}qlx \qquad \left(0 \le x \le \frac{l}{2}\right)$$

CB 段：

$$M_2(x) = \frac{1}{8}qlx - \frac{1}{2}q\left(x - \frac{l}{2}\right)^2 \qquad \left(\frac{l}{2} \le x \le l\right)$$

列出挠曲线近似微分方程，并进行积分。在 CB 段内积分时，对含有 $\left(x - \frac{l}{2}\right)$ 的项就以 $\left(x - \frac{l}{2}\right)$ 为自变量，这样可以使积分常数的确定得到简化。

AC 段 $\left(0 \le x \le \frac{l}{2}\right)$：

$$EIy'' = \frac{1}{8}qlx$$

$$EI\theta_1(x) = EIy' = \frac{1}{16}qlx^2 + C_1$$

$$EIy_1(x) = \frac{1}{48}qlx^3 + C_1 x + D_1$$

CB 段 $\left(\frac{l}{2} \le x \le l\right)$：

$$EIy'' = \frac{1}{8}qlx - \frac{1}{2}q\left(x - \frac{l}{2}\right)^2$$

$$EI\theta_2(x) = EIy' = \frac{1}{16}qlx^2 - \frac{1}{6}q\left(x - \frac{l}{2}\right)^3 + C_2$$

$$EIy_2(x) = \frac{1}{48}qlx^3 - \frac{1}{24}q\left(x - \frac{l}{2}\right)^4 + C_2 x + D_2$$

确定积分常数。

根据连续条件，$x = l/2$ 处，$\theta_1 = \theta_2$，$y_1 = y_2$，可求得 $C_1 = C_2$，$D_1 = D_2$。

根据边界条件，$x=0$，$y_1=0$，$x=l$，$y_2=0$，可分别求得

$$D_1=D_2=0，\quad C_1=C_2=-\frac{7ql^3}{384}$$

将求得的 4 个积分常数代回积分方程，可求得两段梁的转角方程和挠曲线方程。

AC 段 $\left(0\leqslant x\leqslant\dfrac{l}{2}\right)$：

$$\theta_1(x)=\frac{1}{EI}\left(\frac{1}{16}qlx^2-\frac{7}{384}ql^3\right)$$

$$y_1(x)=\frac{1}{EI}\left(\frac{1}{48}qlx^3-\frac{7}{384}ql^3x\right)$$

CB 段 $\left(\dfrac{l}{2}\leqslant x\leqslant l\right)$：

$$\theta_2(x)=\frac{1}{EI}\left[\frac{1}{16}qlx^2-\frac{1}{6}q\left(x-\frac{l}{2}\right)^3-\frac{7}{384}ql^3\right]$$

$$y_2(x)=\frac{1}{EI}\left[\frac{1}{48}qlx^3-\frac{1}{24}q\left(x-\frac{l}{2}\right)^4-\frac{7}{384}ql^3x\right]$$

自测题 10.3

自测题 10.3.1　梁的边界条件包括 _____ 和 _____ 。

自测题 10.3.2　若两梁的抗弯刚度相同，弯矩方程也相同，则两梁的挠曲线形状完全相同。这一结论是(　　　　)的。

A. 正确　　　　　　　　　　　　　　B. 错误

自测题 10.3.3　若两梁的长度、抗弯刚度和弯矩方程均相同，则两梁的变形和位移也均相同。这一结论是(　　　　)的。

A. 正确　　　　　　　　　　　　　　B. 错误

自测题 10.3.4　梁的最大挠度必然发生在梁的最大弯矩处。这一结论是(　　　　)的。

A. 正确　　　　　　　　　　　　　　B. 错误

自测题 10.3.5　梁受载后，若某段内弯矩为零，则梁变形后该段轴线保持为直线，该段内各截面的挠度、转角均为零。这一结论是(　　　　)的。

A. 正确　　　　　　　　　　　　　　B. 错误

自测题 10.3.6　简支梁承受集中载荷，则最大挠度必发生在集中载荷作用处。这一结论是(　　　　)的。

A. 正确　　　　　　　　　　　　　　B. 错误

自测题 10.3
参考答案

10.4　用叠加法求梁的位移

在线弹性、小变形的条件下，梁的弯曲变形与作用在梁上的外部载荷呈线性关系。在这种情况下，当梁上有多个载荷共同作用时，某个截面位置的挠度和转角等于梁在每个载荷单独作用下该截面处产生的挠度和转角的代数和，这就是计算梁弯曲变形的叠加法。

为了便于工程计算，现将常见的多种简单载荷下各种梁的挠曲线方程和转角方程列出，见表 10-1。根据此表，利用叠加法可得到梁在复杂载荷作用下的挠度和转角。

表 10-1　梁在简单载荷作用下的变形和位移

序号	梁的简图	挠曲线方程	端截面转角	最大挠度
1		$y = -\dfrac{Mx^2}{2EI}$ $(0 \leq x \leq a)$; $y = -\dfrac{Ma}{EI}\left(x - \dfrac{a}{2}\right)$ $(a \leq x \leq l)$	$\theta_B = -\dfrac{Ma}{EI}$	$y_B = -\dfrac{Ma}{EI}\left(l - \dfrac{a}{2}\right)$
2		$y = -\dfrac{Mx^2}{2EI}$	$\theta_B = -\dfrac{Ml}{EI}$	$y_B = -\dfrac{Ml^2}{2EI}$
3		$y = -\dfrac{Fx^2}{6EI}(3a - x)$ $(0 \leq x \leq a)$; $y = -\dfrac{Fa^2}{6EI}(3x - a)$ $(a \leq x \leq l)$	$\theta_B = -\dfrac{Fa^2}{2EI}$	$y_B = -\dfrac{Fa^2}{6EI}(3l - a)$
4		$y = -\dfrac{Fx^2}{6EI}(3l - x)$	$\theta_B = -\dfrac{Fl^2}{2EI}$	$y_B = -\dfrac{Fl^3}{3EI}$

续表

序号	梁的简图	挠曲线方程	端截面转角	最大挠度
5		$y = -\dfrac{qx^2}{24EI}(x^2 - 4lx + 6l^2)$	$\theta_B = -\dfrac{ql^3}{6EI}$	$y_B = -\dfrac{ql^4}{8EI}$
6		$y = -\dfrac{Mx}{6EIl}(l-x)(2l-x)$	$\theta_A = -\dfrac{Ml}{3EI}$; $\theta_B = \dfrac{Ml}{6EI}$	在 $x = \left(1 - \dfrac{1}{\sqrt{3}}\right)l$ 处, $y_{max} = -\dfrac{Ml^2}{9\sqrt{3}EI}$; $y_{\frac{l}{2}} = -\dfrac{Ml^2}{16EI}$
7		$y = -\dfrac{Mx}{6EIl}(l^2 - x^2)$	$\theta_A = -\dfrac{Ml}{6EI}$; $\theta_B = \dfrac{Ml}{3EI}$	在 $x = \dfrac{1}{\sqrt{3}}l$ 处, $y_{max} = -\dfrac{Ml^2}{9\sqrt{3}EI}$; $y_{\frac{l}{2}} = -\dfrac{Ml^2}{16EI}$
8		$\dfrac{Mx}{6EIl}(l^2 - 3b^2 - x^2)$　$(0 \le x \le a)$; $y = \dfrac{M}{6EIl}\left[-x^3 + 3l(x-a)^2 + (l^2 - 3b^2)x\right]$　$(a \le x \le l)$	$\theta_A = \dfrac{M}{6EIl}(l^2 - 3b^2)$; $\theta_B = \dfrac{M}{6EIl}(l^2 - 3a^2)$	在 $x = \dfrac{1}{\sqrt{3}}\sqrt{l^2 - 3b^2}$ 处, $y_{max1} = -\dfrac{M(l^2-3b^2)^{\frac{3}{2}}}{9\sqrt{3}EIl}$; 在 $x = \dfrac{1}{\sqrt{3}}\sqrt{l^2 - 3a^2}$ 处, $y_{max2} = \dfrac{M(l^2-3a^2)^{\frac{3}{2}}}{9\sqrt{3}EIl}$

续表

序号	梁的简图	挠曲线方程	端截面转角	最大挠度
9		$y = -\dfrac{Fbx}{6EIl}(l^2 - x^2 - b^2) \quad (0 \leq x \leq a);$ $y = -\dfrac{Fb}{6EIl}\left[\dfrac{l}{b}(x-a)^3 - x^3 + (l^2-b^2)x\right]$ $(a \leq x \leq l)$	$\theta_A = -\dfrac{Fab(l+b)}{6EIl};$ $\theta_B = \dfrac{Fab(l+a)}{6EIl}$	在 $x = \sqrt{\dfrac{l^2-b^2}{3}}$ 处 $(a>b)$, $y_{\max} = -\dfrac{Fb(l^2-b^2)^{\frac{3}{2}}}{9\sqrt{3}EIl};$ $y_{\frac{l}{2}} = -\dfrac{Fb(3l^2-4b^2)}{48EI}$
10		$y = -\dfrac{Fx}{48EI}(3l^2-4x^2) \quad \left(0 \leq x \leq \dfrac{l}{2}\right)$	$\theta_A = -\dfrac{Fl^2}{16EI};$ $\theta_B = \dfrac{Fl^2}{16EI}$	$y_{\max} = -\dfrac{Fl^3}{48EI}$
11		$y = -\dfrac{qx}{24EI}(l^3 - 2lx^2 + x^3)$	$\theta_A = -\dfrac{ql^3}{24EI};$ $\theta_B = \dfrac{ql^3}{24EI}$	$y_{\max} = -\dfrac{5ql^4}{384EI}$

例题 10-3　如图 10-8a 所示，简支梁承受集度为 q 的均布载荷和位于跨中的集中力 $F=ql$ 的共同作用。试求梁跨中的挠度。梁的抗弯刚度为 EI。

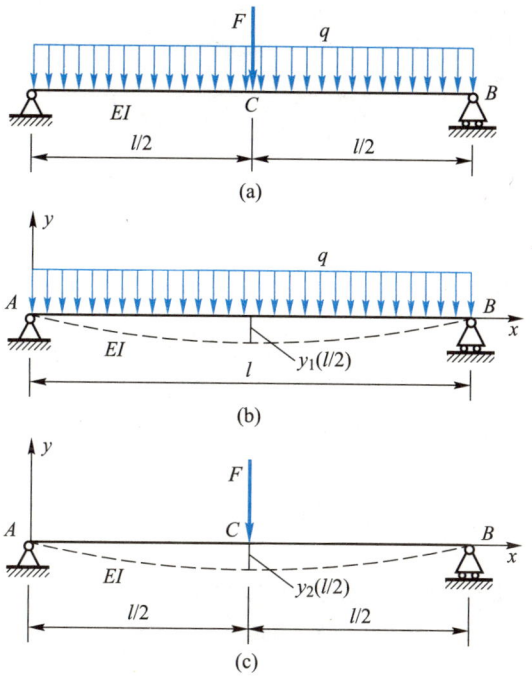

图 10-8　例题 10-3 图

解：为求梁中点的挠度，可将两种载荷分别作用在简支梁上，如图 10-8b、c 所示，梁中点处的挠度为两种载荷在此处的挠度之和，即

$$y\left(\frac{l}{2}\right)=y_1\left(\frac{l}{2}\right)+y_2\left(\frac{l}{2}\right)$$

其中，$y_1\left(\dfrac{l}{2}\right)$ 和 $y_2\left(\dfrac{l}{2}\right)$ 分别是均布载荷 q 和集中力 F 单独作用在简支梁上时，在梁中点所产生的挠度。两个挠度都可以从表 10-1 中查得：

$$y_1\left(\frac{l}{2}\right)=-\frac{5ql^4}{384EI}$$

$$y_2\left(\frac{l}{2}\right)=-\frac{F'l^3}{48EI}=-\frac{ql^4}{48EI}$$

二者叠加后，得到在均布载荷和集中力共同作用下的挠度：

$$y\left(\frac{l}{2}\right)=-\frac{5ql^4}{384EI}-\frac{ql^4}{48EI}=-\frac{13ql^4}{384EI}$$

例题 10-4　车床主轴可简化成等截面的外伸梁，如图 10-9a 所示。轴承 A 和 B 简化为铰支座，F_1 为切削力，F_2 为齿轮的传动力。试求截面 B 的转角和端点 C 的挠度。

解：（1）外伸梁简化

在表 10-1 中仅给出了简支梁和悬臂梁的挠度和转角，为此，假想将外伸梁沿截面 B 截开，视为一段简支梁 AB（图 10-9b）和一段悬臂梁 BC（图 10-9c）。显然，在分析简支梁 AB 时需考虑 F_2 的影响，将 F_2 移到 B 点，得到集中力 F_S 和力偶矩 M，即截面 B 上的剪力和弯矩，$F_S=F_2$，$M=F_2a$。

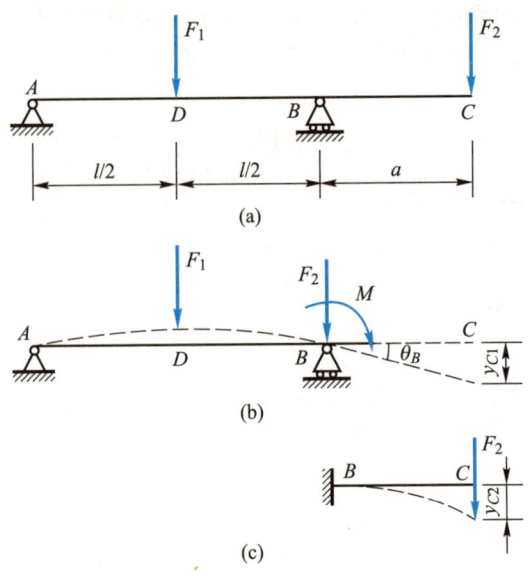

图 10-9 例题 10-4 图

（2）先不考虑 AB 段的变形，只考虑 BC 段的变形

如图 10-9c 所示，悬臂梁 BC 上由 F_2 引起的点 C 的挠度为

$$y_{C2} = -\frac{F_2 a^3}{3EI}$$

（3）再考虑 AB 段的变形

如图 10-9b 所示，不考虑 BC 段的变形，在 F_1 和截面 B 上的剪力及弯矩的共同作用下，截面 B 处将产生转角。其中由 F_1 单独作用引起的转角 $(\theta_B)_{F_1} = \dfrac{F_1 l^2}{16EI}$，由截面 B 上的弯矩 $M = F_2 a$ 引起的转角 $(\theta_B)_M = -\dfrac{Ml}{3EI} = -\dfrac{F_2 al}{3EI}$，则截面 B 处的转角为两者的代数和：

$$\theta_B = -\frac{F_2 al}{3EI} + \frac{F_1 l^2}{16EI}$$

由截面 B 处的转角引起梁的端点 C 处的挠度为

$$y_{C1} = \theta_B \cdot a = -\frac{F_2 a^2 l}{3EI} + \frac{F_1 al^2}{16EI}$$

（4）利用叠加法求端点 C 的挠度

根据叠加原理，端点 C 的挠度为

$$y_C = y_{C1} + y_{C2} = -\frac{F_2 a^2 (l+a)}{3EI} + \frac{F_1 al^2}{16EI}$$

自测题 10.4

自测题 10.4

参考答案

自测题 10.4.1　利用叠加法求梁的位移时应满足的条件是：① 为_____；② 材料处于_____。

自测题 10.4.2　简支梁受一个集中力作用，其挠度是跨长的_____次方，转角是跨长的_____次方。

　　自测题 10.4.3　简支梁受均布载荷作用,其挠度是跨长的_____次方,转角是跨长的_____次方。

　　自测题 10.4.4　简支梁受一个集中力作用,若受力增大一倍,其最大挠度是原来的_____倍,最大转角是原来的_____倍。

　　自测题 10.4.5　简支梁受一个集中力作用,若梁的跨度增大一倍,其最大挠度是原来的_____倍,最大转角是原来的_____倍。

　　自测题 10.4.6　简支梁受均布载荷作用,若受力增大一倍,其最大挠度是原来的_____倍,最大转角是原来的_____倍。

　　自测题 10.4.7　简支梁受均布载荷作用,若梁的跨度增大一倍,其最大挠度是原来的_____倍,最大转角是原来的_____倍。

10.5　梁的刚度计算

　　本章涉及的梁的变形均指弹性范围内的变形,在工程设计中,对于结构和构件的弹性变形及位移都有一定的限制。如果弹性变形过大,会使结构或构件丧失正常功能,即发生刚度失效。例如机械传动机构中的齿轮轴,当变形过大时,不仅会影响两个齿轮之间的啮合,还会造成齿轮的磨损,产生很大噪声,同时也增加了轴承的磨损,降低其使用寿命。

　　在工程上通常使用梁的许可挠度$[y]$和许可转角$[\theta]$来限制弯曲变形,所以梁弯曲的刚度条件为

$$|y|_{max} \leqslant [y] \qquad (10\text{-}4)$$

$$|\theta|_{max} \leqslant [\theta] \qquad (10\text{-}5)$$

式中,$|y|_{max}$和$|\theta|_{max}$分别为绝对值最大的挠度和转角。在梁的自由端和跨中部位的挠度往往较大,而转角则可能出现在支座处,在校核前必须找到其最大值。如果已知梁的刚度条件,则可以进行截面设计或确定对应的许可载荷。应当指出,在一般情况下,强度要求是主要的,刚度要求处于从属地位。但对于一些严格限制变形的构件而言,必须考虑刚度条件。

自测题 10.5

　　自测题 10.5.1　梁弯曲变形时的刚度条件是_____和_____。

自测题 10.5
参考答案

10.6　提高梁刚度的措施

　　从梁的变形公式来看,弯曲变形与弯矩、跨度及梁的抗弯刚度 EI 有关。所以提高梁刚度可以从以下几方面考虑。

　　一是改善结构的受力形式。梁的变形与跨度的指数幂成正比,减小跨度可以明显降低梁的最大弯矩 M 及梁的变形。如图 10-10a 所示简支梁受均匀分布载荷作用,可以通过减小跨度(图 10-10b)、增加支承(图 10-10c)或加固约束(如图 10-10d 所示,将 A 端的铰链约束换成固定端约束)等方式,有效降低梁弯曲的挠度。

　　二是选择合理的截面形状,如工字形截面、空心截面等,以提高截面惯性矩 I,从而提高梁的抗弯刚度。

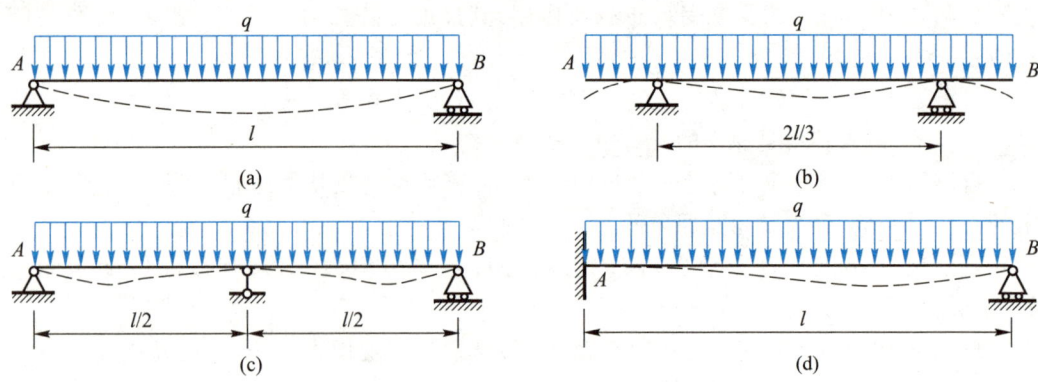

图 10-10   提高梁刚度的措施

最后应该指出,在工程中并不是一味追求承载能力的,还必须考虑使用条件和制造成本等。某些特殊情况下,可根据需求选用合适的材料,如采用高强度钢、增加弹性模量,但各种钢材的弹性模量 E 比较接近,并不能显著提高梁的刚度。如空心截面比同面积的实心截面的惯性矩大,但是空心杆比实心杆的价格高,如何选用,还需视具体工程中的实际情况而定。

自测题 10.6

自测题 10.6

参考答案

自测题 10.6.1   承受集中力的等截面简支梁,为减少梁的变形,宜采取的措施是:(   )。

A. 用重量相等的变截面梁代替原来的等截面梁

B. 将原来的集中力变为合力相等的分布载荷

C. 使用高合金钢

D. 采用等强度梁

自测题 10.6.2   对于桥式起重机的主钢梁,将其设计成两端外伸的外伸梁较简支梁有利,其理由是外伸梁的设计(   )。

A. 减小了梁的最大弯矩值   B. 减小了梁的最大剪力值

C. 减小了梁的最大挠曲值   D. 增大了梁的抗弯刚度值

习   题

第 10 章习题

参考答案

10.1   用积分法求图 10-11 所示简支梁的挠曲线方程,并求最大挠度和最大转角。梁的抗弯刚度为 EI。

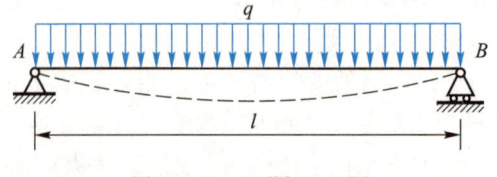

图 10-11   习题 10.1 图

10.2   用积分法求图 10-12 所示简支梁的挠曲线方程,并求最大挠度和最大转角。已知:梁的抗弯刚度为 EI,跨度为 l,且 $a>b$。

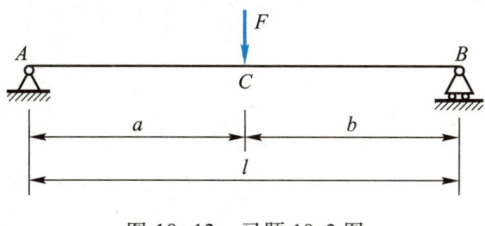

图 10-12　习题 10.2 图

10.3　用积分法求图 10-13 所示悬臂梁自由端 B 截面的挠度和转角。梁的抗弯刚度为 EI。

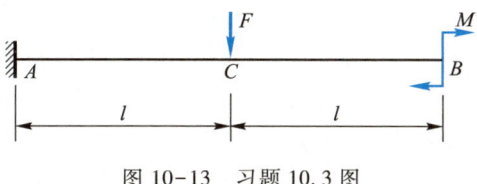

图 10-13　习题 10.3 图

10.4　试用积分法求图 10-14 所示外伸梁的挠曲线方程,并求支座 A 的转角 θ_A、支座 B 的转角 θ_B 及自由端 C 的挠度。梁的抗弯刚度为 EI。

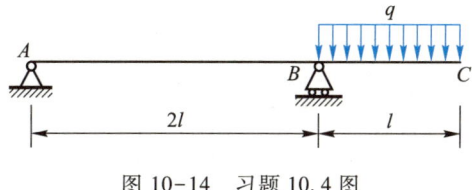

图 10-14　习题 10.4 图

10.5　试用叠加法求习题 10-3 中悬臂梁自由端 B 截面的挠度和转角。梁的抗弯刚度为 EI。

10.6　试用叠加法求习题 10-4 中支座 A 的转角 θ_A、支座 B 的转角 θ_B 及自由端 C 的挠度。梁的抗弯刚度为 EI。

10.7　试用叠加法求图 10-15 所示简支梁的挠曲线方程、端截面转角 θ_A 和 θ_B、跨度中点的挠度。梁的抗弯刚度为 EI。

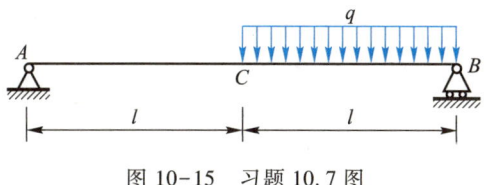

图 10-15　习题 10.7 图

10.8　工字钢截面悬臂梁承受均布载荷如图 10-16 所示,已知 $q = 15$ kN/m,$l = 2$ m,$E = 200$ GPa,$[\sigma] = 160$ MPa,$[y] = l/200$。试选择工字钢的型号。

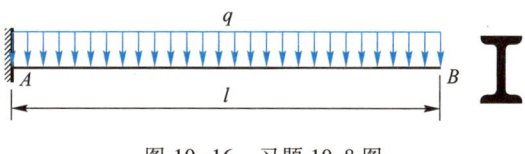

图 10-16　习题 10.8 图

第 11 章　组 合 变 形

11.1　组合变形的概念和实例

前面几章分别讨论了构件在轴向拉伸与压缩、剪切、扭转和弯曲等基本变形时的强度计算问题。在实际工程中,有许多构件在外力作用下同时发生两种或两种以上的基本变形。例如,图 11-1a 所示的烟囱,除因自重引起轴向压缩外,还有因水平方向风力作用而产生的弯曲变形;图 11-1b 所示的吊架,在起吊力的作用下,吊架的立柱在产生轴向压缩的同时还将产生弯曲变形;图 11-1c 所示的卷扬机轴,在产生弯曲变形的同时还将产生扭转变形。通常,将由两种或两种以上基本变形组合而成的变形称为组合变形,其强度计算称为组合变形时的强度计算。

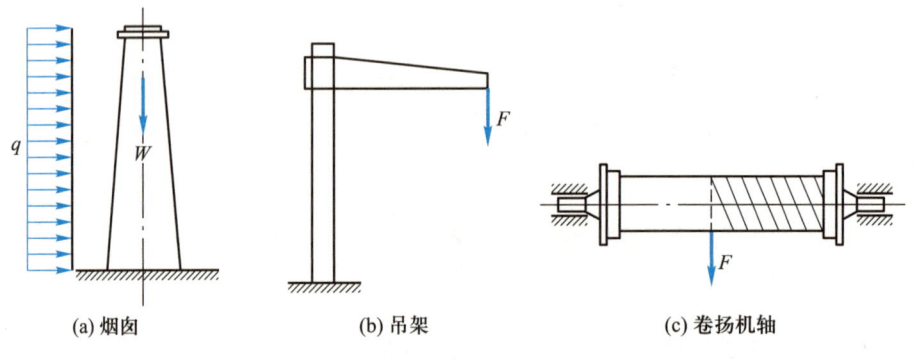

| (a) 烟囱 | (b) 吊架 | (c) 卷扬机轴 |

图 11-1　组合变形实例

解决组合变形时的强度计算问题通常采用叠加法。构件在外力作用下,在小变形且材料服从胡克定律的条件下,可以认为各载荷的作用彼此独立,互不影响,即任一载荷作用所引起的应力和变形不受其他载荷的影响。

分析组合变形时强度计算问题的一般步骤如下:① 将载荷分解为若干简单载荷,使构件在各简单载荷下只产生基本变形;② 分析基本变形时的内力,确定危险截面;③ 确定危险点,应用叠加原理进行应力叠加;④ 对危险点的应力状态进行分析;⑤ 利用强度条件进行强度计算。

组合变形的种类有许多种,大致可分为两类:第一类是危险点的应力叠加后为单向应力状态,如拉伸(压缩)与弯曲的组合变形、斜弯曲等;第二类是危险点的应力叠加后为复杂应力状态,如弯曲与扭转的组合变形、拉伸(压缩)与扭转的组合变形等。

解决第一类组合变形强度问题可以使用单向应力状态的强度条件,而解决第二类组合变形强度问题则需要使用复杂应力状态下的强度条件。

自测题 11.1

自测题 11.1.1　两种或两种以上基本变形的叠加称为组合变形。这一说法(　　　　　)。

A. 正确   B. 错误

自测题 11.1
参考答案

自测题 11.1.2   通常计算组合变形构件应力的过程是:先分别计算每种基本变形各自引起的应力,然后再叠加这些应力。这样做的前提是构件为(   )。

A. 线弹性杆件

B. 小变形杆件

C. 线弹性、小变形杆件

D. 线弹性、小变形直杆

自测题 11.1.3   直角折杆 ABCD 如图 11-2 所示,外力 F 作用在 BCD 平面内且平行于 BC 段,则 CD 段为_____变形,BC 段为_____变形,AB 段为_____变形。

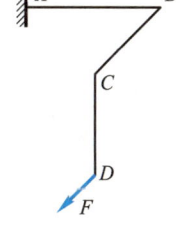

自测题 11.1.4   如图 11-3 所示,圆截面直杆左端固定,右端承受两个集中力作用,则:图 11-3a 所示为_____变形;图 11-3b 所示为_____变形;图 11-3c 所示为_____变形;图 11-3d 所示为_____变形。

图 11-2   自测题 11.1.3 图

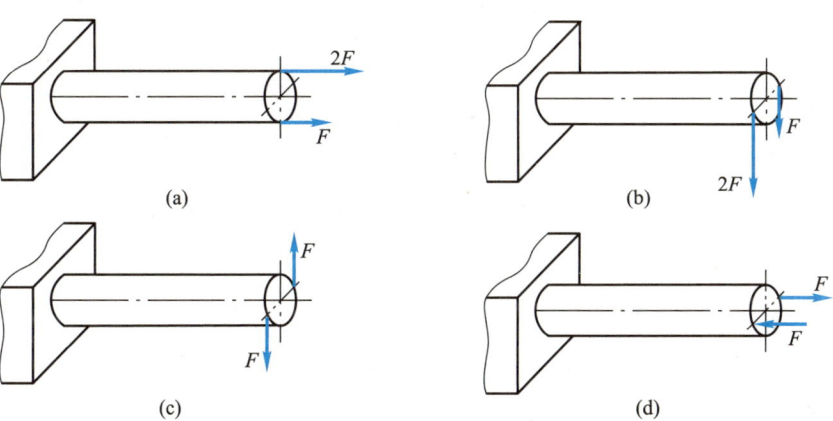

图 11-3   自测题 11.1.4 图

自测题 11.1.5   解决弯扭组合变形时的强度问题可以使用单向应力状态的强度条件。这一说法(   )。

A. 正确   B. 错误

11.2   杆件轴向拉(压)与弯曲组合变形时的强度计算

11.2.1   轴向拉(压)与弯曲组合变形的受力方式

能引起轴向拉伸(压缩)与弯曲组合变形的受力方式一般有如下两种。

一种是杆件同时承受垂直于轴线的横向力和沿着轴线方向的纵向力(图 11-4a),此时杆件的横截面上将同时产生弯矩、剪力和轴力三种内力,忽略剪力的影响(因为剪力的影响往往很小),弯矩和轴力都将在横截面上产生正应力。

另一种是作用在杆件上的纵向力与杆件的轴线不重合,这种情形称为偏心拉伸(或压缩)。图 11-4b 所示即为偏心拉伸。这时,如果将纵向力向横截面的形心平移,即可得到轴向拉伸(或压缩)与弯曲的组合变形,同样,杆件在横截面上产生正应力。

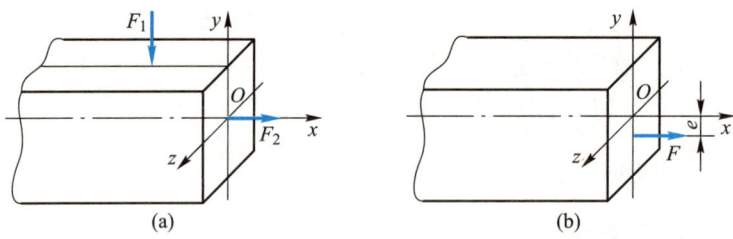

图 11-4　轴向拉(压)与弯曲组合变形的受力方式

11.2.2　轴向拉(压)与弯曲组合变形时的应力

在杆件横截面上同时产生轴力和弯矩两种内力的情况下,根据轴力图和弯矩图,可以确定杆件的危险截面及危险截面上的轴力 F_N 和弯矩 M_{max}。

轴力 F_N 引起的正应力沿整个横截面均匀分布,轴力为正时产生拉应力,轴力为负时产生压应力:

$$\sigma = \pm \frac{F_N}{A}$$

弯矩 M_{max} 引起的正应力沿横截面高度方向线性分布:

$$\sigma = \frac{M_{max} y}{I_z}$$

应用叠加法,将二者分别引起的同一点的正应力相加,所得到的应力就是二者在同一点引起的总应力。

11.2.3　轴向拉(压)与弯曲组合变形时的强度条件

由于轴力和弯矩的方向有不同形式的组合,因此,横截面上的最大拉伸和压缩正应力的计算式也不完全相同。

由于轴向拉(压)与弯曲组合变形时的危险点是单向应力状态,所以其强度条件为

$$\sigma_{max} \leqslant [\sigma] \tag{11-1}$$

对于抗拉和抗压强度不等的材料,强度条件为

$$\left.\begin{array}{l} \sigma_{t,max} \leqslant [\sigma_t] \\ \sigma_{c,max} \leqslant [\sigma_c] \end{array}\right\} \tag{11-2}$$

例题 11-1　图 11-5a 所示梁承受集中载荷 F 作用,试校核该梁的强度。已知:载荷 $F = 10$ kN,梁长 $l = 2$ m,载荷作用点与梁轴线的距离 $e = 0.2$ m,方位角 $\alpha = 45°$,梁为 I16 工字钢,许用应力 $[\sigma] = 160$ MPa。

解:(1) 梁的外力分析

先将载荷 F 沿坐标轴 x 和 y 方向分解,得相应分力为

$$F_x = F\cos 45° = \frac{\sqrt{2}}{2} F = 7.07 \text{ kN}$$

$$F_y = F\sin 45° = \frac{\sqrt{2}}{2} F = 7.07 \text{ kN}$$

然后,将 F_x 平移到梁的轴线上,得轴向力 $F_C = F_x$(C 为截面形心)与作用在截面 B 的附加力偶(图 11-5b),其矩为

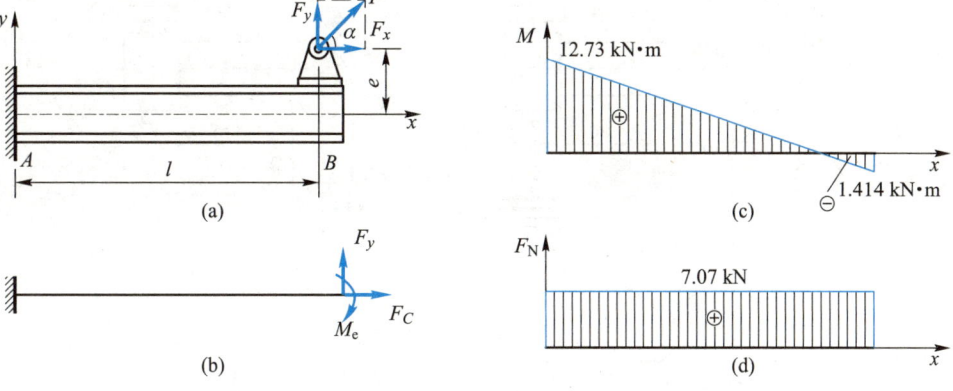

图 11-5　例题 11-1 图

$$M_e = F_x e = 7.07 \text{ kN} \times 0.2 \text{ m} = 1.41 \text{ kN} \cdot \text{m}$$

（2）梁的内力分析，确定危险截面

在轴向力 F_C 作用下，梁受轴向拉伸；在横向力 F_y 与力偶矩 M_e 作用下，梁产生弯曲变形。所以，梁 AB 产生拉伸和弯曲的组合变形。忽略剪力的影响，梁的弯矩图和轴力图分别如图 11-5c、d 所示。危险截面在固定端 A 截面。

（3）梁的应力分析，确定危险点，求 $\sigma_{\max}$

在固定端 A 截面上，轴力 F_N 引起横截面上均匀分布的拉应力，弯矩 M 引起沿截面高度线性分布的正应力，上下边缘正应力最大，下边缘为拉应力，上边缘为压应力。应用叠加法可知，危险点在截面的下边缘。

最大拉应力为

$$\sigma_{\max} = \frac{F_N}{A} + \frac{M_A}{W_z}$$

（4）强度校核

查型钢规格表可得 I16 工字钢：$A = 26.11 \text{ cm}^2$，$W_z = 141 \text{ cm}^3$。

$$\sigma_{\max} = \frac{F_N}{A} + \frac{M_A}{W_z} = \left(\frac{7.07 \times 10^3}{2\,611} + \frac{12.73 \times 10^6}{141 \times 10^3} \right) \text{ MPa} = (2.7 + 90.3) \text{ MPa} = 93 \text{ MPa} < [\sigma]$$

故该梁强度足够。

例题 11-2　图 11-6a 所示为钻床结构简图，$F = 15 \text{ kN}$，材料的许用拉应力 $[\sigma_t] = 35 \text{ MPa}$，许用压应力 $[\sigma_c] = 120 \text{ MPa}$。试求圆截面立柱所需的直径 d。

解：（1）确定危险截面

立柱在偏心力 F 作用下产生轴向拉伸与弯曲的组合变形，由于立柱为等截面杆，所以在受力范围内各截面的危险程度相同，故可取任一横截面 m-m 来研究。

（2）确定立柱横截面上的内力

用假想截面 m-m 将立柱截开，取上半部分为研究对象，如图 11-6b 所示。由平衡条件得截面上的轴力和弯矩分别为

$$F_N = F = 15 \text{ kN}$$
$$M = F \times 0.4 \text{ m} = 6.0 \text{ kN} \cdot \text{m}$$

（3）确定最大应力

与轴力对应的拉应力为

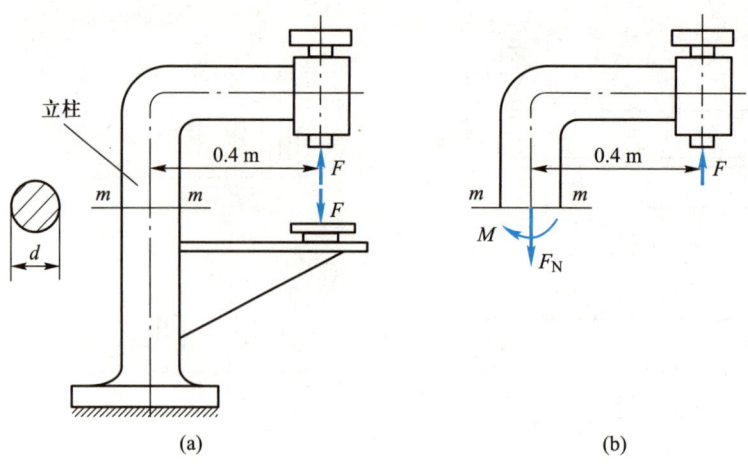

图 11-6　例题 11-2 图

$$\sigma' = \frac{F_N}{A}$$

与弯矩对应的最大拉应力为

$$\sigma''_{max} = \frac{M_{max}}{W_z}$$

应用叠加法,可得最大拉应力发生在横截面的右边缘,其值为

$$\sigma_{t,max} = \frac{F_N}{A} + \frac{M_{max}}{W_z}$$

最大压应力发生在横截面的左边缘各点,其值为 σ''_{max} 和 σ' 之差,小于 $\sigma_{t,max}$。

(4) 强度计算

由于铸铁的许用拉应力 $[\sigma_t]$ 小于许用压应力 $[\sigma_c]$,而立柱的 $\sigma_{t,max} > \sigma_{c,max}$,因此,应根据最大拉应力 $\sigma_{t,max}$ 来进行强度计算,即

$$\sigma_{t,max} = \frac{F_N}{A} + \frac{M_{max}}{W_z} \leqslant [\sigma_t]$$

统一单位,代入数据,可得

$$\sigma_{t,max} = \frac{15 \times 10^3 \text{ N}}{\frac{\pi}{4}d^2} + \frac{6 \times 10^6 \text{ N} \cdot \text{mm}}{\frac{\pi}{32}d^3} \leqslant 35 \text{ MPa}$$

解此方程,就可以得到立柱的直径 d。数学上求解三次方程比较困难,因此,在工程计算中常常采用如下的简便方法。

先按弯曲正应力强度条件初选直径 d。

由

$$\sigma_{max} = \frac{M}{W} = \frac{M}{\frac{\pi d^3}{32}} \leqslant [\sigma_t]$$

得

$$d \geqslant \sqrt[3]{\frac{32M}{\pi[\sigma_t]}} = \sqrt[3]{\frac{32 \times 6 \times 10^6}{\pi \times 35}} \text{ mm} = 120.4 \text{ mm}$$

取 $d = 121$ mm。

　　再按拉伸与弯曲组合变形校核强度。

$$\sigma_{t,max} = \frac{F_N}{A} + \frac{M}{W} = \left(\frac{15 \times 10^3}{\frac{\pi \times 121^2}{4}} + \frac{6 \times 10^6}{\frac{\pi \times 121^3}{32}} \right) \text{MPa} = 35.8 \text{ MPa} > [\sigma_t]$$

可见立柱不满足强度条件。但是,有

$$\frac{\sigma_{t,max} - [\sigma_t]}{[\sigma_t]} \times 100\% = \frac{35.8 - 35}{35} \times 100\% = 2.3\% < 5\%$$

即最大拉应力超过许用拉应力的 2.3%,但小于 5%,这在工程上是允许的。所以立柱的直径可选 $d = 121$ mm。

自测题 11.2

　　自测题 11.2.1　在偏心拉伸(压缩)情况下,受力杆件中的内力(　　　　　)。

A. 只有轴力　　　　　　　　　　　　B. 只有剪力

C. 只有弯矩　　　　　　　　　　　　D. 有轴力和弯矩

　　自测题 11.2.2　如图 11-7 所示三种受压杆件,其中杆_____的压应力最大,杆_____的压应力最小。

自测题 11.2
参考答案

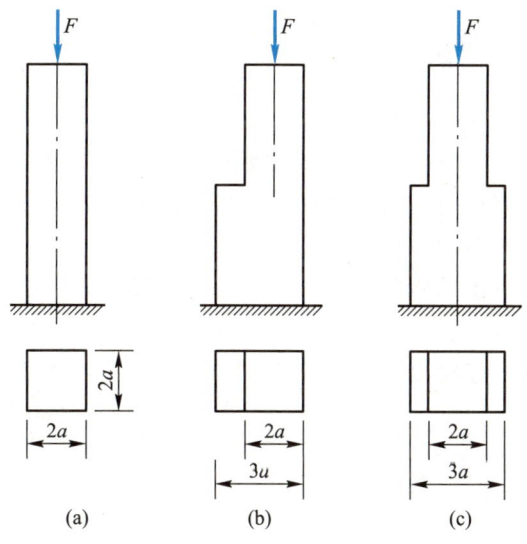

图 11-7　自测题 11.2.2 图

11.3　梁斜弯曲时的强度计算

11.3.1　梁斜弯曲的概念

　　如图 11-8 所示工业厂房中的行车大梁,假如电动葫芦起吊的重物在梁的正下方,此时 $\theta = 0°$,即外力作用在梁的铅垂纵向对称平面内,由第 9 章可知,此时行车梁受平面弯曲。

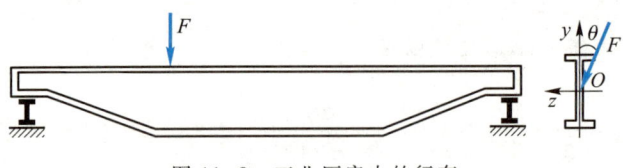

图 11-8   工业厂房中的行车

但有时电动葫芦起吊的重物并不在梁的正下方,而是偏离一定的角度,这时梁的受力偏离梁横截面的竖直对称轴 y 一个角度 θ。将作用力沿横截面对称轴正交分解为两相互垂直的力,行车大梁将在相互垂直的两个纵向对称平面内同时发生弯曲变形,且变形后杆件的轴线与外力作用线不在同一纵向平面内,这种变形称为斜弯曲,即两垂直方向平面弯曲的组合。

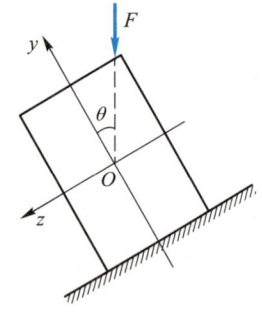

又例如,屋面檩条倾斜地安置于屋顶桁架上(图 11-9),这时檩条所受的竖直向下的载荷就不垂直于截面的对称轴。

解决斜弯曲问题可以应用叠加法。在材料服从胡克定律且变形很小的前提下,杆件虽然同时沿两个互相垂直的方向发生平面弯曲,但每一个弯曲变形都是各自独立的,互不影响。

图 11-9   屋面檩条的受力

11.3.2   产生斜弯曲的受力方式

产生斜弯曲的受力方式一般有如下两种。

一种是杆件同时在两个对称平面(或主轴平面)内承受垂直于轴线的横向力作用(图 11-10a),此时杆件将同时在两个垂直平面内产生弯曲变形,忽略剪力的影响,两个弯矩都将在横截面上产生正应力。

另一种是作用在杆件上的横向力与横截面的对称轴(或主轴)不重合(图 11-10b)。这时,将横向力向横截面的两个形心主轴的方向分解,使每一个分力对应着杆件沿一个主轴方向的平面弯曲,同样,忽略剪力的影响,杆件在横截面上产生正应力。

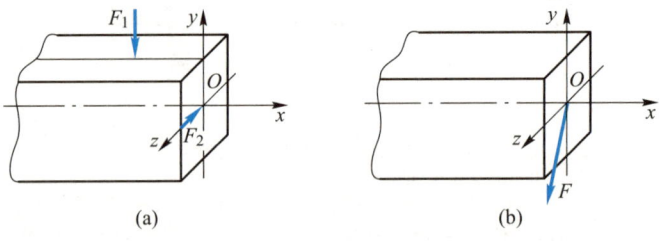

(a)   (b)

图 11-10   产生斜弯曲的受力方式

11.3.3   梁斜弯曲时横截面上的正应力

为了确定斜弯曲时梁横截面上的应力,在小变形条件下,可以将斜弯曲分解成两个纵向对称面(或主轴平面)内的平面弯曲,然后将两个平面弯曲引起的同一点应力的代数值相加,便得到斜弯曲在该点的应力值。

以图 11-11a 所示的矩形截面梁为例。当梁的横截面上同时作用两个弯矩 M_y 和 M_z （两者分别都作用在梁的两个纵向对称面内）时,两个弯矩在同一点引起的正应力叠加后,得到图 11-11b 所示的应力分布图。

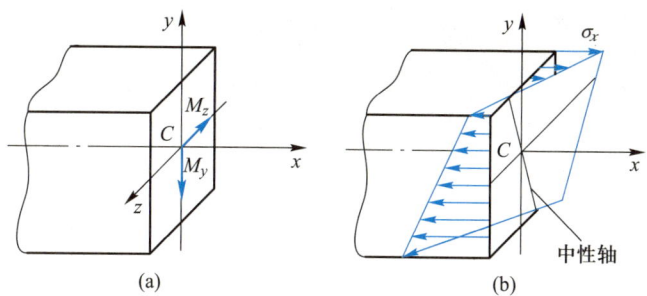

图 11-11　斜弯曲时梁横截面上的应力分布

11.3.4　梁斜弯曲时的最大正应力和强度条件

对于矩形截面,由于两个弯矩引起的最大拉应力存在公共点,最大压应力也存在公共点,因此,叠加后横截面上的最大拉伸和压缩正应力必然发生在矩形截面的角点处。最大拉伸和压缩正应力值为

$$\sigma_{t,max} = \frac{M_y}{W_y} + \frac{M_z}{W_z} \tag{11-3a}$$

$$\sigma_{c,max} = -\left(\frac{M_y}{W_y} + \frac{M_z}{W_z} \right) \tag{11-3b}$$

上式不仅适用于矩形截面,对于槽形截面、工字形截面也适用。因为这些截面上由两个主轴平面内的弯矩引起的最大拉应力和最大压应力都存在公共点。

对于圆形截面,上述公式不适用。这是因为,两个对称面内的弯矩所引起的最大拉应力不存在公共点,最大压应力也不存在公共点。

对于圆形截面,由于过形心的任意轴均为截面的对称轴,所以当横截面上同时作用有两个弯矩时,可以将弯矩用矢量表示,然后求二者的矢量和,这一合矢量仍然沿着横截面的对称轴方向,合弯矩的作用面仍然与对称面一致,所以平面弯曲的公式仍然适用。因此,圆形截面只会发生平面弯曲,不会发生斜弯曲。于是,圆形截面上的最大拉应力和最大压应力公式为

$$\left. \begin{array}{l} \sigma_{t,max} \\ \sigma_{c,max} \end{array} \right\} = \pm \frac{M}{W} = \pm \frac{\sqrt{M_y^2 + M_z^2}}{W} \tag{11-4}$$

此外还可以证明:在斜弯曲情形下,横截面依然存在中性轴,而且中性轴一定通过横截面的形心,但不垂直于加载方向。这就是斜弯曲与平面弯曲的重要区别。

由于斜弯曲时危险点上只有正应力,故该点处为单向应力状态,其强度条件为

$$\sigma_{max} \leqslant [\sigma] \tag{11-5}$$

式中,σ_{max} 由式(11-3)或式(11-4)计算。

例题 11-3　如图 11-12a 所示矩形截面悬臂梁。已知:$F_1 = 1$ kN,$F_2 = 2$ kN。试确定梁危险截面、危险点所在位置,并求梁内最大正应力值。若将截面改成直径 $d = 50$ mm 的圆形,试求其最大正应力。

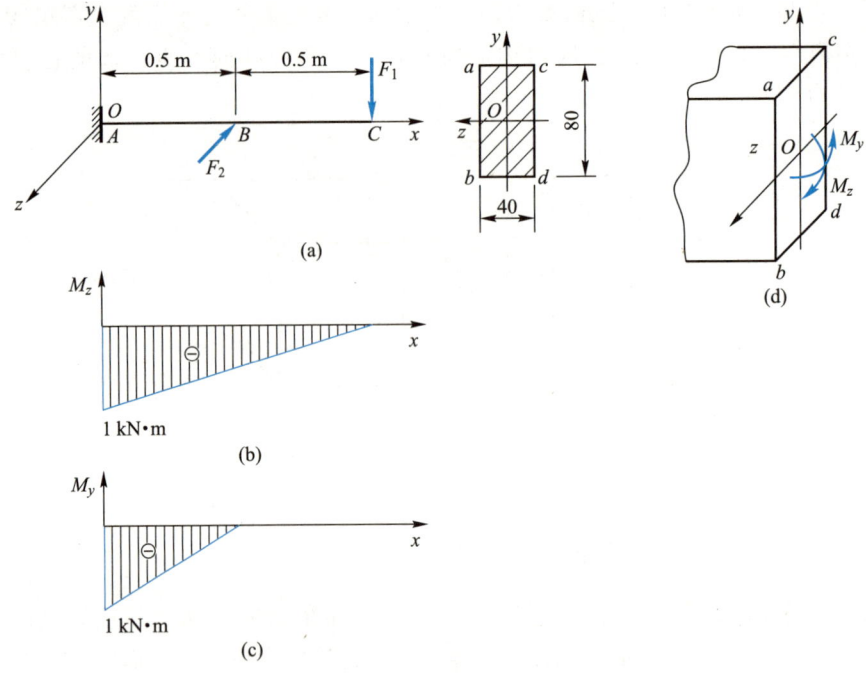

图 11-12　例题 11-3 图

解:(1) 外力分析

此梁受力 F_1 作用在 Oxy 平面内发生平面弯曲,受力 F_2 作用在 Oxz 平面内发生平面弯曲,故此梁的变形为两个垂直平面内的平面弯曲的组合,即为斜弯曲。

(2) 内力分析

分别绘出两个垂直平面内的弯矩图 M_z 图(图 11-12b)和 M_y 图(图 11-12c),两个平面内的最大弯矩都发生在固定端 A 截面上,其值分别为

$$M_z = 1 \text{ kN} \times 1 \text{ m} = 1 \text{ kN} \cdot \text{m} (ac \text{ 边拉应力最大}, bd \text{ 边压应力最大})$$

$$M_y = 2 \text{ kN} \times 0.5 \text{ m} = 1 \text{ kN} \cdot \text{m} (ab \text{ 边拉应力最大}, cd \text{ 边压应力最大})$$

由于此梁为等截面杆,故截面 A 为该梁的危险截面。

(3) 应力分析

利用叠加法可知,危险截面上角点 a 的拉应力最大,角点 d 的压应力最大。由于截面有两个对称轴,则最大拉应力和最大压应力相等。

$$\sigma_{t,max} = \sigma_a = +\frac{M_z}{W_z} + \frac{M_y}{W_y}$$

$$= +\frac{1 \times 10^6 \text{ N} \cdot \text{mm}}{\frac{1}{6} \times 40 \times 80^2 \text{ mm}^3} + \frac{1 \times 10^6 \text{ N} \cdot \text{mm}}{\frac{1}{6} \times 80 \times 40^2 \text{ mm}^3}$$

$$= +23.4 \text{ MPa} + 46.8 \text{ MPa}$$

$$= 70.2 \text{ MPa}$$

$$\sigma_{c,max} = \sigma_d = -\frac{M_z}{W_z} - \frac{M_y}{W_y} = -23.4 \text{ MPa} - 46.8 \text{ MPa} = -70.2 \text{ MPa}$$

(4) 截面分析

将截面改成 $d = 50$ mm 的圆形。对于圆形截面,由于通过形心的任意轴都是形心主

轴,故不会产生斜弯曲,只能产生平面弯曲。

危险截面的合成弯矩为

$$M = \sqrt{M_z^2 + M_y^2} = \sqrt{1^2 + 1^2} \text{ kN} \cdot \text{m} = 1.41 \text{ kN} \cdot \text{m}$$

最大正应力为

$$\sigma_{max} = \frac{M}{W} = \frac{1.41 \times 10^6 \text{ N} \cdot \text{mm}}{\dfrac{\pi}{32} \times 50^3 \text{ mm}^3} = 115 \text{ MPa}$$

例题 11-4 生产车间所用的吊车大梁两端由钢轨支撑,可以简化为简支梁,如图 11-13a 所示。吊车大梁由 I25a 热轧普通工字钢制成,许用应力 $[\sigma] = 160 \text{ MPa}$,跨度 $l = 4 \text{ m}$。起吊重物的重量 $F = 40 \text{ kN}$,作用在梁的中点,作用线与 y 轴之间的夹角 $\theta = 5°$,并且通过截面的形心。试校核吊车大梁的强度。

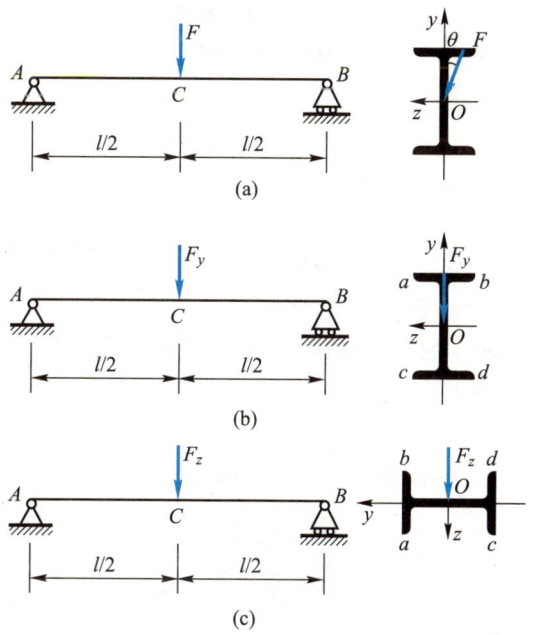

图 11-13 例题 11-4 图

解: (1) 外力分析

将斜弯曲分解为两个平面弯曲的叠加。

将外力 F 沿截面的两主轴 y 与 z 分解为

$$F_y = F\cos\theta = 40 \text{ kN} \cdot \cos 5° = 39.8 \text{ kN}$$

$$F_z = F\sin\theta = 40 \text{ kN} \cdot \sin 5° = 3.5 \text{ kN}$$

即可将斜弯曲分解为两个平面弯曲,分别如图 11-13b、c 所示。

(2) 内力分析,确定危险截面

根据第 9 章可知,简支梁在中点受集中力的情形下,最大弯矩发生在中点,$M_{max} = Fl/4$。将其中的 F 分别替换为 F_y 和 F_z,便得到两个平面弯曲情形下的最大弯矩:

$$M_{z,max}(F_y) = \frac{F_y l}{4} = \frac{39.8 \times 4}{4} \text{ kN} \cdot \text{m} = 39.8 \text{ kN} \cdot \text{m}$$

$$M_{y,max}(F_z) = \frac{F_z l}{4} = \frac{3.5 \times 4}{4} \text{ kN} \cdot \text{m} = 3.5 \text{ kN} \cdot \text{m}$$

该梁的危险截面在梁的中点 C。

（3）应力分析，确定危险点，并校核梁的强度

在 $M_{z,\max}(F_y)$ 作用的截面上（图 11-13b），截面上边缘的角点 a、b 承受最大压应力；下边缘的角点 c、d 承受最大拉应力。

在 $M_{y,\max}(F_z)$ 作用的截面上（图 11-13c），截面上角点 b、d 承受最大压应力；角点 a、c 承受最大拉应力。

两个平面弯曲叠加的结果是：角点 c 承受最大拉应力；角点 b 承受最大压应力。因此 b、c 两点都是危险点。由于它们的数值相等，故只需校核其中一点即可。

由型钢规格表查得 I25a 工字钢的两个抗弯截面系数分别为

$$W_y = 48.3 \ \text{cm}^3, \quad W_z = 402 \ \text{cm}^3$$

于是危险点上的最大应力为

$$\sigma_{\max} = \frac{M_{y,\max}}{W_y} + \frac{M_{z,\max}}{W_z} = \left(\frac{3.5\times10^6}{48.3\times10^3} + \frac{39.8\times10^6}{402\times10^3} \right) \ \text{MPa} = 171.5 \ \text{MPa} > [\sigma]$$

故此梁强度不够。

（4）讨论

若载荷 F 不偏离梁的纵向垂直对称面，即 $\theta = 0$，则梁内的最大正应力为

$$\sigma_{\max} = \frac{M_{\max}}{W_z} = \frac{Fl}{4W_z} = \frac{40\times10^3\times4\times10^3}{4\times402\times10^3} \ \text{MPa} = 99.5 \ \text{MPa}$$

这一数值远远小于斜弯曲时的最大正应力值。

可见，载荷偏离对称轴（y 轴）很小的角度，最大正应力就会增大很多（例题 11-4 中增大了 72.4%），这对于梁的强度是一种很大的威胁，实际工程中应尽量避免这种现象的发生。

由于工字形截面的 W_y 远小于 W_z，因而其侧向抗弯能力较弱。所以，当截面的 W_y 与 W_z 相差较大时，应注意斜弯曲对强度的不利影响。在这一点上，箱形截面要比工字形截面优越。

<h3 style="text-align:center">自测题 11.3</h3>

自测题 11.3
参考答案

自测题 11.3.1   斜弯曲区别于平面弯曲的基本特征是（   ）。

A. 斜弯曲问题中载荷是沿斜向作用的

B. 斜弯曲问题中载荷面与挠曲面不重合

C. 斜弯曲问题中挠度方向不是垂直向下的

D. 斜弯曲问题中变形后杆件的轴线与外力作用线不在同一纵向平面内

自测题 11.3.2   不论平面弯曲还是斜弯曲，其中性轴都是通过截面形心的一条直线。这一结论是（   ）的。

A. 正确   B. 错误

11.4   平面应力状态应力分析

11.4.1   应力状态的概念

在前面章节中，分别讨论了杆件在轴向拉伸或压缩、扭转、平面弯曲、拉（压）弯组合和斜弯曲等变形形式下的强度计算问题，它们都是利用杆件横截面上的应力和材料在简单拉伸（压缩）或扭转时的试验结果来建立强度条件的，但这些对于进一步分析复杂应力

状态下的强度问题是远远不够的。

　　例如,低碳钢试件拉伸至屈服时表面会出现与轴线夹角为 45° 的滑移线,灰铸铁圆试件扭转时会沿 45° 螺旋面断开,而灰铸铁试件压缩时会沿与轴线夹角约为 45° 的斜面产生错动破坏。仅仅根据横截面上的应力是无法解释以上这些现象的,必须进一步研究斜截面上的应力。

　　一般而言,受力构件内不同截面上的应力分布不同;同一截面上不同点的应力不同,同一点不同方位的应力不同。

　　受力构件内过某一点的各个截面上的应力情况的集合称为一点处的应力状态,简称一点的应力状态。由一点处某些已知截面上的应力确定其他截面上应力的过程,称为对该点的应力状态分析。

　　应力状态分析是复杂应力状态下强度计算的基础,也在实验应力分析中有着重要的作用。

　　为了研究一点处的应力状态,可以围绕该点截取一个微小的正六面体,称为单元体。由于单元体的边长无穷小,可以认为应力沿边长无变化,即单元体各个面上的应力都是均匀分布的,且两个平行面上的应力大小相等。

　　为了研究方便,一般用横截面和与之正交的纵向截面截取单元体,这时单元体各个侧面上的应力已知,这样的单元体称为原始单元体。

　　例题 11-5　如图 11-14a 所示的受轴向拉伸的直杆,已知拉力为 F,横截面面积为 A,试用原始单元体表示点 M 处的应力状态,并确定应力的大小。

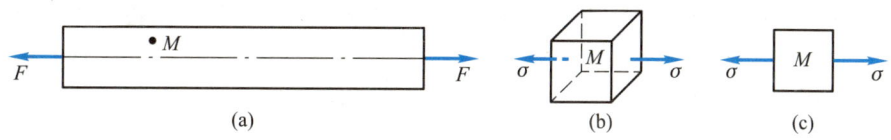

图 11-14　例题 11-5 图

　　解:(1) 求内力

　　杆件受轴向拉伸,点 M 所在截面的内力为

$$F_N = F$$

　　(2) 取原始单元体

　　研究点 M 处的应力状态时,可围绕点 M 以两个横截面和两对纵向平面截取一个微小的原始单元体(图 11-14b)。由于单元体前后面上没有应力,因此常用图 11-14c 所示的简图来表示。

　　(3) 求应力

　　由直杆轴向拉伸时横截面上的应力公式可知

$$\sigma = \frac{F_N}{A} = \frac{F}{A}$$

　　例题 11-6　如图 11-15a 所示简支梁,点 A、B 位于跨中截面左侧,点 C 位于跨中截面右侧。已知:$F = 2\ \text{kN}$,$l = 1\ \text{m}$。试用原始单元体表示 A、B、C 三点处的应力状态。

　　解:(1) 作内力图

　　剪力图和弯矩图分别如图 11-15b、c 所示。

　　(2) 取原始单元体

　　取点 A 处的原始单元体如图 11-15d 所示,其横截面上应力的方向由相应内力的方向确定。

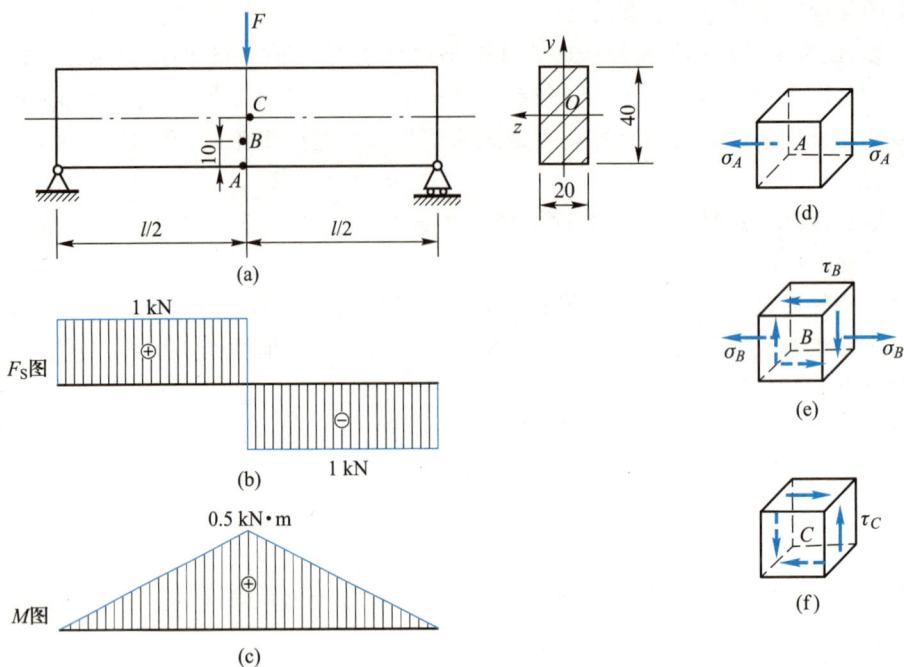

图 11-15　例题 11-6 图

取点 B 处的原始单元体如图 11-15e 所示,其横截面上应力的方向由相应内力的方向确定。

取点 C 处的原始单元体如图 11-15f 所示,其横截面上应力的方向由相应内力的方向确定。

（3）求应力

$$\sigma_A = \frac{M}{W_z} = \frac{0.5 \times 10^6}{\frac{1}{6} \times 20 \times 40^2} \text{ MPa} = 93.8 \text{ MPa}$$

$$\sigma_B = \frac{M}{I_z} y_B = \frac{0.5 \times 10^6}{\frac{1}{12} \times 20 \times 40^3} \times 10 \text{ MPa} = 46.9 \text{ MPa}$$

$$\tau_B = \frac{F_S S_z^*}{I_z b} = \frac{1 \times 10^3 \times 20 \times 10 \times 15}{\frac{1}{12} \times 20 \times 40^3 \times 20} \text{ MPa} = 1.4 \text{ MPa}$$

$$\tau_C = \frac{3}{2} \frac{F_S}{A} = \frac{3}{2} \times \frac{1 \times 10^3}{20 \times 40} \text{ MPa} = 1.9 \text{ MPa}$$

进一步分析可知,如果单元体上三个互相垂直平面上的应力已知时,便可利用截面法,由静力平衡条件求出该点任意斜截面上的应力。也就是说,这一点的应力状态完全可以确定。

单元体上切应力为零的平面称为主平面,主平面上的正应力称为主应力。

在弹性力学中可以证明,过构件内任意点均存在三个互相垂直的主平面,由三对主平面截出的单元体称为主单元体。因而,每点都有三个主应力。这三个主应力按代数值由大到小的顺序排列,分别用 σ_1、σ_2、σ_3 来表示,则有 $\sigma_1 \geqslant \sigma_2 \geqslant \sigma_3$。

按主应力是否为零的情况,可将应力状态做如下分类。

当三个主应力中只有一个主应力不为零时,称为单向应力状态。

当三个主应力中有两个主应力不为零时,称为二向应力状态,常称为平面应力状态。

当三个主应力都不为零时,称为三向应力状态。例如:在滚动轴承中,滚珠与外圈的接触点 A 处就属于三向应力状态(图 11-16)。

单向应力状态也称为简单应力状态,二向和三向应力状态也统称为复杂应力状态。

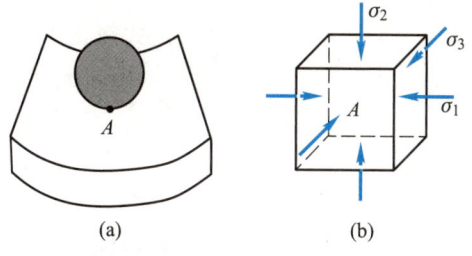

图 11-16　三向应力状态实例

11.4.2　任意方向截面上应力的确定

平面应力状态是工程中最常见的一种应力状态。对构件进行强度计算时,常需要知道构件在危险点处的主应力。这就要求我们首先能够确定过单元体的任一斜截面上的应力。

平面应力状态的一般形式如图 11-17a 所示。即在 x 面(外法线沿 x 轴的平面)上作用有应力 σ_x、τ_x;在 y 面上作用有应力 σ_y、τ_y。因为单元体前后面上的应力等于零,故可用图 11-17b 所示的正投影来表示。

为求该单元体与前、后两平面垂直的任一斜截面 ef 上的应力,可用截面法。设斜截面 ef 的外法线 n 与 x 轴的夹角为 α,故该斜截面称为 α 面,如图 11-17b 所示。α 面上的应力分别用 σ_α、τ_α 表示,如图 11-17c 所示。

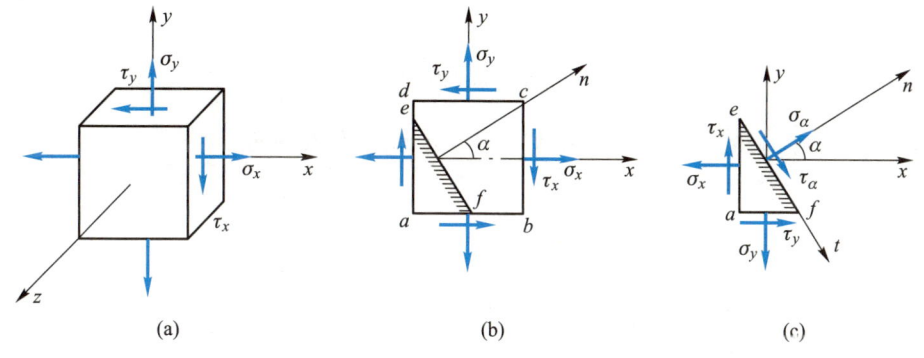

图 11-17　平面应力状态

各量的正负号规定如下:

正应力以拉应力为正,压应力为负;切应力以企图使单元体沿顺时针转动为正,反之为负;方位角 α 则以从 x 轴逆时针转到斜截面外法线 n 时为正,反之为负。

用截面法沿截面 ef 将单元体分成两部分,并取 aef 部分为研究对象(图 11-17c)。设 ef 面的面积为 dA,则 ae 面和 af 面的面积分别为 $dA\cos\alpha$ 和 $dA\sin\alpha$。

由于单元体处于平衡状态,故截出的任意局部 aef 部分也处于平衡状态。

aef 部分沿斜截面外法线 n 和切线 t 的平衡方程为

$$\sum F_n = 0, \ \sigma_\alpha dA - (\sigma_x dA\cos\alpha)\cos\alpha + (\tau_x dA\cos\alpha)\sin\alpha -$$
$$(\sigma_y dA\sin\alpha)\sin\alpha + (\tau_y dA\sin\alpha)\cos\alpha = 0 \tag{1}$$

$$\sum F_t = 0, \tau_\alpha \mathrm{d}A - (\sigma_x \mathrm{d}A\cos \alpha)\sin \alpha - (\tau_x \mathrm{d}A\cos \alpha)\cos \alpha +$$
$$(\sigma_y \mathrm{d}A\sin \alpha)\cos \alpha + (\tau_y \mathrm{d}A\sin \alpha)\sin \alpha = 0 \qquad (2)$$

由切应力互等定理可知 $\tau_x = \tau_y$，并利用 $2\sin \alpha\cos \alpha = \sin 2\alpha$，$\cos^2 \alpha = (1+\cos 2\alpha)/2$，$\sin^2 \alpha = (1-\cos 2\alpha)/2$，将上两式简化为

$$\sigma_\alpha = \frac{\sigma_x+\sigma_y}{2} + \frac{\sigma_x-\sigma_y}{2}\cos 2\alpha - \tau_x \sin 2\alpha \qquad (11\text{-}6)$$

$$\tau_\alpha = \frac{\sigma_x-\sigma_y}{2}\sin 2\alpha + \tau_x \cos 2\alpha \qquad (11\text{-}7)$$

式(11-6)、式(11-7)即为斜截面应力的一般公式。利用该公式可由已知应力 σ_x、σ_y 和 τ_x 求任一方向截面上的应力 σ_α 和 τ_α。

例题 11-7　分析轴向拉伸杆件的最大切应力作用面，说明低碳钢试样拉伸时发生屈服的主要原因。

解：杆件承受轴向拉伸时，其上任意一点处均为单向应力状态，如图 11-18 所示。

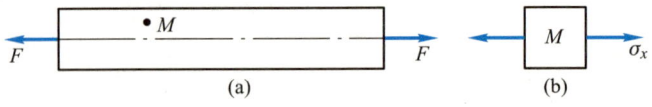

(a) 　　　　(b)

图 11-18　例题 11-7 图

在本例的情形下，$\sigma_y = 0$，$\tau_x = 0$。于是，根据式(11-6)和式(11-7)，任意斜截面上的正应力和切应力分别为

$$\sigma_\alpha = \frac{\sigma_x}{2} + \frac{\sigma_x}{2}\cos 2\alpha$$

$$\tau_\alpha = \frac{\sigma_x}{2}\sin 2\alpha$$

当 $\alpha = 45°$ 时，斜截面上既有正应力又有切应力，其值分别为

$$\sigma_{45°} = \frac{\sigma_x}{2}$$

$$\tau_{45°} = \frac{\sigma_x}{2}$$

不难看出，在所有的方向面中，45°斜截面上的正应力不是最大值，而切应力却是最大值。这表明，轴向拉伸时最大切应力发生在与轴线成45°角的斜面上，这正是低碳钢试件拉伸至屈服时表面出现滑移线的方向。因此，可以认为屈服是由最大切应力引起的。

11.4.3　应力状态中的主应力与最大切应力

式(11-6)、式(11-7)表明：斜截面上的正应力 σ_α 和切应力 τ_α 随截面方位角 α 的改变而变化，即 σ_α 和 τ_α 都是 α 的函数。利用上述两式便可确定正应力和切应力的极值。

将式(11-6)对 α 求一阶导数，得

$$\frac{\mathrm{d}\sigma_\alpha}{\mathrm{d}\alpha} = -2\left(\frac{\sigma_x-\sigma_y}{2}\sin 2\alpha + \tau_x \cos 2\alpha\right) \qquad (3)$$

若 $\alpha = \alpha_0$ 时，能使导数 $\dfrac{\mathrm{d}\sigma_\alpha}{\mathrm{d}\alpha} = 0$，则在 α_0 所确定的截面上正应力为最大值或最小值。现以 α_0 代入式（3），并令其等于零，得到

$$\frac{\sigma_x - \sigma_y}{2}\sin 2\alpha_0 + \tau_x \cos 2\alpha_0 = 0 \tag{4}$$

从而可得

$$\tan 2\alpha_0 = \frac{-2\tau_x}{\sigma_x - \sigma_y} \tag{11-8}$$

由式（11-8）可求出相差 90° 的两个角度 α_0，它们确定两个相互垂直的平面，其中一个是最大正应力所在平面，另一个是最小正应力所在平面。比较式（11-7）和式（4）可见，满足式（4）的 α_0 恰好使 τ_α 等于零。也就是说，在切应力等于零的平面上，正应力为最大值或最小值，则它们就是主应力。即由式（11-8）可确定主应力所在平面的方位角。由式（11-8）求出 $\sin 2\alpha_0$ 和 $\cos 2\alpha_0$ 代入式（11-6），求得正应力极值为

$$\left.\begin{array}{c}\sigma'\\\sigma''\end{array}\right\} = \frac{\sigma_x + \sigma_y}{2} \pm \sqrt{\left(\frac{\sigma_x - \sigma_y}{2}\right)^2 + \tau_x^2} \tag{11-9}$$

此即平面应力状态求主应力的公式。

用相似的方法可以确定最大和最小切应力及它们所在的平面。将式（11-7）对 α 求导数，得

$$\frac{\mathrm{d}\tau_\alpha}{\mathrm{d}\alpha} = (\sigma_x - \sigma_y)\cos 2\alpha - 2\tau_x \sin 2\alpha \tag{5}$$

若 $\alpha = \alpha_1$ 时能使导数 $\dfrac{\mathrm{d}\tau_\alpha}{\mathrm{d}\alpha} = 0$，则在 α_1 所确定的斜截面上，切应力为最大或最小值。以 α_1 代入式（5），且令其等于零，得

$$(\sigma_x - \sigma_y)\cos 2\alpha_1 - 2\tau_x \sin 2\alpha_1 = 0$$

由此可得

$$\tan 2\alpha_1 = \frac{\sigma_x - \sigma_y}{2\tau_x} \tag{11-10}$$

由式（11-10）可求出两个角度 α_1，它们相差 90°，从而可以确定两个互相垂直的平面，分别作用最大和最小切应力。由式（11-10）求出 $\sin 2\alpha_1$ 和 $\cos 2\alpha_1$，代入式（11-7）得到切应力极值为

$$\left.\begin{array}{c}\tau'\\\tau''\end{array}\right\} = \pm\sqrt{\left(\frac{\sigma_x - \sigma_y}{2}\right)^2 + \tau_x^2} \tag{11-11}$$

比较式（11-8）和式（11-10），可得

$$\tan 2\alpha_0 = -\frac{1}{\tan 2\alpha_1}$$

所以有

$$2\alpha_1 = 2\alpha_0 + \frac{\pi}{2}, \quad \alpha_1 = \alpha_0 + \frac{\pi}{4} \tag{6}$$

即最大和最小切应力所在平面与主平面的夹角为 45°。

需要特别指出的是:式(11-11)所示的切应力极值仅对垂直于 Oxy 坐标平面的方向面而言,因而称为面内最大切应力与面内最小切应力。二者不一定是过一点的所有方向面中切应力的最大值和最小值。

进一步分析(请参考其他力学书籍)[1]可知,过一点应力状态中的最大切应力为

$$\tau_{\max} = \frac{\sigma_1 - \sigma_3}{2} \tag{11-12}$$

例题 11-8   某原始单元体各面上的应力如图 11-19 所示(应力单位为 MPa)。试求:(1) 斜截面 ab 上的正应力和切应力;(2) 该点的主应力和最大切应力。

解:(1) 求斜截面 ab 上的正应力和切应力

若取水平轴为 x 轴,根据正负号规定可知

$$\sigma_x = 100 \text{ MPa}, \quad \tau_x = -40 \text{ MPa}, \quad \sigma_y = 60 \text{ MPa}, \quad \alpha = -30°$$

代入式(11-6)、式(11-7)可得

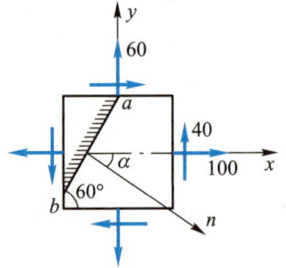

图 11-19   例题 11-8 图

$$\sigma_\alpha = \frac{\sigma_x + \sigma_y}{2} + \frac{\sigma_x - \sigma_y}{2} \cos 2\alpha - \tau_x \sin 2\alpha$$

$$= \left[\frac{100+60}{2} + \frac{100-60}{2} \cos(-60°) - (-40) \sin(-60°) \right] \text{ MPa}$$

$$= (80 + 10 - 34.64) \text{ MPa} = 55.36 \text{ MPa}$$

$$\tau_\alpha = \frac{\sigma_x - \sigma_y}{2} \sin 2\alpha + \tau_x \cos 2\alpha$$

$$= \left[\frac{100-60}{2} \sin(-60°) + (-40) \cos(-60°) \right] \text{ MPa}$$

$$= (-17.32 - 20) \text{ MPa} = -37.32 \text{ MPa}$$

(2) 求主应力和最大切应力

由式(11-9)得

$$\left. \begin{array}{c} \sigma' \\ \sigma'' \end{array} \right\} = \frac{\sigma_x + \sigma_y}{2} \pm \sqrt{\left(\frac{\sigma_x - \sigma_y}{2} \right)^2 + \tau_x^2}$$

$$= \left[\frac{100+60}{2} \pm \sqrt{\left(\frac{100-60}{2} \right)^2 + (-40)^2} \right] \text{ MPa}$$

$$= (80 \pm 44.7) \text{ MPa} = \begin{cases} 124.7 \text{ MPa} \\ 35.3 \text{ MPa} \end{cases}$$

根据主应力的定义可知,该应力状态的主应力为

$$\sigma_1 = 124.7 \text{ MPa}, \quad \sigma_2 = 35.3 \text{ MPa}, \quad \sigma_3 = 0$$

由式(11-12)得

$$\tau_{\max} = \frac{\sigma_1 - \sigma_3}{2} = \frac{124.7 - 0}{2} \text{ MPa} = 62.35 \text{ MPa}$$

---

[1]   例如,刘鸿文主编《材料力学 I》(第 6 版,高等教育出版社 2017 年出版),第 238—239 页。

自测题 11.4

自测题 11.4.1　一般来说,过受力构件内的任意一点,随着所取截面方位的不同,各个面上的(　　　　)。

自测题 11.4
参考答案

A. 正应力相同,切应力不同

B. 正应力不同,切应力相同

C. 正应力和切应力均相同

D. 正应力和切应力均随截面方位发生变化

自测题 11.4.2　研究一点应力状态的任务是(　　　　)。

A. 了解不同横截面的应力变化情况

B. 了解横截面上的应力随外力变化的情况

C. 找出同一截面上应力变化的规律

D. 找出一点在不同方向截面上的应力变化规律

自测题 11.4.3　下列关于单元体的说法中,正确的是(　　　　)。

A. 单元体的形状必须是正六面体

B. 单元体的各个面中必须包含一对横截面

C. 单元体的各个面中必须有一对平行面

D. 单元体的三维尺寸必须为无穷小

自测题 11.4.4　在单元体上,可以认为(　　　　)。

A. 每个面上的应力是均匀分布的,一对平行面上的应力相等

B. 每个面上的应力是均匀分布的,一对平行面上的应力不等

C. 每个面上的应力是非均匀分布的,一对平行面上的应力相等

D. 每个面上的应力是非均匀分布的,一对平行面上的应力不等

自测题 11.4.5　单元体最大正应力面上的切应力恒等于零。这一说法(　　　　)。

A. 正确　　　　　　　　　　　　　　　B. 错误

自测题 11.4.6　单元体最大切应力面上的正应力恒等于零。这一说法(　　　　)。

A. 正确　　　　　　　　　　　　　　　B. 错误

自测题 11.4.7　单元体切应力为零的截面上,正应力必有最大值或最小值。这一说法(　　　　)。

A. 正确　　　　　　　　　　　　　　　B. 错误

自测题 11.4.8　受力构件内任一点处,若只有一对相互平行截面上的正应力和切应力同时等于零,则该点必是单向应力状态。这一说法(　　　　)。

A. 正确　　　　　　　　　　　　　　　B. 错误

自测题 11.4.9　主方向是主应力所在截面的法线方向。这一说法(　　　　)。

A. 正确　　　　　　　　　　　　　　　B. 错误

自测题 11.4.10　在单元体的主平面上,(　　　　)。

A. 正应力一定最大　　　　　　　　　B. 正应力一定为零

C. 切应力一定最小　　　　　　　　　D. 切应力一定为零

自测题 11.4.11　任一单元体(　　　　)。

A. 在最大正应力作用面上,切应力为零

B. 在最小正应力作用面上,切应力最大

C. 在最大切应力作用面上,正应力为零

D. 在最小切应力作用面上,正应力最大

自测题 11.4.12   若单元体的主应力 $\sigma_1 > \sigma_2 > \sigma_3 > 0$,则其最大切应力为(   )。

A. $\tau_{max} = \dfrac{\sigma_1 - \sigma_2}{2}$ B. $\tau_{max} = \dfrac{\sigma_2 - \sigma_3}{2}$

C. $\tau_{max} = \dfrac{\sigma_1 - \sigma_3}{2}$ D. $\tau_{max} = \dfrac{\sigma_1}{2}$

11.5 广义胡克定律

在推导梁平面弯曲时横截面上的正应力公式和圆轴扭转时横截面上的切应力公式时都用到了物理关系,它们分别是单向应力状态的胡克定律和纯剪切应力状态的胡克定律。实际上,如果点的应力状态是复杂的,那么,应力和变形的关系也应该是复杂的。广义胡克定律就是复杂应力状态下的物理关系,对研究构件复杂受力时的应力和变形具有重要的意义。

杆件在轴向拉伸或压缩时,可由胡克定律得到轴向线应变

$$\varepsilon = \frac{\sigma}{E}$$

同时可得横向线应变

$$\varepsilon' = -\nu\varepsilon = -\nu\frac{\sigma}{E}$$

设有一三向应力状态下的单元体(如图 11-20 所示)。单元体上三个主应力分别为 σ_1、σ_2 和 σ_3,此单元体沿三个主应力方向产生的线应变分别为 ε_1、ε_2 和 ε_3。由于是小变形,可将三向应力状态看作三个单向应力状态的叠加,根据单向应力状态时应力和变形的关系及横向线应变和轴向线应变的关系来研究 ε_1、ε_2 和 ε_3 的大小。

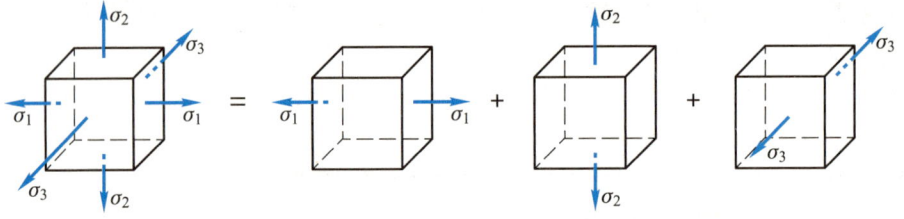

图 11-20   单元体应力的叠加

只有 σ_1 的作用时,在 σ_1、σ_2、σ_3 三个方向产生的应变为

$$\varepsilon_1' = \frac{\sigma_1}{E}, \quad \varepsilon_2' = -\nu\frac{\sigma_1}{E}, \quad \varepsilon_3' = -\nu\frac{\sigma_1}{E}$$

只有 σ_2 的作用时,在 σ_1、σ_2、σ_3 三个方向产生的应变为

$$\varepsilon_1'' = -\nu\frac{\sigma_2}{E}, \quad \varepsilon_2'' = \frac{\sigma_2}{E}, \quad \varepsilon_3'' = -\nu\frac{\sigma_2}{E}$$

只有 σ_3 的作用时,在 σ_1、σ_2、σ_3 三个方向产生的应变为

$$\varepsilon_1''' = -\nu\frac{\sigma_3}{E}, \quad \varepsilon_2''' = -\nu\frac{\sigma_3}{E}, \quad \varepsilon_3''' = \frac{\sigma_3}{E}$$

在三个主应力共同作用下的主应变,即可由上述结果叠加得到,即

$$
\left.\begin{array}{l}
\varepsilon_1 = \dfrac{1}{E}\left[\sigma_1 - \nu(\sigma_2 + \sigma_3)\right] \\[2mm]
\varepsilon_2 = \dfrac{1}{E}\left[\sigma_2 - \nu(\sigma_3 + \sigma_1)\right] \\[2mm]
\varepsilon_3 = \dfrac{1}{E}\left[\sigma_3 - \nu(\sigma_1 + \sigma_2)\right]
\end{array}\right\}
\tag{11-13}
$$

式(11-13)称为广义胡克定律。其中,E 为材料的弹性模量,ν 为材料的泊松比。与主应力方向一致的线应变 ε_1、ε_2 和 ε_3 称为主应变。计算时,式中的 σ_1、σ_2 和 σ_3 均应以代数值代入,求出的 ε_1、ε_2 和 ε_3,正值表示伸长,负值表示缩短。

对于各向同性材料,在弹性范围内,切应力对线应变无影响,所以当单元体的各面上既有正应力又有切应力时,沿 σ_x、σ_y 和 σ_z 方向的线应变 ε_x、ε_y 和 ε_z 有与式(11-13)相似的关系。即

$$
\left.\begin{array}{l}
\varepsilon_x = \dfrac{1}{E}\left[\sigma_x - \nu(\sigma_y + \sigma_z)\right] \\[2mm]
\varepsilon_y = \dfrac{1}{E}\left[\sigma_y - \nu(\sigma_z + \sigma_x)\right] \\[2mm]
\varepsilon_z = \dfrac{1}{E}\left[\sigma_z - \nu(\sigma_x + \sigma_y)\right]
\end{array}\right\}
\tag{11-14}
$$

对于平面应力状态,由于 $\sigma_z = 0$,所以式(11-14)可写为

$$
\left.\begin{array}{l}
\varepsilon_x = \dfrac{1}{E}(\sigma_x - \nu\sigma_y) \\[2mm]
\varepsilon_y = \dfrac{1}{E}(\sigma_y - \nu\sigma_x) \\[2mm]
\varepsilon_z = -\dfrac{\nu}{E}(\sigma_x + \sigma_y)
\end{array}\right\}
\tag{11-15}
$$

这时,单元体上还有切应力 τ_x,它与切应变 γ_x 有如下关系

$$
\gamma_x = \frac{\tau_x}{G}
\tag{11-16}
$$

式(11-15)和式(11-16)是平面应力状态下的广义胡克定律。

注意:在平面应力状态下,虽然 $\sigma_z = 0$,但在 z 方向的线应变 ε_z 不等于零。因为 ε_z 还受 σ_x、σ_y 的影响。只有当材料是各向同性,且处于线弹性范围内时,式(11-13)—式(11-16)才成立。

例题 11-9　图 11-21a 所示圆轴直径为 d,其两端承受外力偶矩 M_e 作用。现由实验测得轴表面与轴线成 45° 方向的线应变 $\varepsilon_{45°}$。试求外力偶矩 M_e 之值。材料的弹性常数 E、ν 均为已知。

解:在轴的表面某点取原始单元体,应力情况如图 11-21b 所示,可知为纯剪切应力状态,其三个主应力为 $\sigma_1 = \tau$,$\sigma_2 = 0$,$\sigma_3 = -\tau$,式中 τ 为横截面上圆周处的切应力。由第 8 章可知,$\tau = \dfrac{T}{W_p} = \dfrac{16M_e}{\pi d^3}$。如图 11-21b 所示,$\varepsilon_{45°}$ 方向为 σ_1 方向,由广义胡克定律得

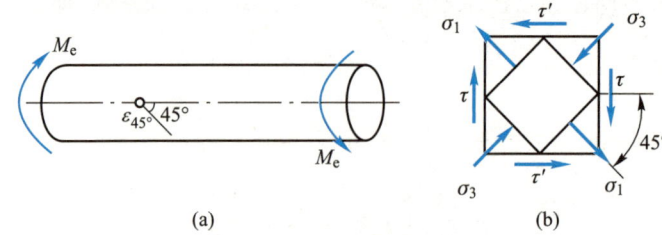

图 11-21   例题 11-9 图

$$\varepsilon_{45°} = \varepsilon_1 = \frac{1}{E}\left[\sigma_1 - \nu(\sigma_2 + \sigma_3)\right]$$

$$= \frac{1}{E}\left[\tau - \nu(0 - \tau)\right] = \frac{1+\nu}{E}\tau$$

从而得

$$\tau = \frac{E}{1+\nu}\varepsilon_{45°}$$

即

$$\frac{16M_e}{\pi d^3} = \frac{E}{1+\nu}\varepsilon_{45°}$$

所以有

$$M_e = \frac{\pi d^3 E \varepsilon_{45°}}{16(1+\nu)}$$

自测题 11.5

自测题 11.5

参考答案

自测题 11.5.1   关于弹性体受力后某一方向的应力与应变关系有下列论述,其中正确的是(   )。

A. 有应力一定有应变,有应变不一定有应力

B. 有应力不一定有应变,有应变不一定有应力

C. 有应力不一定有应变,有应变一定有应力

D. 有应力一定有应变,有应变一定有应力

自测题 11.5.2   由一点的应力可以求出该点的应变。这一说法(   )。

A. 正确   B. 错误

自测题 11.5.3   有应力的方向上可以没有变形。这一说法(   )。

A. 正确   B. 错误

自测题 11.5.4   无应力的方向上必无变形。这一说法(   )。

A. 正确   B. 错误

自测题 11.5.5   若受力构件中某点沿某方向上的线应变为零,则该方向上的正应力必为零。这一说法(   )。

A. 正确   B. 错误

自测题 11.5.6   若受力构件中某点沿某相互垂直方向上的切应变为零,则该方向上的切应力必为零。这一说法(   )。

A. 正确   B. 错误

11.6　强度理论和相当应力

构件的强度计算问题是材料力学研究的基本问题之一。当构件承受的载荷达到一定程度时,构件就会在其危险点处首先发生失效,进而影响构件的正常工作。为了保证构件的正常工作,除了要找出构件危险点的位置外,还要找出材料失效的原因,从而建立强度条件。

回顾材料在拉伸(或压缩)和扭转等试验中发生的破坏现象,不难发现材料破坏的基本形式有两种类型:一类是在没有明显塑性变形的情况下发生突然断裂,称为脆性断裂。如铸铁试件在拉伸时沿横截面的断裂和铸铁圆试件在扭转时沿斜截面的断裂。另一类是材料产生显著的塑性变形而使构件丧失正常的工作能力,称为塑性屈服。如低碳钢试件在拉伸(压缩)或扭转时都会发生显著的塑性变形。

材料破坏的原因十分复杂。对于单向应力状态,由于可直接做拉伸或压缩试验,通常就用破坏载荷除以试样的横截面面积而得到的极限应力(强度极限或屈服极限,见 6.5 材料在拉伸与压缩时的力学性能)作为判断材料破坏的标志。若构件内的危险点为平面应力状态,则有两个主应力不为零;若构件内的危险点为三向应力状态,则三个主应力均不为零。因为不为零的应力分量有不同比例的无穷多个组合,所以不能用试验逐个确定。对于复杂应力状态下的强度计算,必须使用强度理论来建立强度条件。

长期以来,人们根据对破坏现象的分析与研究,提出了种种关于材料破坏规律的假说,这些假说通常称为强度理论。本节仅介绍在工程中常用的四个强度理论,它们是根据其诞生的先后顺序来排序的。

11.6.1　第一强度理论(最大拉应力理论)

第一强度理论也称为最大拉应力理论。该理论认为:无论材料处于何种应力状态,只要该点的最大拉伸主应力 σ_1 达到了材料单向拉伸断裂时横截面上的极限应力 σ_{u},材料就发生脆性断裂。因此,第一强度理论的破坏条件为

$$\sigma_1 = \sigma_{\mathrm{u}}$$

考虑安全因数 n 后,得第一强度理论(最大拉应力理论)的强度条件为

$$\sigma_1 \leqslant [\sigma] = \frac{\sigma_{\mathrm{u}}}{n} \tag{11-17}$$

11.6.2　第二强度理论(最大伸长线应变理论)

第二强度理论又称为最大伸长线应变理论。该理论认为:无论材料内一点的应力状态如何,只要材料内该点的最大伸长线应变 ε_1 达到了材料单向拉伸断裂时最大伸长线应变的极限值 ε_{u},材料就发生脆性断裂。因此,第二强度理论的破坏条件为

$$\varepsilon_1 = \frac{1}{E} [\sigma_1 - \nu(\sigma_2 + \sigma_3)] = \varepsilon_{\mathrm{u}}$$

极限值 ε_{u} 可通过单向拉伸试验来测定:单向拉伸断裂时,第一主应力方向的线应变值为 $\varepsilon_1 = \dfrac{\sigma_{\mathrm{u}}}{E}$,即 $\varepsilon_{\mathrm{u}} = \dfrac{\sigma_{\mathrm{u}}}{E}$。因此,上式可写为

$$\frac{1}{E} [\sigma_1 - \nu(\sigma_2 + \sigma_3)] = \frac{\sigma_{\mathrm{u}}}{E}$$

或

$$\sigma_1 - \nu(\sigma_2 + \sigma_3) = \sigma_u$$

考虑安全因数后,得第二强度理论(最大伸长线应变理论)的强度条件为

$$\sigma_1 - \nu(\sigma_2 + \sigma_3) \leqslant [\sigma] = \frac{\sigma_u}{n} \tag{11-18}$$

11.6.3   第三强度理论(最大切应力理论)

第三强度理论又称为最大切应力理论。该理论认为:最大切应力是引起材料屈服的原因,即不论在什么样的应力状态下,只要材料内某处的最大切应力 τ_{max} 达到了材料单向拉伸屈服时切应力的极限值 τ_u,材料就在该处出现显著塑性变形或屈服。因此,第三强度理论的破坏条件为

$$\tau_{max} = \frac{\sigma_1 - \sigma_3}{2} = \tau_u$$

极限值 τ_u 可通过单向拉伸试验来测定:单向拉伸屈服时,最大切应力 $\tau_{max} = \frac{\sigma_1 - \sigma_3}{2} = \frac{\sigma_u}{2}$,即 $\tau_u = \frac{\sigma_u}{2}$。因此,上式可写成

$$\sigma_1 - \sigma_3 = \sigma_u$$

考虑安全因数后,得第三强度理论(最大切应力理论)的强度条件为

$$\sigma_1 - \sigma_3 \leqslant [\sigma] = \frac{\sigma_u}{n} \tag{11-19}$$

11.6.4   第四强度理论(畸变能密度理论)

第四强度理论又称为畸变能密度理论。该理论认为:无论材料处于何种应力状态,只要该点的畸变能密度达到了材料单向拉伸屈服时的畸变能密度的极限值,材料就发生塑性屈服。这里略去详细的推导过程,直接给出第四强度理论(畸变能密度理论)的强度条件为

$$\sqrt{\frac{1}{2}\left[(\sigma_1 - \sigma_2)^2 + (\sigma_2 - \sigma_3)^2 + (\sigma_3 - \sigma_1)^2\right]} \leqslant [\sigma] = \frac{\sigma_u}{n} \tag{11-20}$$

对于大多数塑性材料,第四强度理论比第三强度理论更符合实验结果。

11.6.5   相当应力

为方便应用,通常将上述四个强度理论的强度条件写成

$$\sigma_{ri} \leqslant [\sigma] \tag{11-21}$$

式中,σ_{ri} 称为相当应力,可理解为与复杂应力状态危险程度相当的单向应力,$i = 1、2、3、4$,分别对应于第一、第二、第三、第四强度理论。因此,有

$$\left.\begin{array}{l} \sigma_{r1} = \sigma_1 \\[4pt] \sigma_{r2} = \sigma_1 - \nu(\sigma_2 + \sigma_3) \\[4pt] \sigma_{r3} = \sigma_1 - \sigma_3 \\[4pt] \sigma_{r4} = \sqrt{\dfrac{1}{2}\left[(\sigma_1 - \sigma_2)^2 + (\sigma_2 - \sigma_3)^2 + (\sigma_3 - \sigma_1)^2\right]} \end{array}\right\} \tag{11-22}$$

必须指出,不同材料固然可以发生不同形式的破坏,但即使是同一材料,处于不同应力状态下也可能有不同的破坏形式。例如碳钢在单向拉伸下以塑性屈服的形式破坏,但碳钢制成的螺纹钢,其根部因应力集中引起三向拉伸就会出现脆性断裂。又如铸铁单向受拉时以断裂的形式破坏,但淬火钢球压在厚铸铁板上,接触点附近的材料处于三向受压状态,随着压力的增大,铸铁板会出现明显的凹坑,这表明已出现屈服现象。无论是塑性材料还是脆性材料,在三向拉应力相近的情况下,都将以脆性断裂的形式破坏,在三向压应力相近的情况下,都可引起塑性屈服。

应用强度理论解决实际问题的步骤:

(1)分析计算构件危险点上的应力。

(2)确定危险点的主应力。

(3)选用适当的强度理论计算其相当应力,然后运用强度条件进行强度计算。

例题 11-10 已知某铸铁构件上危险点的原始单元体如图 11-22 所示,若铸铁的许用拉应力 $[\sigma_t]=40$ MPa,试校核该构件的强度。

解:(1)确定各面上的应力

由图 11-22 可得

$$\sigma_x=10 \text{ MPa}, \quad \sigma_y=20 \text{ MPa}, \quad \tau_x=-15 \text{ MPa}$$

(2)求主应力

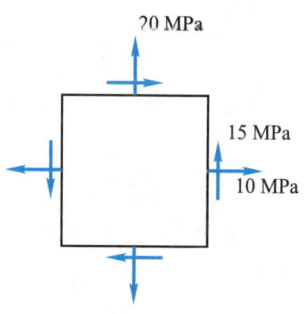

图 11-22 例题 11-10 图

$$\left.\begin{array}{c}\sigma'\\\sigma''\end{array}\right\}=\frac{\sigma_x+\sigma_y}{2}\pm\sqrt{\left(\frac{\sigma_x-\sigma_y}{2}\right)^2+\tau_x^2}$$

$$=\left[\frac{10+20}{2}\pm\sqrt{\left(\frac{10-20}{2}\right)^2+(-15)^2}\right] \text{ MPa}$$

$$=(15\pm15.8) \text{ MPa}\begin{cases}30.8 \text{ MPa}\\-0.8 \text{ MPa}\end{cases}$$

$$\sigma'''=0$$

该点的主应力为

$$\sigma_1=30.8 \text{ MPa}, \quad \sigma_2=0, \quad \sigma_3=-0.8 \text{ MPa}$$

(3)强度校核

根据所给的应力状态,在单元体各面上只有拉应力而无压应力。因此,可以认为铸铁在这种应力状态下发生脆性断裂,故采用第一强度理论,即

$$\sigma_{r1}=\sigma_1=30.8 \text{ MPa}<[\sigma_t]$$

此危险点的强度足够。

例题 11-11 试按强度理论建立纯剪切应力状态的强度条件,并寻求塑性材料许用切应力 $[\tau]$ 与许用拉应力 $[\sigma]$ 之间的关系。

解:纯剪切应力状态为平面应力状态,如图 11-23 所示。其三个主应力分别为:$\sigma_1=\tau$、$\sigma_2=0$、$\sigma_3=-\tau$。对塑性材料应采用最大切应力理论。按第三强度理论得出的强度条件为

$$\sigma_1-\sigma_3=\tau-(-\tau)=2\tau\leqslant[\sigma]$$

$$\tau\leqslant\frac{[\sigma]}{2}$$

而剪切的强度条件为

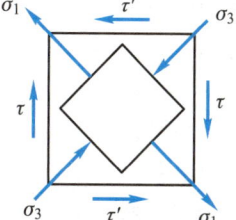

图 11-23 例题 11-11 图

$$\tau \leqslant [\tau]$$

比较上两式可得

$$[\tau] = \frac{[\sigma]}{2} = 0.5[\sigma]$$

这是按第三强度理论求得的 $[\tau]$ 与 $[\sigma]$ 之间的关系。

如按第四强度理论,则纯剪切的强度条件是

$$\sqrt{\frac{1}{2}\left[(\sigma_1-\sigma_2)^2+(\sigma_2-\sigma_3)^2+(\sigma_3-\sigma_1)^2\right]}$$

$$= \sqrt{\frac{1}{2}\left[(\tau-0)^2+(0+\tau)^2+(-\tau-\tau)^2\right]}$$

$$= \sqrt{3}\,\tau \leqslant [\sigma]$$

与剪切强度条件 $\tau \leqslant [\tau]$ 比较,得

$$[\tau] = \frac{[\sigma]}{\sqrt{3}} = 0.577[\sigma] \approx 0.6[\sigma]$$

这是按第四强度理论得到的 $[\tau]$ 与 $[\sigma]$ 之间的关系。它与实验结果比较接近。

自测题 11.6

自测题 11.6
参考答案

自测题 11.6.1　当材料处于＿＿＿＿＿＿应力状态时,应该用强度理论进行强度计算。

自测题 11.6.2　强度理论是确定材料失效的一些条件。这一说法(　　　　)。

　　A. 正确　　　　　　　　　　　　　　B. 错误

自测题 11.6.3　不同的强度理论适用于不同的材料和不同的应力状态。这一说法(　　　　)。

　　A. 正确　　　　　　　　　　　　　　B. 错误

自测题 11.6.4　第一强度理论认为,不论是拉应力还是压应力,最大的主应力是引起材料脆性断裂的主要原因。这一说法(　　　　)。

　　A. 正确　　　　　　　　　　　　　　B. 错误

自测题 11.6.5　第二强度理论认为,最大拉应变是引起各种材料破坏的主要原因。这一说法(　　　　)。

　　A. 正确　　　　　　　　　　　　　　B. 错误

自测题 11.6.6　第三强度理论认为,最大切应力是引起材料屈服的主要原因。这一说法(　　　　)。

　　A. 正确　　　　　　　　　　　　　　B. 错误

自测题 11.6.7　第四强度理论认为,最大畸变能密度是引起材料屈服的主要原因。这一说法(　　　　)。

　　A. 正确　　　　　　　　　　　　　　B. 错误

自测题 11.6.8　只要是脆性材料,都可以应用第一或第二强度理论进行强度计算。这一说法(　　　　)。

　　A. 正确　　　　　　　　　　　　　　B. 错误

自测题 11.6.9　只要是塑性材料,都可以应用第三或第四强度理论进行强度计算。

这一说法(　　　　)。

A. 正确　　　　　　　　　　　　B. 错误

自测题 11.6.10　任何一种强度理论都不适用于纯剪切应力状态。这一说法（　　　　）。

A. 正确　　　　　　　　　　　　B. 错误

自测题 11.6.11　如果塑性材料处于三向拉伸应力状态,应该用第＿＿＿＿＿＿强度理论进行强度计算。

11.7　圆轴弯扭组合变形时的强度计算

弯曲与扭转组合变形是工程中最常见的组合变形形式。现以图 11-24a 所示的操纵手柄为例来说明弯曲与扭转组合变形时的强度计算方法。

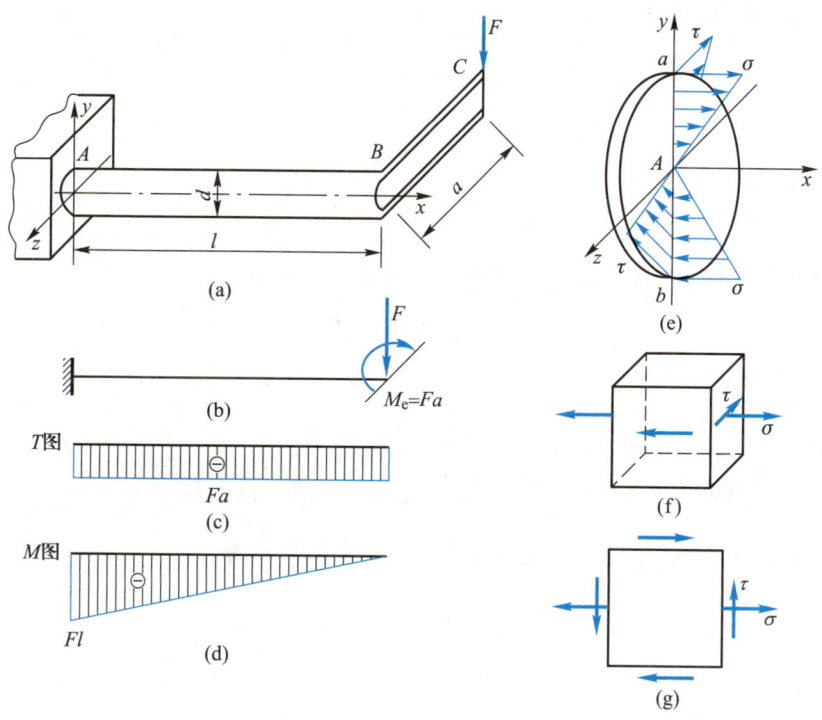

图 11-24　操纵手柄弯扭组合变形及强度分析

1. 外力分析

分析外力作用时,在不改变所研究构件段的内力和变形的前提下,可以用等效力系来代替原力系的作用。因此,在研究杆 AB 的受力时,可以将作用在操纵手柄点 C 上的力 F 向点 B 平移,得一力 F 和一力偶 M_e,如图 11-24b 所示。

2. 内力分析

力 F 使杆 AB 产生平面弯曲,力偶 M_e 使杆 AB 产生扭转。于是,杆 AB 为弯曲与扭转的组合变形。作扭矩图和弯矩图,如图 11-24c、d 所示。由此两图可以判断,固定端 A 截面为危险截面。

3. 应力分析

在危险截面上,弯矩产生的弯曲正应力呈线性分布,离中性轴 z 最远的 a、b 两点分别具有最大拉应力和最大压应力。扭矩产生扭转切应力,截面的圆周上各点具有最大切应力。应力分布如图 11-24e 所示。

a、b 两点同时具有最大弯曲正应力和最大扭转切应力,因而是危险点。

现以点 a 为例进行研究。围绕点 a 取一原始单元体,如图 11-24f 所示。由于此单元体上下面上没有应力,可以用如图 11-24g 所示的平面应力状态来表示,图中应力 σ 和 τ 分别为

$$\sigma = \frac{M}{W_z}, \quad \tau = \frac{T}{W_p}$$

4. 强度条件

危险点处于平面应力状态,其强度计算必需使用强度理论。

危险点 a 的三个主应力为

$$\sigma_1 = \frac{\sigma}{2} + \sqrt{\left(\frac{\sigma}{2}\right)^2 + \tau^2}$$

$$\sigma_2 = 0$$

$$\sigma_3 = \frac{\sigma}{2} - \sqrt{\left(\frac{\sigma}{2}\right)^2 + \tau^2}$$

将主应力值代入式(11-22),得第三强度理论的强度条件为

$$\sigma_{r3} = \sqrt{\sigma^2 + 4\tau^2} \leqslant [\sigma] \tag{11-23}$$

第四强度理论的强度条件为

$$\sigma_{r4} = \sqrt{\sigma^2 + 3\tau^2} \leqslant [\sigma] \tag{11-24}$$

如将 $\sigma = \dfrac{M}{W_z}$ 和 $\tau = \dfrac{T}{W_p}$ 代入上面两式,并注意到圆轴的抗扭截面系数 $W_p = 2W$,$W = W_z$,可得到圆轴弯扭组合变形时第三强度理论的另一表达形式为

$$\sigma_{r3} = \frac{\sqrt{M^2 + T^2}}{W} \leqslant [\sigma] \tag{11-25}$$

若按第四强度理论,则为

$$\sigma_{r4} = \frac{\sqrt{M^2 + 0.75T^2}}{W} \leqslant [\sigma] \tag{11-26}$$

式中,M 和 T 分别为危险截面的弯矩和扭矩,$W = \dfrac{\pi d^3}{32}$,为圆截面的抗弯截面系数。

例题 11-12   如图 11-25a 所示绞车,电动机带动车轴旋转,从而起吊重物。已知:$l = 1\text{ m}$,圆盘半径 $R = 0.2\text{ m}$,重物的重量 $W = 1\text{ kN}$,车轴的直径 $d = 30\text{ mm}$,材料为 Q235 钢,许用应力 $[\sigma] = 120\text{ MPa}$,不计支座摩擦力及重物惯性力的影响。试按第三强度理论校核车轴的强度。

解:(1) 外力分析

将重物的重量 W 向车轴的轴线简化(平移),车轴的受力简图如图 11-25b 所示,车轴是弯曲和扭转的组合变形。

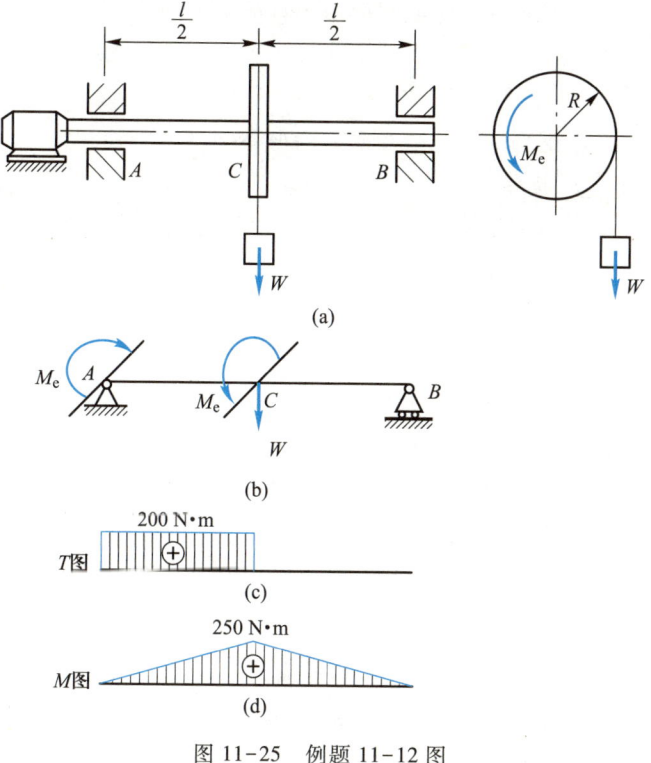

图 11-25　例题 11-12 图

根据轴的平衡条件,由

$$\sum M_x = 0, \quad M_e - W \times R = 0$$

得

$$M_e = W \times R = 1 \text{ kN} \times 0.2 \text{ m} = 0.2 \text{ kN} \cdot \text{m} = 200 \text{ N} \cdot \text{m}$$

(2)内力分析

作轴的扭矩图和弯矩图,分别如图 11-25c、d 所示。可见,C 处偏左的截面是危险截面。

(3)强度校核

将危险截面的弯矩值和扭矩值代入式(11-25),则有

$$\sigma_{r3} = \frac{\sqrt{M^2 + T^2}}{W} = \frac{\sqrt{250^2 + 200^2} \times 10^3}{\frac{\pi}{32} \times 30^3} \text{ MPa} = 120.8 \text{ MPa} > [\sigma]$$

由于

$$\frac{\sigma_{r3} - [\sigma]}{[\sigma]} \times 100\% = \frac{120.8 - 120}{120} \times 100\% = 0.67\% < 5\%$$

所以,该车轴的强度足够。

自测题 11.7

自测题 11.7.1　圆形等截面杆承受弯扭组合变形时,除轴线上的点外,其余任一点的应力状态都是复杂应力状态。这一说法(　　　　)。

A. 正确　　　　　　　　　　　　　　　　　　B. 错误

自测题 11.7
参考答案

自测题 11.7.2   在弯扭组合变形圆形截面杆的外边界上,各点的应力状态都处于平面应力状态。这一说法(   )。

A. 正确   B. 错误

自测题 11.7.3   在弯曲与扭转组合变形圆形截面杆的外边界上,各点主应力必然是 $\sigma_1 > 0, \sigma_2 = 0, \sigma_3 < 0$。这一说法(   )。

A. 正确   B. 错误

自测题 11.7.4   在拉伸、弯曲和扭转组合变形圆形截面杆的外边界上,各点主应力必然是 $\sigma_1 > 0, \sigma_2 = 0, \sigma_3 < 0$。这一说法(   )。

A. 正确   B. 错误

自测题 11.7.5   圆形截面杆承受弯扭组合变形,用横截面上的应力表示第三强度理论的强度条件是_____,第四强度理论的强度条件是_____。

自测题 11.7.6   圆形截面杆承受弯扭组合变形,用内力表示第三强度理论的强度条件是_____,第四强度理论的强度条件是_____。

习　题

第 11 章习题
参考答案

11.1   如图 11-26 所示,起重架的最大起吊重量(包括行走小车等)$F = 40$ kN,横梁 AC 由两根 ⊏ 18b 槽钢组成,许用应力 $[\sigma] = 120$ MPa。试校核该横梁的强度。

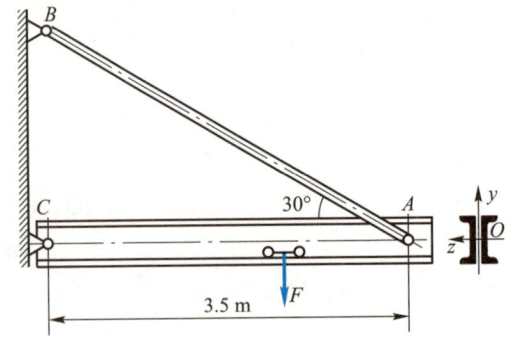

图 11-26   习题 11.1 图

11.2   矩形截面杆受力及尺寸如图 11-27 所示。若杆材料的许用应力 $[\sigma] = 160$ MPa,试求杆件的许可载荷 F。图中长度单位为 mm。

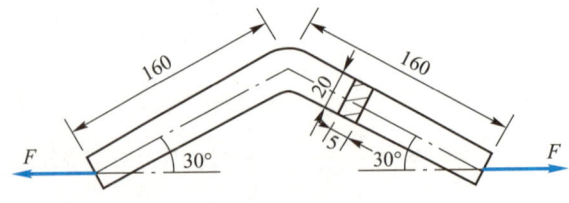

图 11-27   习题 11.2 图

11.3   如图 11-28 所示,矩形截面杆 $h \times b = 200$ mm$\times$100 mm,$F = 20$ kN。试求杆内的最大正应力。

11.4   如图 11-29 所示夹具,在夹紧零件时受力 $F = 2$ kN,已知螺钉与夹具竖杆的中心距 $e = 60$ mm,设夹具竖杆的横截面尺寸为 $b = 10$ mm,$h = 24$ mm,材料的许用应力 $[\sigma] = 160$ MPa,试校核该竖杆的强度。

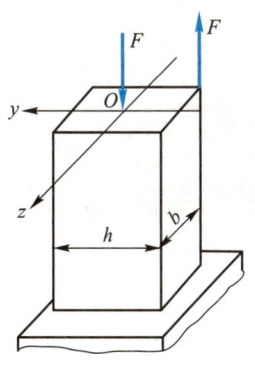

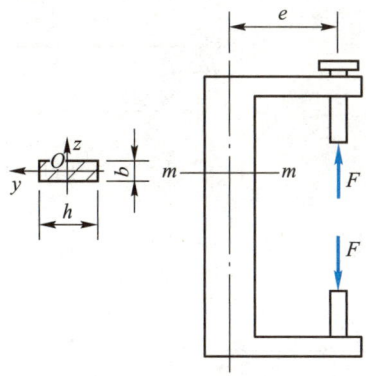

图 11-28 习题 11.3 图　　　　　　图 11-29 习题 11.4 图

11.5　钩头螺栓如图 11-30 所示,直径 $d=20$ mm,当拧紧螺母时承受偏心力 F 的作用,若材料的许用应力$[\sigma]=120$ MPa,试求许可载荷 F。图中长度单位为 mm。

11.6　如图 11-31 所示的受拉杆,截面为 40 mm×5 mm 的矩形,拉力 $F=12$ kN,通过杆的轴线。现需在拉杆上开一切口,如不计应力集中影响,材料的许用应力$[\sigma]=100$ MPa,试求切口的许可深度。图中长度单位为 mm。

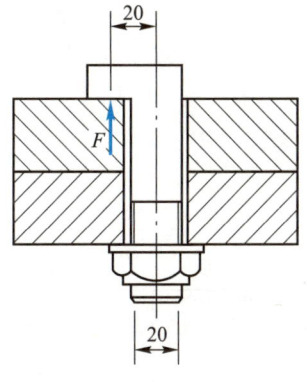

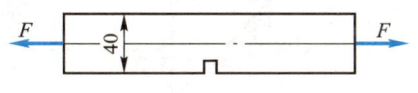

图 11-30 习题 11.5 图　　　　　　图 11-31 习题 11.6 图

11.7　图 11-32 所示为一搁置在屋架上的檩条的计算简图。已知檩条的跨度 $l=5$ m,$q=2$ kN/m,$b×h=150$ mm×200 mm,所用松木的许用应力$[\sigma]=10$ MPa。试校核该檩条的强度。

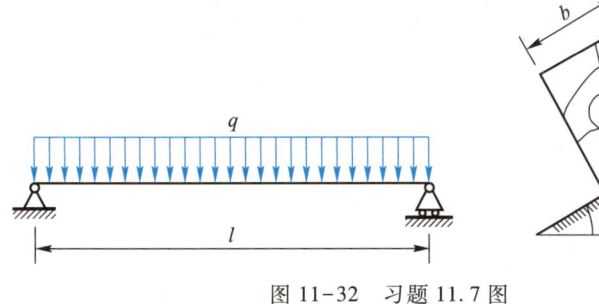

图 11-32 习题 11.7 图

11.8　简支梁选用 I25a 工字钢,受力及尺寸如图 11-33 所示。已知钢材的许用应力$[\sigma]=160$ MPa,试校核该梁的强度。

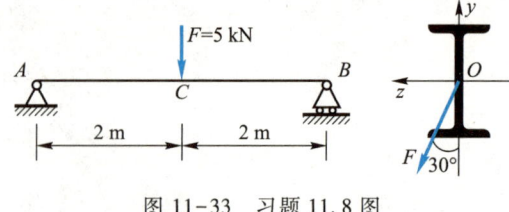

图 11-33   习题 11.8 图

11.9   构件受力如图 11-34 所示。试用原始单元体表示图中点 A、B 的应力状态,并写出应力的表达式。

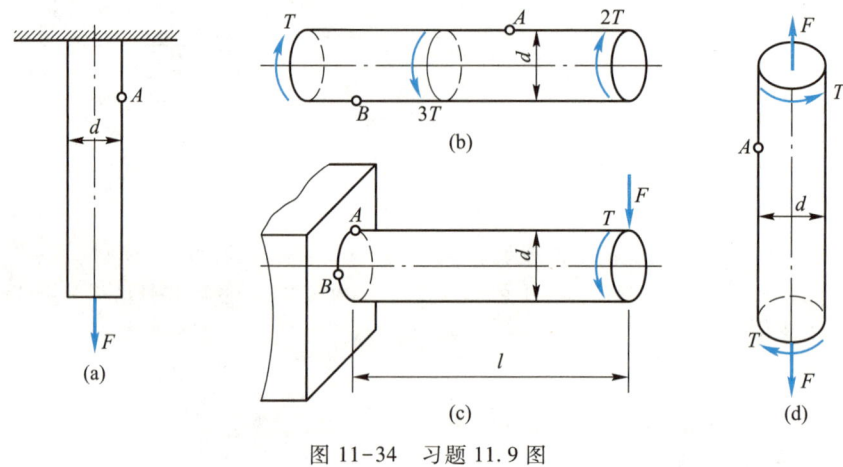

图 11-34   习题 11.9 图

11.10   已知应力状态如图 11-35 所示,图中应力单位为 MPa。试求:(1)指定斜截面上的应力;(2)主应力;(3)最大切应力。

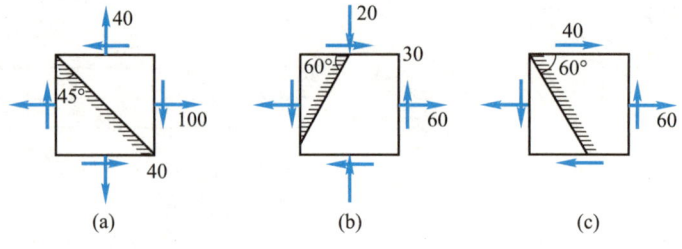

图 11-35   习题 11.10 图

11.11   一矩形截面梁,尺寸及载荷如图 11-36 所示,尺寸单位为 mm。试:(1)画出梁上点 A、B、C 的原始单元体并求出各面上的应力;(2)求各点的主应力及最大切应力。

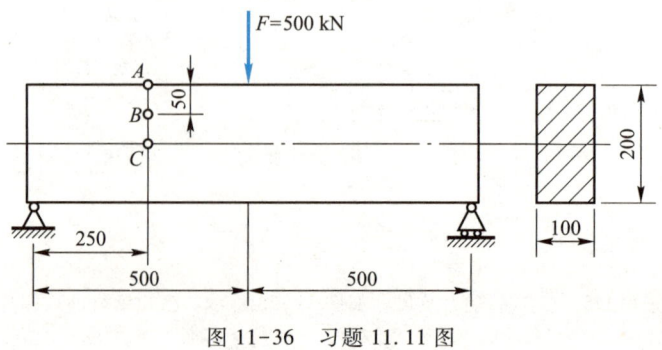

图 11-36   习题 11.11 图

11.12　现测得图 11-37 所示受扭空心圆轴表面点 K 与轴线成 45°方向的正应变 $\varepsilon_{45°}$，已知空心圆轴外径为 D，内外径之比为 α。试求外力偶矩 M_e。材料的弹性常数 E、ν 均为已知。

11.13　现测得图 11-38 所示矩形截面梁中性层上点 K 与轴线成 45°方向的线应变 $\varepsilon_{45°}=50×10^{-6}$。已知材料的弹性模量 $E=200$ GPa，$\nu=0.25$，试求梁上的载荷 F 的值。

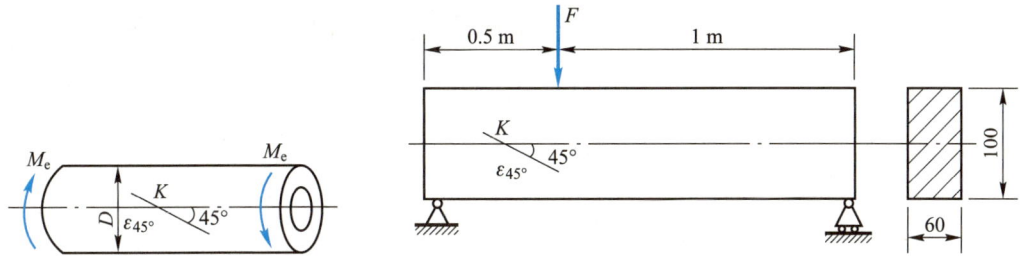

图 11-37　习题 11.12 图　　　　　　　　图 11-38　习题 11.13 图

11.14　一刚性槽如图 11-39 所示。在槽内紧密地嵌入一铝质立方块，其尺寸为 10 mm×10 mm×10 mm，铝材的弹性模量 $E=70$ GPa，$\nu=0.33$。试求铝块受到 $F=6$ kN 的作用时，铝块的三个主应力。

11.15　从零件中某点取出一单元体，其应力状态如图 11-40 所示。若材料为铸铁，泊松比 $\nu=0.3$，试按第一和第二强度理论计算单元体的相当应力。若材料为低碳钢，试按第三和第四强度理论计算单元体的相当应力。

（1）$\sigma_\alpha=40$ MPa，$\sigma_{\alpha+90°}=40$ MPa，$\tau_\alpha=60$ MPa。

（2）$\sigma_\alpha=60$ MPa，$\sigma_{\alpha+90°}=-80$ MPa，$\tau_\alpha=-40$ MPa。

（3）$\sigma_\alpha=50$ MPa，$\sigma_{\alpha+90°}=0$，$\tau_\alpha=80$ MPa。

（4）$\sigma_\alpha=-40$ MPa，$\sigma_{\alpha+90°}=50$ MPa，$\tau_\alpha=0$。

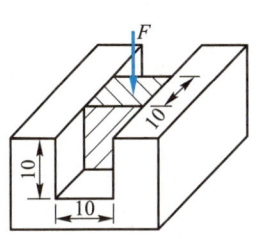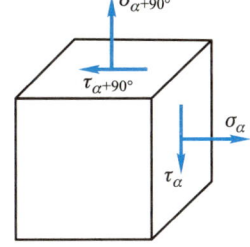

图 11-39　习题 11.14 图　　　　　　　　图 11-40　习题 11.15 图

11.16　某钢制圆柱形薄壁容器，直径为 800 mm，壁厚 $t=4$ mm，材料的许用应力 $[\sigma]=120$ MPa。试用强度理论确定其能承受的最大内压力 p。

11.17　图 11-41 所示为钢轨与火车车轮接触点处的应力状态。已知 $\sigma_1=-650$ MPa，$\sigma_2=-700$ MPa，$\sigma_3=-900$ MPa。钢轨材料的许用应力 $[\sigma]=250$ MPa。试用强度理论校核接触点处材料的强度。

11.18　圆杆如图 11-42 所示。已知 $d=10$ mm，$M_e=Fd/10$，若材料为：（1）铸铁，$[\sigma_t]=30$ MPa；（2）钢材，$[\sigma]=160$ MPa。试求两种情况的许可载荷 F。

11.19　如图 11-43 所示，电动机的功率 $P=8.8$ kW，转速 $n=800$ r/min，带轮的直径 $D=250$ mm，重量 $W=700$ N，轴可看作长度 $l=120$ mm 的悬臂梁，轴材料的许用应力 $[\sigma]=100$ MPa。试按第四强度理论设计轴的直径 d。

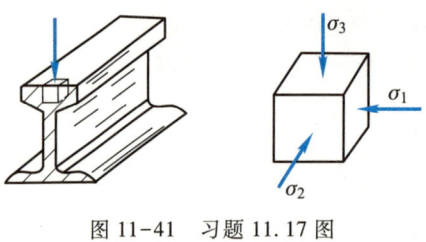

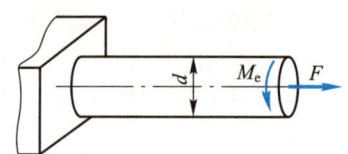

图 11-41   习题 11.17 图   图 11-42   习题 11.18 图

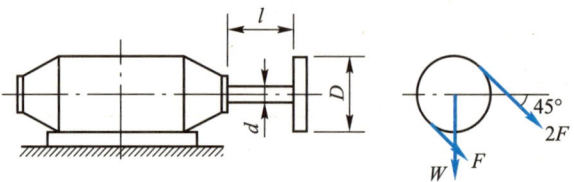

图 11-43   习题 11.19 图

11.20   手摇绞车如图 11-44 所示,轴的直径 $d = 35$ mm,$W = 1$ kN,材料的许用应力 $[\sigma] = 80$ MPa。试按第三强度理论校核轴的强度。图中长度单位为 mm。

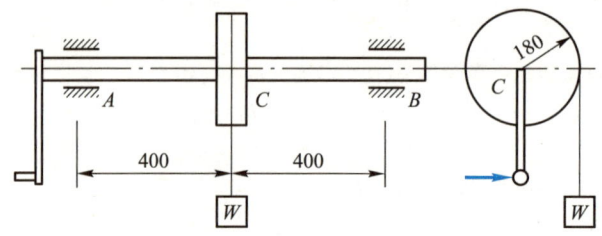

图 11-44   习题 11.20 图

第 12 章 压 杆 稳 定

12.1 压杆稳定的概念

粗短杆在轴向压力的作用下,若杆件的应力达到屈服极限或强度极限,会产生塑性屈服或脆性断裂,使杆件不能正常工作。例如低碳钢短柱被压扁、铸铁短柱被压碎,都是由于强度不足而失效的。

细长杆在轴向压力作用下,其破坏形式与强度问题截然不同。例如,一根长度为 1 m、直径为 10 mm 的圆钢,材料的抗压许用应力为 160 MPa,若按抗压强度计算,其承载能力为 12.56 kN。而实际上,这样的压杆其实际承载能力不超过 1 kN,否则直杆会发生明显的弯曲变形,丧失继续承载的能力,从而导致破坏。此时的压杆破坏既不属于强度问题,也不属于刚度问题,而是属于稳定性问题。

实际的压杆在制造时其轴线不可避免地会存在初曲率,作用在压杆上的外力的合力作用线也不可能毫无偏差地与杆件的轴线重合,此外制造压杆的材料也会存在一定的不均匀性。这些因素都可能使得压杆在轴向压力作用下除发生轴向压缩变形外,还会发生附加的弯曲变形。

在对压杆的承载能力进行理论研究时,通常将压杆抽象成由均质材料制成、轴线为直线且轴向力作用线与杆件轴线完全重合的状态,这种压杆被称为理想中心受压直杆。由于这种状态不存在上述使杆件发生弯曲变形的初始因素,因此,压杆在轴向力作用下不会发生弯曲变形。为此,在分析理想中心受压直杆时,当压杆承受轴向压力作用后,假想地在杆上施加一个微小的横向力,如图 12-1a 所示,使杆发生弯曲变形,然后撤去该横向力。

当轴向压力 F 不大时,给杆一个微小的横向干扰力,会使杆发生微小的弯曲变形,但是,当干扰力撤去后,杆件仍能恢复到原来的直线平衡状态(图 12-1b),这表明压杆原来的直线平衡状态是稳定的;当轴向压力 F 增大到某一极限值时,撤去干扰力后压杆不能恢复其原来的直线平衡状态,而保持曲线平衡状态(图 12-1c),这表明压杆原来的直线平衡状态是不稳定的。

理想中心受压直杆在直线状态下平衡,由稳定平衡转变为不稳定平衡时所受轴向压力的界限值,称为临界压力或临界力,用 F_{cr} 表示。压杆由稳定平衡转变为不稳定平衡的现象称为失去稳定性,简称失稳。

在实际工程中,设计内燃机的连杆(图 12-2a)、冷拔机的撑杆(图 12-2b)和厂房的立柱等时,必须考虑其稳定性,以免引起压杆失稳破坏。

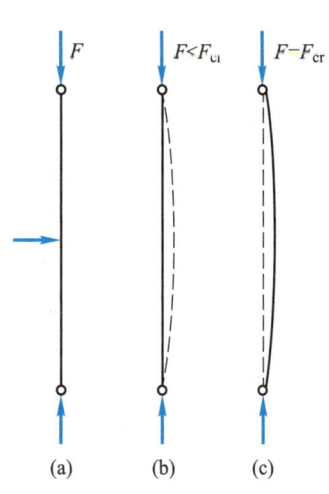

图 12-1 压杆的稳定性

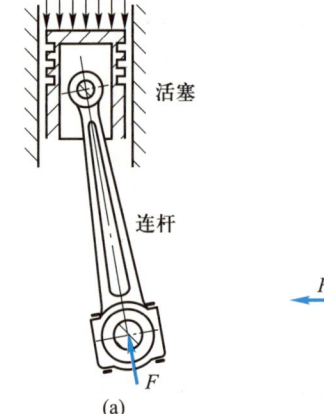
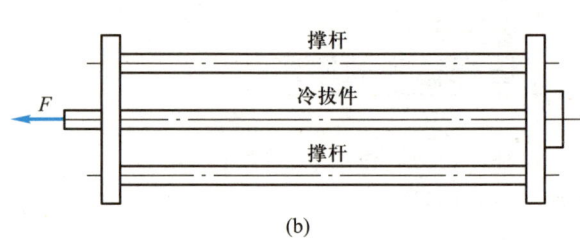

图 12-2　压杆稳定实例

自测题 12.1

自测题 12.1.1　压杆丧失稳定性是指细长杆受压时,其轴线＿＿＿＿＿＿＿＿＿＿＿＿＿＿＿＿的现象。

自测题 12.1.2　临界力是理想中心受压直杆维持直线稳定平衡状态的最大载荷。这一说法(　　　　)。

A. 正确　　　　　　　　　　　　　　　　B. 错误

自测题 12.1.3　横向干扰力越大,压杆越容易失稳。这一说法(　　　　)。

A. 正确　　　　　　　　　　　　　　　　B. 错误

12.2　两端铰支细长中心压杆的临界力

以两端为球铰支座、长度为 l 的等截面细长中心受压直杆为例,推导其临界力公式。从前面的讨论可知,压杆在临界力 F_{cr} 作用下,其轴线将由直线转变为曲线,如图 12-3 所示,并在这种微弯状态下维持平衡。

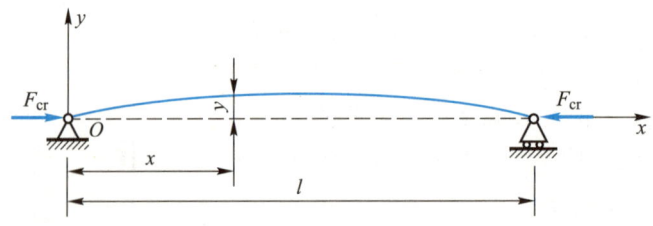

图 12-3　两端铰支压杆的临界力

压杆在距离坐标原点 x 处的横截面上的弯矩为

$$M(x) = -F_{cr}y \tag{a}$$

得挠曲线近似微分方程为

$$EIy'' = M(x) = -F_{cr}y \tag{b}$$

若令

$$k^2 = \frac{F_{cr}}{EI} \qquad\qquad (c)$$

则式(b)可写为二阶常系数线性微分方程

$$y'' + k^2 y = 0 \qquad\qquad (d)$$

其通解为

$$y = A\sin kx + B\cos kx \qquad\qquad (e)$$

式中,常数 A、B 和 k 可由挠曲线的边界条件确定。

　　根据边界条件,当 $x=0$ 时,$y=0$,可得

$$B = 0$$

则

$$y = A\sin kx$$

　　当 $x=l$ 时,$y=0$,可得

$$A\sin kl = 0$$

所以有

$$A = 0 \text{ 或 } \sin kl = 0$$

　　若 $A=0$,则 $y=0$ 恒成立,即压杆不会发生弯曲变形,这与轴向力作用下压杆的微弯状态矛盾,故

$$\sin kl = 0$$

即得

$$kl = n\pi \,(n = 0,1,2,\cdots) \qquad\qquad (f)$$

　　将式(f)代入式(c),可得

$$F_{cr} = \frac{n^2\pi^2 EI}{l^2} \,(n = 0,1,2,\cdots)$$

显然,$n=0$ 时的结果与上述讨论不符,而且临界力应是压杆在微弯状态下保持平衡的最小力,因此取 $n=1$。故

$$F_{cr} = \frac{\pi^2 EI}{l^2} \qquad\qquad (12\text{-}1)$$

上式即为两端铰支等截面细长中心受压直杆的临界力公式。此公式最早由欧拉导出,所以又称为欧拉公式。

　　欧拉公式表明,临界力 F_{cr} 与压杆的弯曲刚度 EI 成正比,与杆长 l 的平方成反比。且压杆在刚度最小的平面内弯曲,因此 I 取横截面的最小惯性矩。

　　由以上推导可知,当 $n=1$ 时,$k = \dfrac{\pi}{l}$,则

$$y = A\sin\frac{\pi x}{l}$$

　　两端铰支等截面细长中心受压直杆在临界力作用下处于曲线平衡状态时,其挠曲线为半波正弦曲线。

　　例题 12-1　一细长木柱两端用球形铰链与其他物体连接,已知木柱的横截面为 120 mm×160 mm 的矩形,杆长 $l=4$ m,木材的弹性模量 $E=10$ GPa。试求木柱的临界力。

力学家小传
欧拉

解：因为细长木柱在刚度最小的平面内弯曲，因此 I 取横截面的最小惯性矩

$$I_{\min}=\frac{hb^{3}}{12}=\frac{160\times120^{3}\times10^{-12}}{12}\ \text{m}^{4}=2.304\times10^{-5}\ \text{m}^{4}$$

由欧拉公式得木柱的临界力为

$$F_{\text{cr}}=\frac{\pi^{2}EI_{\min}}{l^{2}}=\frac{3.14^{2}\times10\times10^{9}\times2.304\times10^{-5}}{4^{2}}\ \text{N}=141.9\ \text{kN}$$

<h3 align="center">自测题 12.2</h3>

自测题 12.2
参考答案

自测题 12.2.1　中心受压直杆的临界力值是不唯一的。这一说法（　　　　）。

A. 正确　　　　　　　　　　　　　　　　B. 错误

自测题 12.2.2　两端铰支压杆在临界力作用下的曲线平衡状态，其挠曲线是一确定的半波正弦曲线。这一说法（　　　　）。

A. 正确　　　　　　　　　　　　　　　　B. 错误

自测题 12.2.3　圆截面的细长压杆，材料、杆长和杆端约束保持不变，若将压杆的直径缩小一半，则其临界力为原压杆临界力的_____。

自测题 12.2.4　圆截面的细长压杆，材料、杆长和杆端约束保持不变，若将压杆的截面形状改变为面积相同的正方形，则其临界力为原压杆临界力的_____。

自测题 12.2.5　两根材料和约束相同的圆截面细长压杆，长度分别为 l_1 和 l_2，$l_2=2l_1$，若两杆的临界力相等，则它们的直径比 $d_1/d_2=$_____。

12.3　其他杆端约束条件下细长中心压杆的临界力

　　细长中心受压直杆的两端除了可用球铰支座约束外，还有其他约束条件，这些杆端约束条件下压杆的临界力公式推导可参考两端铰支细长中心压杆的临界力公式。

　　事实上，也可将其他杆端约束条件下细长压杆的挠曲线形状与两端铰支约束压杆的挠曲线形状进行对比，应用类比的方法得到相应杆端约束细长压杆的临界力公式。实践表明，细长中心受压直杆的两端约束情况直接影响其临界力的大小，杆端约束刚性越好，杆的抗弯能力越大，临界力也越高。为此，可将其他杆端约束条件下细长中心压杆的临界力公式写成同一形式：

$$F_{\text{cr}}=\frac{\pi^{2}EI}{(\mu l)^{2}}\tag{12-2}$$

式中，μ 称为压杆的长度因数，与杆端的约束情况有关，杆端约束刚性越好，μ 值越小。μl 称为相当长度，表示将长度为 l 的不同杆端约束的压杆折算成两端铰支压杆的长度。

　　几种典型的杆端约束情况下的长度因数 μ 值及相当长度列于表 12-1。从表 12-1可以看出，两端铰支时，压杆在临界力作用下的挠曲线为半波正弦曲线；当一端固定一端铰支时，长度为 l 的压杆的挠曲线在距离固定端 $0.3l$ 的点 C 处有一拐点，拐点处弯矩为零，即在 $0.7l$ 长度内有一完整的半波正弦曲线，与长度为 l 的两端铰支压杆挠曲线形状相同，因此，这种约束的相当长度为 $0.7l$。其他约束情况下的相当长度可以此类推。

表 12-1　不同杆端约束情况下细长中心受压直杆的长度因数 μ 及相当长度

约束情况	两端铰支	一端固定、一端铰支	两端固定	一端固定、一端自由
失稳时的挠曲线形状				
长度因数 μ	$\mu = 1$	$\mu \approx 0.7$	$\mu = 0.5$	$\mu = 2$
相当长度 μl	l	$0.7l$	$0.5l$	$2l$

例题 12-2　一细长圆形截面活塞杆,工作时可将其视为一端固定另一端自由,已知活塞杆的平均外伸长度 $l = 900$ mm,直径 $d = 25$ mm,材料为钢,弹性模量 $E = 206$ GPa。试求该活塞杆的临界力。

解:根据活塞杆的约束情况,可知 $\mu = 2$,由式(12-2)得

$$F_{cr} = \frac{\pi^2 EI}{(\mu l)^2} = \frac{3.14^2 \times 206 \times 10^9}{(2 \times 900 \times 10^{-3})^2} \cdot \frac{3.14 \times 25^4 \times 10^{-12}}{64} \text{ N} = 12.01 \text{ kN}$$

自测题 12.3

自测题 12.3.1　压杆的临界力与＿＿＿＿＿＿、＿＿＿＿＿＿、＿＿＿＿＿＿及＿＿＿＿＿＿等因素有关。

自测题 12.3.2　两端铰支的中心受压直杆的挠曲线形状为＿＿＿＿＿＿。

自测题 12.3.3　细长压杆的杆端约束刚性越好,μ 值越＿＿＿＿＿＿,压杆的临界力越＿＿＿＿＿＿,稳定性越＿＿＿＿＿＿。

自测题 12.3.4　相当长度 μl 的物理意义是将长度为 l 的＿＿＿＿＿＿压杆折算成＿＿＿＿＿＿压杆的长度。折算的依据是失稳时压杆的＿＿＿＿＿＿。

自测题 12.3.5　细长压杆,若其长度因数增加一倍,则(　　　　)。

A. F_{cr} 增加一倍　　　　　　　　　B. F_{cr} 增加到原来的 4 倍

C. F_{cr} 为原来的 $\dfrac{1}{4}$　　　　　　　　D. F_{cr} 为原来的 $\dfrac{1}{2}$

自测题 12.3.6　两根细长压杆 a 与 b 的长度、横截面面积、约束状态及材料均相同,若其横截面形状分别为正方形和圆形,则两压杆的临界力 F_{acr} 和 F_{bcr} 的关系为(　　　　)。

A. $F_{acr} = F_{bcr}$　　　　B. $F_{acr} < F_{bcr}$　　　　C. $F_{acr} > F_{bcr}$　　　D. 不确定

自测题 12.3.7　将圆截面压杆改成面积相等的圆环截面压杆,其他条件不变,其临界应力将＿＿＿＿＿＿(降低、增大)。

自测题 12.3
参考答案

12.4 欧拉公式的适用范围与经验公式

细长中心受压直杆的欧拉公式是在线弹性范围内推导的,因此,压杆在临界力 F_{cr} 作用下的应力不得超过材料的比例极限 σ_p。由此可见,欧拉公式的使用是有一定范围的。

12.4.1 临界应力和柔度的概念

压杆在临界力 F_{cr} 作用下,其横截面上的压应力称为压杆的临界应力,用 σ_{cr} 表示。不同约束情况下细长中心受压直杆横截面上的应力均匀分布,为

$$\sigma_{cr} = \frac{F_{cr}}{A} = \frac{\pi^2 EI}{(\mu l)^2 A} \tag{a}$$

由惯性半径 $i = \sqrt{I/A}$,有

$$\sigma_{cr} = \frac{\pi^2 E}{\left(\dfrac{\mu l}{i}\right)^2} \tag{b}$$

令

$$\lambda = \frac{\mu l}{i} \tag{12-3}$$

则式(b)可写为

$$\sigma_{cr} = \frac{\pi^2 E}{\lambda^2} \tag{12-4}$$

式(12-4)为欧拉公式的另一种表达形式,称为欧拉临界应力公式。式中,λ 称为柔度或长细比,是一个量纲一的量,它综合反映了压杆的长度、杆端约束、截面形状与尺寸对临界应力的影响,其值越大,σ_{cr} 值越小,压杆稳定性越差。

12.4.2 欧拉公式的适用范围

根据前面的分析,要用欧拉公式求压杆的临界力,必须满足

$$\sigma_{cr} = \frac{\pi^2 E}{\lambda^2} \leqslant \sigma_p$$

改写为

$$\lambda \geqslant \pi \sqrt{\frac{E}{\sigma_p}} = \lambda_p$$

式中,λ_p 为与材料的弹性模量 E 和比例极限 σ_p 相关的量,仅随材料而异。当 $\lambda \geqslant \lambda_p$ 时,能够应用欧拉公式求临界力,此时的压杆称为大柔度杆或细长杆。常见的低碳钢 Q235,弹性模量 $E = 206$ GPa,比例极限 $\sigma_p = 200$ MPa,则 $\lambda_p \approx 100$,因此,由 Q235 钢制成的压杆,只有当其柔度 $\lambda \geqslant 100$ 时才能按欧拉公式求其临界力。

12.4.3 经验公式·临界应力总图

在工程中也经常见到柔度小于 λ_p 的压杆,这类压杆的临界应力已经超过材料的比例极限 σ_p,欧拉公式不再适用,工程上多采用经验公式进行计算,包括直线型经验公式和抛物线型经验公式。

直线型经验公式描述了压杆的临界应力 σ_{cr} 与其柔度 λ 间存在如下直线关系：

$$\sigma_{cr} = a - b\lambda \qquad (12-5)$$

式中，a、b 是与材料性质有关的系数，单位为 MPa。表 12-2 列出了一些材料的系数 a、b 的参考值。

表 12-2　直线型经验公式系数 a、b 的参考值

材料	a/MPa	b/MPa
Q235 钢($\sigma_s = 235$ MPa，$\sigma_b \geqslant 372$ MPa)	304	1.12
优质碳钢($\sigma_s = 306$ MPa，$\sigma_b \geqslant 471$ MPa)	461	2.568
灰铸铁	332.2	1.454
松木	28.7	0.19

上述经验公式也有适用范围，即应力不能超过材料的压缩极限应力，否则压杆会因强度不够而失效。对于塑性材料制成的压杆，要求

$$\sigma_{cr} = a - b\lambda \leqslant \sigma_s$$

改写为

$$\lambda \geqslant \frac{a - \sigma_s}{b} = \lambda_s$$

式中，λ_s 同样仅随材料而异，是应用经验公式的柔度的最小值，即当 $\lambda_s \leqslant \lambda < \lambda_p$ 时才能应用经验公式求临界力，此时的压杆称为中柔度杆或中长杆。实验表明，这种压杆的破坏形式接近于大柔度杆，有较明显的失稳现象，也属于稳定性问题。

柔度 $\lambda < \lambda_s$ 的压杆称为小柔度杆或粗短杆。实验表明，这种压杆是因为强度不足破坏的，属于强度问题。

若材料为脆性材料，只要把以上各式中的 σ_s 改为 σ_b 即可。

压杆的临界应力 σ_{cr} 与其柔度 λ 的关系如图 12-4 所示，称为临界应力总图。可见，当 $\lambda \geqslant \lambda_p$ 时，可应用欧拉公式分析压杆的稳定问题；当 $\lambda_s \leqslant \lambda < \lambda_p$ 时，仍需考虑压杆的稳定性，但欧拉公式不再适用，可采用经验公式；当 $\lambda < \lambda_s$ 时，应按照强度条件对压杆进行计算。

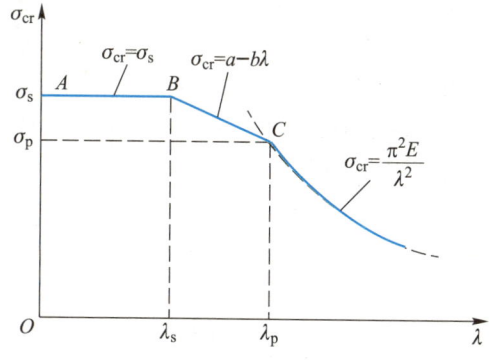

图 12-4　临界应力总图

例题 12-3　某型号冷拔机的撑杆用钢管制成，已知钢管的外径 D 和内径 d 分别为 299 mm 和 245 mm，撑杆长度为 13 m，其约束情况可近似为一端固定一端铰支。钢材为

Q235,其弹性模量 $E = 206$ GPa,试求该撑杆的临界力。

解:(1) 求撑杆的柔度

撑杆横截面的惯性半径为

$$i = \sqrt{\frac{I}{A}} = \sqrt{\frac{\pi(D^4 - d^4)}{64} \cdot \frac{4}{\pi(D^2 - d^2)}} = \frac{\sqrt{D^2 + d^2}}{4} = 0.097 \text{ m}$$

撑杆的约束为一端固定一端铰支,故 $\mu = 0.7$,根据式(12-3)得撑杆的柔度为

$$\lambda = \frac{\mu l}{i} = \frac{0.7 \times 13}{0.097} = 93.8$$

(2) 求撑杆的临界力

撑杆材料为 Q235 钢,其 $\lambda_p \approx 100$,$\lambda_s \approx 60$,显然 $60 < \lambda < 100$,即撑杆属于中柔度杆,其临界力应按经验公式计算。

根据式(12-5),可用直线型经验公式。查表 12-2 可得,Q235 钢的系数 $a = 304$ MPa,$b = 1.12$ MPa,则撑杆的临界应力为

$$\sigma_{cr} = a - b\lambda = (304 - 1.12 \times 93.8) \text{ MPa} = 198.9 \text{ MPa}$$

临界力为

$$F_{cr} = \sigma_{cr}A = 198.9 \times 10^6 \times \frac{3.14}{4} \times (299^2 - 245^2) \times 10^{-6} \text{ N} = 4\ 587 \text{ kN}$$

自测题 12.4

自测题 12.4
参考答案

自测题 12.4.1   决定压杆柔度的因素是 _____、_____、_____。

自测题 12.4.2   压杆临界应力总是低于材料的比例极限。这一说法(   )。

A. 正确   B. 错误

自测题 12.4.3   材料、柔度相等的两根压杆,临界力一定相等。这一说法(   )。

A. 正确   B. 错误

自测题 12.4.4   若两根细长压杆的惯性半径 i 相等,当 _____ 相同时,它们的柔度相等;若两杆柔度相等,当 _____ 相同时,它们的临界应力相等。

自测题 12.4.5   材料和柔度都相同的两根压杆,(   )。

A. 临界应力一定相等,临界力不一定相等

B. 临界应力不一定相等,临界力一定相等

C. 临界应力和临界力都一定相等

D. 临界应力和临界力都不一定相等

自测题 12.4.6   两端铰支的圆截面压杆,若 $\lambda_p = 100$,则压杆的长度与横截面直径之比在 _____ 范围时,才能应用欧拉公式。

自测题 12.4.7   计算中柔度杆的临界力时,若误用欧拉公式求 F_{cr},则(   )。

A. 杆件稳定偏于不安全   B. 杆件稳定偏于安全

C. 不会改变计算结果   D. 不能确定对计算结果的影响

自测题 12.4.8   在压杆稳定计算中,若误用欧拉公式计算中长杆的临界力,则所得的临界力较实际的临界力 _____,稳定校核的结果是偏于 _____ 的。

自测题 12.4.9   大柔度杆的临界应力用 _____ 公式计算,中柔度杆的临界应力用经验公式计算。

自测题 12.4.10   两根细长压杆,横截面面积相等,其中一个横截面形状为正方形,另

一个是圆形,其他条件均相同,则柔度大的横截面形状为_____。

自测题 12.4.11　将圆截面压杆改成面积相等的圆环截面压杆,其他条件不变,其柔度将_____(降低、增大)。

12.5　压杆稳定计算与提高压杆稳定性的措施

12.5.1　压杆稳定计算

工程中的压杆,要使其不丧失稳定性而正常工作,必须要求压杆所承受的轴向压力 F(轴向应力 σ)小于该压杆的临界力 F_{cr}(临界应力 σ_{cr})。考虑到杆件的初曲率、压力偏心、材料不均匀及约束缺陷等因素会降低压杆临界(应)力,因此需要给压杆一定的稳定性储备,即将临界(应)力除以一个大于 1 的安全因数,于是,压杆的稳定条件为

$$F \leqslant \frac{F_{cr}}{[n_{st}]} \quad 或 \quad \sigma \leqslant \frac{\sigma_{cr}}{[n_{st}]} \tag{12-6}$$

式中,$[n_{st}]$ 为规定稳定安全因数,其值一般高于强度安全因数,可在设计手册或相关规范中查到。表 12-3 列出了部分常见压杆的规定稳定安全因数。

表 12-3　常见压杆的规定稳定安全因数 $[n_{st}]$

实际压杆	金属结构中的压杆	矿山和冶金设备中压杆	机床丝杠	磨床油缸活塞杆	低速发动机挺杆	高速发动机挺杆
$[n_{st}]$	1.8~3.0	4~8	2.5~4.0	2~5	4~6	2~5

一般工程计算中,压杆的稳定条件为

$$n_{st} = \frac{F_{cr}}{F} \geqslant [n_{st}] \quad 或 \quad n_{st} = \frac{\sigma_{cr}}{\sigma} \geqslant [n_{st}] \tag{12-7}$$

式中,n_{st} 为压杆的工作稳定安全因数。这种建立稳定条件的方法称为安全因数法。

稳定计算时,压杆的稳定性取决于杆件的整体变形,可不必考虑杆件局部削弱(如铆钉孔)的影响,因此,采用未经削弱的截面面积和惯性矩进行计算。

例题 12-4　内燃机配气机构中的挺柱两端为铰链连接,当气阀打开时挺柱能承受的最大压力 $F_{max} = 1.75$ kN,已知挺柱长度 $l = 255$ mm,圆截面直径 $d = 8$ mm。规定稳定安全因数 $[n_{st}] = 3$,挺柱所用材料为普通钢材,其弹性模量 $E = 206$ GPa,比例极限 $\sigma_p = 200$ MPa。试校核挺柱的稳定性。

解:挺柱的截面为圆截面,可简化为两端铰支约束,$\mu = 1$,则柔度为

$$\lambda = \frac{\mu l}{i} = \frac{1 \times 255 \times 10^{-3}}{8 \times 10^{-3}/4} = 127.5$$

普通钢材 $\lambda_p = \pi \sqrt{\dfrac{E}{\sigma_p}} \approx 100$,因为 $\lambda \geqslant \lambda_p$,所以用欧拉公式求挺柱的临界力:

$$F_{cr} = \frac{\pi^2 EI}{(\mu l)^2} = \frac{3.14^2 \times 206 \times 10^9}{(1 \times 0.255)^2} \cdot \frac{3.14 \times 0.008^4}{64} \text{ N} = 6.28 \text{ kN}$$

挺柱的工作稳定安全因数为

$$n_{st} = \frac{F_{cr}}{F_{max}} = \frac{6.28}{1.75} = 3.6 > [\,n_{st}\,] = 3$$

显然,挺柱的稳定性足够。

12.5.2 提高压杆稳定性的措施

影响压杆稳定性的因素有:压杆横截面形状与尺寸、压杆长度、约束条件、杆件材料的力学性能等。因此,可以从以下几个方面入手,讨论提高压杆稳定性的措施。

1. 合理选择截面形状

对于大柔度杆和中柔度杆,其临界力都与截面的几何性质有关,为了提高压杆的临界力,可从以下几个方面考虑。

(1) 截面面积相同时,截面惯性矩 I 越大,压杆的临界力越大,其稳定性越好。因此,设计截面时,尽可能把材料放在离截面形心较远处,以取得较大的截面惯性矩。比如,可采用空心截面代替实心截面,如图 12-5a 所示。若是型钢组合的截面,则需要分开安放,尽量避免集中放置在截面形心附近,如图 12-5b 所示四个角钢的组合截面,显然后者比前者安排合理。当然,过分增大截面惯性矩,会使空心截面尺寸过大、厚度过薄,变成薄壁截面,或各型钢之间距离过大,不能成为一个整体,最终导致局部失稳,稳定性反而降低。

(2) 如果压杆在各个纵向平面内的约束相同,应使截面对任一形心轴的惯性半径 i 接近相等,使得压杆在任一纵向平面内有相近的稳定性。此时,满足 $I_y = I_z$ 的截面较为合理,如圆形、环形或正方形截面。若采用型钢组合,如图 12-5c 所示的槽钢组合,其后者比前者合理。相反,如果同一个压杆在各个纵向平面内的约束不同,可考虑各个纵向平面取不同的惯性矩,从而使两个纵向平面内的柔度 λ 接近相等,这样压杆在这两个纵向平面内也可有相近的稳定性。

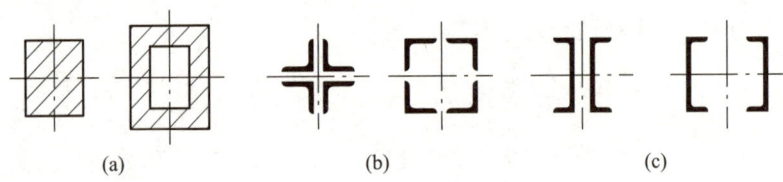

    (a)   (b)   (c)

图 12-5 截面几何性质

2. 尽量减小压杆长度

压杆的临界力与长度 l 的平方成反比,因此,在结构允许的情况下,应尽量减小压杆长度 l,从而显著提高压杆的稳定性。在压杆中间增加支座也可减小杆长,达到提高稳定性的目的。例如,在大型车床的丝杠上设置一些中间支撑,其中一个重要目的就是提高丝杠的稳定性。

3. 改善压杆的约束条件

压杆的临界力与长度因数 μ 的平方成反比,约束的刚性越强,μ 值越小,临界力越大,压杆的稳定性越好。因此,可以通过增加约束刚性来提高压杆的稳定性。例如,把两端铰支的压杆改为两端固定,临界力将变为原来的4倍,可有效提高其稳定性。

4. 合理选择材料

对于大柔度杆,由欧拉公式知,其临界力仅与材料的弹性模量 E 有关,虽然选择弹性模量较大的材料可以提高细长压杆的临界力,但由于各种钢材的弹性模量大致相等,因此,选用优质钢材代替普通钢材来提高细长压杆的稳定性意义不大,只会造成材料的浪费。

对于中柔度杆,由经验公式知,其临界应力与材料的屈服极限 σ_s 和强度极限 σ_b 有关,而各种钢材的强度极限相差很大,材料强度越高,临界应力 σ_{cr} 越大,压杆的稳定性越好,因此,选用高强度钢材有助于提高压杆的稳定性。

对于小柔度杆,破坏的主要因素是强度问题,而优质钢材的强度较高,因此,选用高强度钢材可提高杆件的强度。

自测题 12.5

自测题 12.5.1　一般情况下,稳定安全因数比强度安全因数大,是因为实际压杆总是不可避免地存在＿＿＿＿＿＿＿、＿＿＿＿＿＿＿、＿＿＿＿＿＿＿等不利因素的影响。

自测题 12.5.2　一般工程计算中,压杆稳定条件为 $n_{st} \geqslant [n_{st}]$,其中 n_{st} 为压杆的＿＿＿＿＿＿＿,其值等于＿＿＿＿＿＿＿,$[n_{st}]$ 为＿＿＿＿＿＿＿,可在设计规范中查到。

自测题 12.5.3　对于无局部截面削弱的压杆,当稳定条件满足时,强度条件也一定能满足。这一说法(　　　　)。

A. 正确　　　　　　　　　　　　　B. 错误

自测题 12.5.4　具有局部削弱的等截面压杆,以下结论中错误的是(　　　　)。

A. 对削弱的截面要进行强度校核

B. 全杆的稳定性应按削弱的截面来计算柔度

C. 稳定性能满足时,强度不一定能满足

D. 强度能满足时,稳定性不一定能满足

自测题 12.5.5　因为截面惯性矩 I 越大,压杆的临界力越大,其稳定性越好,所以设计截面时,截面惯性矩 I 越大越好。这一说法(　　　　)。

A. 正确　　　　　　　　　　　　　B. 错误

自测题 12.5.6　细长压杆必定在刚度较小的平面内失稳。这一说法(　　　　)。

A. 正确　　　　　　　　　　　　　B. 错误

自测题 12.5.7　压杆的合理设计就是降低＿＿＿＿＿＿＿且提高＿＿＿＿＿＿＿。

自测题 12.5.8　提高压杆稳定性的措施有＿＿＿＿＿＿＿、＿＿＿＿＿＿＿、＿＿＿＿＿＿＿、＿＿＿＿＿＿＿。

自测题 12.5
参考答案

习　题

12.1　一根长度为 3 m 的细长中心受压直杆,两端为球形铰支,采用 I18 工字钢,材料弹性模量 $E = 200$ GPa。试求该杆的临界力 F_{cr}。

12.2　图 12-6a、b、c 所示三根细长中心受压直杆,其长度和约束条件均不相同。已知三杆的直径均为 $d = 160$ mm,材料都是 Q235 钢,弹性模量 $E = 206$ GPa。试求三根杆的临界力,并比较哪根杆的稳定性较好。

12.3　试分别求习题 12-2 中图 12-6a、b、c 所示三根杆的柔度 λ 和临界应力 σ_{cr}。

12.4　如图 12-7 所示,20 mm×12 mm 的矩形截面压杆 a 和 b,两压杆约束情况不同。杆长 $l = 200$ mm,弹性模量 $E = 70$ GPa,$\lambda_p = 55$,$\lambda_s = 10$,中柔度杆的直线型经验公式系数 $a = 382$ MPa,$b = 2.18$ MPa。试求两根压杆的临界应力。

第 12 章习题
参考答案

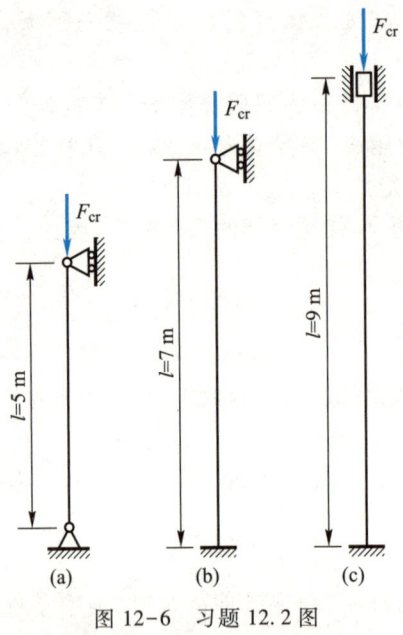

图 12-6   习题 12.2 图   图 12-7   习题 12.4 图

12.5   如图 12-8 所示压杆,横截面形状有三种,其面积均为 $A = 30 \text{ cm}^2$,材料弹性模量 $E = 70 \text{ GPa}$, $\lambda_p = 55, \lambda_s = 10$。试分别求不同横截面的临界力,并比较其稳定性。

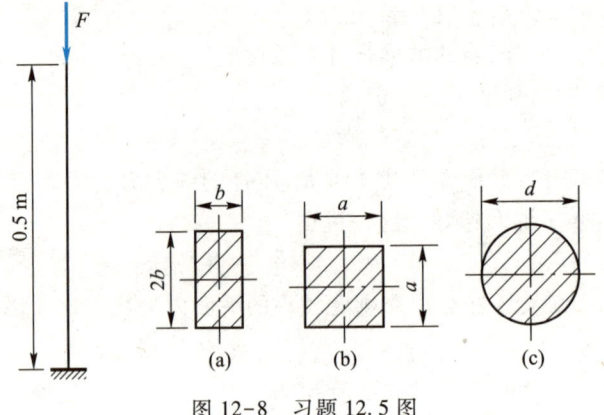

图 12-8   习题 12.5 图

12.6   如图 12-9 所示,横梁 AD 支撑于杆 BE 上,杆 BE 的截面为 20 mm×30 mm 的矩形,两端为球铰,材料弹性模量 $E = 200 \text{ GPa}, \lambda_p = 100, \lambda_s = 60$,直线型经验公式系数 $a = 304 \text{ MPa}, b = 1.12 \text{ MPa}$,规定稳定安全因数 $[n_{st}] = 2$。试校核杆 BE 是否稳定。

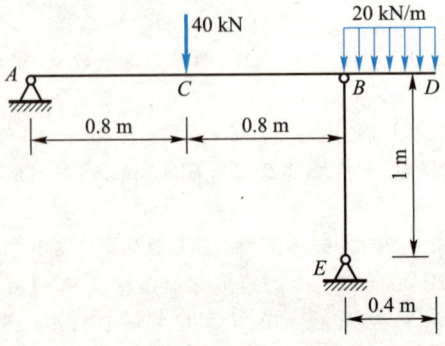

图 12-9   习题 12.6 图

12.7　如图 12-10 所示结构,杆 AB、AC 均为圆截面杆,直径 $d = 80$ mm,材料为低碳钢,$E = 200$ GPa,$\lambda_p = 100$。试求此结构的许可载荷 F。

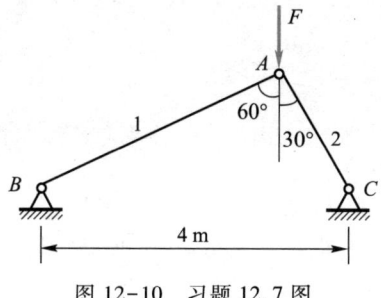

图 12-10　习题 12.7 图

参 考 文 献

[1] 佘斌.工程力学[M].北京:机械工业出版社,2011.

[2] 佘斌.材料力学[M].北京:机械工业出版社,2015.

[3] 朱炳麒.理论力学[M].2版.北京:机械工业出版社,2014.

[4] 哈尔滨工业大学理论力学教研室.理论力学:Ⅰ[M].8版.北京:高等教育出版社,
     2016.

[5] 东南大学理论力学教研室.理论力学[M].3版.北京:高等教育出版社,2015.

[6] 刘鸿文.材料力学:Ⅰ[M].6版.北京:高等教育出版社,2017.

[7] 孙训方,方孝淑,关来泰.材料力学:Ⅰ[M].6版.北京:高等教育出版社,2019.

[8] 唐静静,范钦珊.工程力学:静力学和材料力学[M].3版.北京:高等教育出版社,
     2017.

[9] 严圣平,马占国.工程力学:静力学和材料力学[M].2版.北京:高等教育出版社,
     2019.

[10] HIBBELER R C.Mechanics of Materials[M].5th ed.北京:高等教育出版社,2004.

[11] 北京科技大学,东北大学.工程力学:材料力学[M].5版.北京:高等教育出版社,
      2020.

[12] 单辉祖,谢传锋.工程力学:静力学与材料力学[M].2版.北京:高等教育出版社,2021.

型钢截面尺寸、截面面积、理论重量及截面特性（GB/T 706—2016）

附表 1　热轧等边角钢

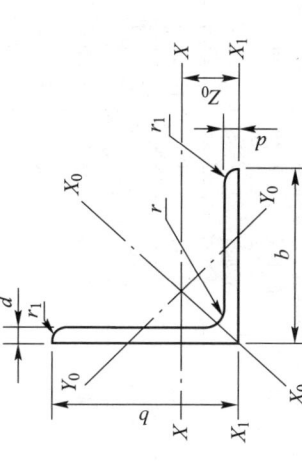

符号意义：
b—边宽度；
d—边厚度；
r—内圆弧半径；
r_1—边端圆弧半径；
Z_0—重心距离。

型号	截面尺寸/mm			截面面积/ cm²	理论重量/ (kg/m)	外表面积/ (m²/m)	惯性矩/ cm⁴				惯性半径/ cm			截面模数①/ cm³			重心距离/ cm
	b	d	r				I_x	I_{x1}	I_{x0}	I_{y0}	i_x	i_{x0}	i_{y0}	W_x	W_{x0}	W_{y0}	Z_0
2	20	3	3.5	1.132	0.89	0.078	0.40	0.81	0.63	0.17	0.59	0.75	0.39	0.29	0.45	0.20	0.60
		4		1.459	1.15	0.077	0.50	1.09	0.78	0.22	0.58	0.73	0.38	0.36	0.55	0.24	0.64

① 本书称为抗弯截面系数。

续表

型号	截面尺寸/mm			截面面积/cm²	理论重量/(kg/m)	外表面积/(m²/m)	惯性矩/cm⁴				惯性半径/cm			截面模数/cm³			重心距离/cm
	b	d	r				I_x	I_{x1}	I_{x0}	I_{y0}	i_x	i_{x0}	i_{y0}	W_x	W_{x0}	W_{y0}	Z_0
2.5	25	3	3.5	1.432	1.12	0.098	0.82	1.57	1.29	0.34	0.76	0.95	0.49	0.46	0.73	0.33	0.73
		4		1.859	1.46	0.097	1.03	2.11	1.62	0.43	0.74	0.93	0.48	0.59	0.92	0.40	0.76
3.0	30	3		1.749	1.37	0.117	1.46	2.71	2.31	0.61	0.91	1.15	0.59	0.68	1.09	0.51	0.85
		4	4.5	2.276	1.79	0.117	1.84	3.63	2.92	0.77	0.90	1.13	0.58	0.87	1.37	0.62	0.89
3.6	36	3		2.109	1.66	0.141	2.58	4.68	4.09	1.07	1.11	1.39	0.71	0.99	1.61	0.76	1.00
		4		2.756	2.16	0.141	3.29	6.25	5.22	1.37	1.09	1.38	0.70	1.28	2.05	0.93	1.04
		5		3.382	2.65	0.141	3.95	7.84	6.24	1.65	1.08	1.36	0.7	1.56	2.45	1.00	1.07
4	40	3		2.359	1.85	0.157	3.59	6.41	5.69	1.49	1.23	1.55	0.79	1.23	2.01	0.96	1.09
		4		3.086	2.42	0.157	4.60	8.56	7.29	1.91	1.22	1.54	0.79	1.60	2.58	1.19	1.13
		5	5	3.792	2.98	0.156	5.53	10.7	8.76	2.30	1.21	1.52	0.78	1.96	3.10	1.39	1.17
4.5	45	3		2.659	2.09	0.177	5.17	9.12	8.20	2.14	1.40	1.76	0.89	1.58	2.58	1.24	1.22
		4		3.486	2.74	0.177	6.65	12.2	10.6	2.75	1.38	1.74	0.89	2.05	3.32	1.54	1.26
		5		4.292	3.37	0.176	8.04	15.2	12.7	3.33	1.37	1.72	0.88	2.51	4.00	1.81	1.30
		6		5.077	3.99	0.176	9.33	18.4	14.8	3.89	1.36	1.70	0.80	2.95	4.64	2.06	1.33
5	50	3		2.971	2.33	0.197	7.18	12.5	11.4	2.98	1.55	1.96	1.00	1.96	3.22	1.57	1.34
		4	5.5	3.897	3.06	0.197	9.26	16.7	14.7	3.82	1.54	1.94	0.99	2.56	4.16	1.96	1.38
		5		4.803	3.77	0.196	11.2	20.9	17.8	4.64	1.53	1.92	0.98	3.13	5.03	2.31	1.42
		6		5.688	4.46	0.196	13.1	25.1	20.7	5.42	1.52	1.91	0.98	3.68	5.85	2.63	1.46

续表

型号	截面尺寸/mm			截面面积/cm²	理论重量/(kg/m)	外表面积/(m²/m)	惯性矩/cm⁴				惯性半径/cm			截面模数/cm³			重心距离/cm
	b	d	r				I_x	I_{x1}	I_{x0}	I_{y0}	i_x	i_{x0}	i_{y0}	W_x	W_{x0}	W_{y0}	Z_0
5.6	56	3	6	3.343	2.62	0.221	10.2	17.6	16.1	4.24	1.75	2.20	1.13	2.48	4.08	2.02	1.48
		4		4.39	3.45	0.220	13.2	23.4	20.9	5.46	1.73	2.18	1.11	3.24	5.28	2.52	1.53
		5		5.415	4.25	0.220	16.0	29.3	25.4	6.61	1.72	2.17	1.10	3.97	6.42	2.98	1.57
		6		6.42	5.04	0.220	18.7	35.3	29.7	7.73	1.71	2.15	1.10	4.68	7.49	3.40	1.61
		7		7.404	5.81	0.219	21.2	41.2	33.6	8.82	1.69	2.13	1.09	5.36	8.49	3.80	1.64
		8		8.367	6.57	0.219	23.6	47.2	37.4	9.89	1.68	2.11	1.09	6.03	9.44	4.16	1.68
6	60	5	6.5	5.829	4.58	0.236	19.9	36.1	31.6	8.21	1.85	2.33	1.19	4.59	7.44	3.48	1.67
		6		6.914	5.43	0.235	23.4	43.3	36.9	9.60	1.83	2.31	1.18	5.41	8.70	3.98	1.70
		7		7.977	6.26	0.235	26.4	50.7	41.9	11.0	1.82	2.29	1.17	6.21	9.88	4.45	1.74
		8		9.02	7.08	0.235	29.5	58.0	46.7	12.3	1.81	2.27	1.17	6.98	11.0	4.88	1.78
6.3	63	4	7	4.978	3.91	0.248	19.0	33.4	30.2	7.89	1.96	2.46	1.26	4.13	6.78	3.29	1.70
		5		6.143	4.82	0.248	23.2	41.7	36.8	9.57	1.94	2.45	1.25	5.08	8.25	3.90	1.74
		6		7.288	5.72	0.247	27.1	50.1	43.0	11.2	1.93	2.43	1.24	6.00	9.66	4.46	1.78
		7		8.412	6.60	0.247	30.9	58.6	49.0	12.8	1.92	2.41	1.23	6.88	11.0	4.98	1.82
		8		9.515	7.47	0.247	34.5	67.1	54.6	14.3	1.90	2.40	1.23	7.75	12.3	5.47	1.85
		10		11.66	9.15	0.246	41.1	84.3	64.9	17.3	1.88	2.36	1.22	9.39	14.6	6.36	1.93

续表

型号	截面尺寸/mm			截面面积/cm²	理论重量/(kg/m)	外表面积/(m²/m)	惯性矩/cm⁴				惯性半径/cm			截面模数/cm³			重心距离/cm
	b	d	r				I_x	I_{x1}	I_{x0}	I_{y0}	i_x	i_{x0}	i_{y0}	W_x	W_{x0}	W_{y0}	Z_0
7	70	4	8	5.570	4.37	0.275	26.4	45.7	41.8	11.0	2.18	2.74	1.40	5.14	8.44	4.17	1.86
		5		6.876	5.40	0.275	32.2	57.2	51.1	13.3	2.16	2.73	1.39	6.32	10.3	4.95	1.91
		6		8.160	6.41	0.275	37.8	68.7	59.9	15.6	2.15	2.71	1.38	7.48	12.1	5.67	1.95
		7		9.424	7.40	0.275	43.1	80.3	68.4	17.8	2.14	2.69	1.38	8.59	13.8	6.34	1.99
		8		10.67	8.37	0.274	48.2	91.9	76.4	20.0	2.12	2.68	1.37	9.68	15.4	6.98	2.03
7.5	75	5	9	7.412	5.82	0.295	40.0	70.6	63.3	16.6	2.33	2.92	1.50	7.32	11.9	5.77	2.04
		6		8.797	6.91	0.294	47.0	84.6	74.4	19.5	2.31	2.90	1.49	8.64	14.0	6.67	2.07
		7		10.16	7.98	0.294	53.6	98.7	85.0	22.2	2.30	2.89	1.48	9.93	16.0	7.44	2.11
		8		11.50	9.03	0.294	60.0	113	95.1	24.9	2.28	2.88	1.47	11.2	17.9	8.19	2.15
		9		12.83	10.1	0.294	66.1	127	105	27.5	2.27	2.86	1.46	12.4	19.8	8.89	2.18
		10		14.13	11.1	0.293	72.0	142	114	30.1	2.26	2.84	1.46	13.6	21.5	9.56	2.22
8	80	5	9	7.912	6.21	0.315	48.8	85.4	77.3	20.3	2.48	3.13	1.60	8.34	13.7	6.66	2.15
		6		9.397	7.38	0.314	57.4	103	91.0	23.7	2.47	3.11	1.59	9.87	16.1	7.65	2.19
		7		10.86	8.53	0.314	65.6	120	104	27.1	2.46	3.10	1.58	11.4	18.4	8.58	2.23
		8		12.30	9.66	0.314	73.5	137	117	30.4	2.44	3.08	1.57	12.8	20.6	9.46	2.27
		9		13.73	10.8	0.314	81.1	154	129	33.6	2.43	3.06	1.56	14.3	22.7	10.3	2.31
		10		15.13	11.9	0.313	88.4	172	140	36.8	2.42	3.04	1.56	15.6	24.8	11.1	2.35

续表

型号	截面尺寸/mm			截面面积/cm²	理论重量/(kg/m)	外表面积/(m²/m)	惯性矩/cm⁴				惯性半径/cm			截面模数/cm³			重心距离/cm
	b	d	r				I_x	I_{x1}	I_{x0}	I_{y0}	i_x	i_{x0}	i_{y0}	W_x	W_{x0}	W_{y0}	Z_0
9	90	6	10	10.64	8.35	0.354	82.8	146	131	34.3	2.79	3.51	1.80	12.6	20.6	9.95	2.44
		7		12.30	9.66	0.354	94.8	170	150	39.2	2.78	3.50	1.78	14.5	23.6	11.2	2.48
		8		13.94	10.9	0.353	106	195	169	44.0	2.76	3.48	1.78	16.4	26.6	12.4	2.52
		9		15.57	12.2	0.353	118	219	187	48.7	2.75	3.46	1.77	18.3	29.4	13.5	2.56
		10		17.17	13.5	0.353	129	244	204	53.3	2.74	3.45	1.76	20.1	32.0	14.5	2.59
		12		20.31	15.9	0.352	149	294	236	62.2	2.71	3.41	1.75	23.6	37.1	16.5	2.67
10	100	6	12	11.93	9.37	0.393	115	200	182	47.9	3.10	3.90	2.00	15.7	25.7	12.7	2.67
		7		13.80	10.8	0.393	132	234	209	54.7	3.09	3.89	1.99	18.1	29.6	14.3	2.71
		8		15.64	12.3	0.393	148	267	235	61.4	3.08	3.88	1.98	20.5	33.2	15.8	2.76
		9		17.46	13.7	0.392	164	300	260	68.0	3.07	3.86	1.97	22.8	36.8	17.2	2.80
		10		19.26	15.1	0.392	180	334	285	74.4	3.05	3.84	1.96	25.1	40.3	18.5	2.84
		12		22.80	17.9	0.391	209	402	331	86.8	3.03	3.81	1.95	29.5	46.8	21.1	2.91
		14		26.26	20.6	0.391	237	471	374	99.0	3.00	3.77	1.94	33.7	52.9	23.4	2.99
		16		29.63	23.3	0.390	263	540	414	111	2.98	3.74	1.94	37.8	58.6	25.6	3.06
11	110	7	12	15.20	11.9	0.433	177	311	281	73.4	3.41	4.30	2.20	22.1	36.1	17.5	2.96
		8		17.24	13.5	0.433	199	355	316	82.4	3.40	4.28	2.19	25.0	40.7	19.4	3.01
		10		21.26	16.7	0.432	242	445	384	100	3.38	4.25	2.17	30.6	49.4	22.9	3.09
		12		25.20	19.8	0.431	283	535	448	117	3.35	4.22	2.15	36.1	57.6	26.2	3.16
		14		29.06	22.8	0.431	321	625	508	133	3.32	4.18	2.14	41.3	65.3	29.1	3.24

续表

型号	截面尺寸/mm			截面面积/ cm²	理论重量/ (kg/m)	外表面积/ (m²/m)	惯性矩/ cm⁴				惯性半径/ cm			截面模数/ cm³			重心距离/ cm
	b	d	r				I_x	I_{x1}	I_{x0}	I_{y0}	i_x	i_{x0}	i_{y0}	W_x	W_{x0}	W_{y0}	Z_0
12.5	125	8	14	19.75	15.5	0.492	297	521	471	123	3.88	4.88	2.50	32.5	53.3	25.9	3.37
		10		24.37	19.1	0.491	362	652	574	149	3.85	4.85	2.48	40.0	64.9	30.6	3.45
		12		28.91	22.7	0.491	423	783	671	175	3.83	4.82	2.46	41.2	76.0	35.0	3.53
		14		33.37	26.2	0.490	482	916	764	200	3.80	4.78	2.45	54.2	86.4	39.1	3.61
		16		37.74	29.6	0.489	537	1 050	851	224	3.77	4.75	2.43	60.9	96.3	43.0	3.68
14	140	10	14	27.37	21.5	0.551	515	915	817	212	4.34	5.46	2.78	50.6	82.6	39.2	3.82
		12		32.51	25.5	0.551	604	1 100	959	249	4.31	5.43	2.76	59.8	96.9	45.0	3.90
		14		37.57	29.5	0.550	689	1 280	1 090	284	4.28	5.40	2.75	68.8	110	50.5	3.98
		16		42.54	33.4	0.549	770	1 470	1 220	319	4.26	5.36	2.74	77.5	123	55.6	4.06
15	150	8		23.75	18.6	0.592	521	900	827	215	4.69	5.90	3.01	47.4	78.0	38.1	3.99
		10		29.37	23.1	0.591	638	1 130	1 010	262	4.66	5.87	2.99	58.4	95.5	45.5	4.08
		12		34.91	27.4	0.591	749	1 350	1 190	308	4.63	5.84	2.97	69.0	112	52.4	4.15
		14		40.37	31.7	0.590	856	1 580	1 360	352	4.60	5.80	2.95	79.5	128	58.8	4.23
		15		43.06	33.8	0.590	907	1 690	1 440	374	4.59	5.78	2.95	84.6	136	61.9	4.27
		16		45.74	35.9	0.589	958	1 810	1 520	395	4.58	5.77	2.94	89.6	143	64.9	4.31

续表

型号	截面尺寸/mm			截面面积/cm²	理论重量/(kg/m)	外表面积/(m²/m)	惯性矩/cm⁴				惯性半径/cm			截面模数/cm³			重心距离/cm
	b	d	r				I_x	I_{x1}	I_{x0}	I_{y0}	i_x	i_{x0}	i_{y0}	W_x	W_{x0}	W_{y0}	Z_0
16	160	10	16	31.50	24.7	0.630	780	1 370	1 240	322	4.98	6.27	3.20	66.7	109	52.8	4.31
		12		37.44	29.4	0.630	917	1 640	1 460	377	4.95	6.24	3.18	79.0	129	60.7	4.39
		14		43.30	34.0	0.629	1 050	1 910	1 670	432	4.92	6.20	3.16	91.0	147	68.2	4.47
		16		49.07	38.5	0.629	1 180	2 190	1 870	485	4.89	6.17	3.14	103	165	75.3	4.55
18	180	12		42.24	33.2	0.710	1 320	2 330	2 100	543	5.59	7.05	3.58	101	165	78.4	4.89
		14		48.90	38.4	0.709	1 510	2 720	2 410	622	5.56	7.02	3.56	116	189	88.4	4.97
		16		55.47	43.5	0.709	1 700	3 120	2 700	699	5.54	6.98	3.55	131	212	97.8	5.05
		18		61.96	48.6	0.708	1 880	3 500	2 990	762	5.50	6.94	3.51	146	235	105	5.13
20	200	14	18	54.64	42.9	0.788	2 100	3 730	3 340	864	6.20	7.82	3.98	145	236	112	5.46
		16		62.01	48.7	0.788	2 370	4 270	3 760	971	6.18	7.79	3.96	164	266	124	5.54
		18		69.30	54.4	0.787	2 620	4 810	4 160	1 080	6.15	7.75	3.94	182	294	136	5.62
		20		76.51	60.1	0.787	2 870	5 350	4 550	1 180	6.12	7.72	3.93	200	322	147	5.69
		24		90.66	71.2	0.785	3 340	6 460	5 290	1 380	6.07	7.64	3.90	236	374	167	5.87

续表

型号	截面尺寸/mm			截面面积/cm²	理论重量/(kg/m)	外表面积/(m²/m)	惯性矩/cm⁴				惯性半径/cm			截面模数/cm³			重心距离/cm
	b	d	r				I_x	I_{x1}	I_{x0}	I_{y0}	i_x	i_{x0}	i_{y0}	W_x	W_{x0}	W_{y0}	Z_0
22	220	16	21	68.67	53.9	0.866	3 190	5 680	5 060	1 310	6.81	8.59	4.37	200	326	154	6.03
		18		76.75	60.3	0.866	3 540	6 400	5 620	1 450	6.79	8.55	4.35	223	361	168	6.11
		20		84.76	66.5	0.865	3 870	7 110	6 150	1 590	6.76	8.52	4.34	245	395	182	6.18
		22		92.68	72.8	0.865	4 200	7 830	6 670	1 730	6.73	8.48	4.32	267	429	195	6.26
		24		100.5	78.9	0.864	4 520	8 550	7 170	1 870	6.71	8.45	4.31	289	461	208	6.33
		26		108.3	85.0	0.864	4 830	9 280	7 690	2 000	6.68	8.41	4.30	310	492	221	6.41
25	250	18	24	87.84	69.0	0.985	5 270	9 380	8 370	2 170	7.75	9.76	4.97	290	473	224	6.84
		20		97.05	76.2	0.984	5 780	10 400	9 180	2 380	7.72	9.73	4.95	320	519	243	6.92
		22		106.2	83.3	0.983	6 280	11 500	9 970	2 580	7.69	9.69	4.93	349	564	261	7.00
		24		115.2	90.4	0.983	6 770	12 500	10 700	2 790	7.67	9.66	4.92	378	608	278	7.07
		26		124.2	97.5	0.982	7 240	13 600	11 500	2 980	7.64	9.62	4.90	406	650	295	7.15
		28		133.0	104	0.982	7 700	14 600	12 200	3 180	7.61	9.58	4.89	433	691	311	7.22
		30		141.8	111	0.981	8 160	15 700	12 900	3 380	7.58	9.55	4.88	461	731	327	7.30
		32		150.5	118	0.981	8 600	16 800	13 600	3 570	7.56	9.51	4.87	488	770	342	7.37
		35		163.4	128	0.980	9 240	18 400	14 600	3 850	7.52	9.46	4.86	527	827	364	7.48

注：截面图中的 $r_1=1/3d$ 及表中 r 的数据用于孔型设计，不用于交货条件。

附表 2　热扎不等边角钢

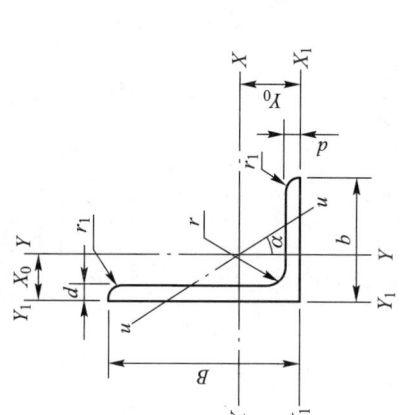

符号意义：
B—长边宽度；
b—短边宽度；
d—边厚度；
r—内圆弧半径；
r_1—边端圆弧半径；
X_0—重心距离；
Y_0—重心距离。

型号	截面尺寸/mm				截面面积/cm²	理论重量/(kg/m)	外表面积/(m²/m)	惯性矩/cm⁴					惯性半径/cm			截面模数/cm³			tan α	重心距离/cm	
	B	b	d	r				I_x	I_{x1}	I_y	I_{y1}	I_u	i_x	i_y	i_u	W_x	W_y	W_u		X_0	Y_0
2.5/1.6	25	16	3	3.5	1.162	0.91	0.080	0.70	1.56	0.22	0.43	0.14	0.78	0.44	0.34	0.43	0.19	0.16	0.392	0.42	0.86
			4		1.499	1.18	0.079	0.88	2.09	0.27	0.59	0.17	0.77	3.43	0.34	0.55	0.24	0.20	0.381	0.46	0.90
3.2/2	32	20	3		1.492	1.17	0.102	1.53	3.27	0.46	0.82	0.28	1.01	0.55	0.43	0.72	0.30	0.25	0.382	0.49	1.08
			4		1.939	1.52	0.101	1.93	4.37	0.57	1.12	0.35	1.00	0.54	0.42	0.93	0.39	0.32	0.374	0.53	1.12
4/2.5	40	25	3	4	1.890	1.48	0.127	3.08	5.39	0.93	1.59	0.56	1.28	0.70	0.54	1.15	0.49	0.40	0.385	0.59	1.32
			4		2.467	1.94	0.127	3.93	8.53	1.18	2.14	0.71	1.36	0.69	0.54	1.49	0.63	0.52	0.381	0.63	1.37
4.5/2.8	45	28	3	5	2.149	1.69	0.143	4.45	9.10	1.34	2.23	0.80	1.44	0.79	0.61	1.47	0.62	0.51	0.383	0.64	1.47
			4		2.806	2.20	0.143	5.69	12.1	1.70	3.00	1.02	1.42	0.78	0.60	1.91	0.80	0.66	0.380	0.68	1.51

续表

型号	B	b	d	r	截面面积/cm²	理论重量/(kg/m)	外表面积/(m²/m)	I_x	I_{x1}	I_y	I_{y1}	I_u	i_x	i_y	i_u	W_x	W_y	W_u	tan α	X_0	Y_0
								惯性矩/cm⁴					惯性半径/cm			截面模数/cm³				重心距离/cm	
5/3.2	50	32	3	5.5	2.431	1.91	0.161	6.24	12.5	2.02	3.31	1.20	1.60	0.91	0.70	1.84	0.82	0.68	0.404	0.73	1.60
	50	32	4	5.5	3.177	2.49	0.160	8.02	16.7	2.58	4.45	1.53	1.59	0.90	0.69	2.39	1.06	0.87	0.402	0.77	1.65
5.6/3.6	56	36	3	6	2.743	2.15	0.181	8.88	17.5	2.92	4.7	1.73	1.80	1.03	0.79	2.32	1.05	0.87	0.408	0.80	1.78
	56	36	4	6	3.590	2.82	0.180	11.5	23.4	3.76	6.33	2.23	1.79	1.02	0.79	3.03	1.37	1.13	0.408	0.85	1.82
	56	36	5	6	4.415	3.47	0.180	13.9	29.3	4.49	7.94	2.67	1.77	1.01	0.78	3.71	1.65	1.36	0.404	0.88	1.87
6.3/4	63	40	4	7	4.058	3.19	0.202	16.5	33.3	5.23	8.63	3.12	2.02	1.14	0.88	3.87	1.70	1.40	0.398	0.92	2.04
	63	40	5	7	4.993	3.92	0.202	20.0	41.6	6.31	10.9	3.76	2.00	1.12	0.87	4.74	2.07	1.71	0.396	0.95	2.08
	63	40	6	7	5.908	4.64	0.201	23.4	50.0	7.29	13.1	4.34	1.96	1.11	0.86	5.59	2.43	1.99	0.393	0.99	2.12
	63	40	7	7	6.802	5.34	0.201	26.5	58.1	8.24	15.5	4.97	1.98	1.10	0.86	6.40	2.78	2.29	0.389	1.03	2.15
7/4.5	70	45	4	7.5	4.553	3.57	0.226	23.2	45.9	7.55	12.3	4.40	2.26	1.29	0.98	4.86	2.17	1.77	0.410	1.02	2.24
	70	45	5	7.5	5.609	4.40	0.225	28.0	57.1	9.13	15.4	5.40	2.23	1.28	0.98	5.92	2.65	2.19	0.407	1.06	2.28
	70	45	6	7.5	6.644	5.22	0.225	32.5	68.4	10.6	18.6	6.35	2.21	1.26	0.98	6.95	3.12	2.59	0.404	1.09	2.32
	70	45	7	7.5	7.658	6.01	0.225	37.2	80.0	12.0	21.8	7.16	2.20	1.25	0.97	8.03	3.57	2.94	0.402	1.13	2.36
7.5/5	75	50	5	8	6.126	4.81	0.245	34.9	70.0	12.6	21.0	7.41	2.39	1.44	1.10	6.83	3.3	2.74	0.435	1.17	2.40
	75	50	6	8	7.260	5.70	0.245	41.1	84.3	14.7	25.4	8.54	2.38	1.42	1.08	8.12	3.88	3.19	0.435	1.21	2.44
	75	50	8	8	9.467	7.43	0.244	52.4	113	18.5	34.2	10.9	2.35	1.40	1.07	10.5	4.99	4.10	0.429	1.29	2.52
	75	50	10	8	11.59	9.10	0.244	62.7	141	22.0	43.4	13.1	2.33	1.38	1.06	12.8	6.04	4.99	0.423	1.36	2.60

续表

型号	截面尺寸/mm B	b	d	r	截面面积/cm²	理论重量/(kg/m)	外表面积/(m²/m)	惯性矩/cm⁴ I_x	I_{x1}	I_y	I_{y1}	I_u	惯性半径/cm i_x	i_y	i_u	截面模数/cm³ W_x	W_y	W_u	tan α	重心距离/cm X_0	Y_0
8/5	80	50	5	8	6.376	5.00	0.255	42.0	85.2	12.8	21.1	7.66	2.56	1.42	1.10	7.78	3.32	2.74	0.388	1.14	2.60
			6		7.560	5.93	0.255	49.5	103	15.0	25.4	8.85	2.56	1.41	1.08	9.25	3.91	3.20	0.387	1.18	2.65
			7		8.724	6.85	0.255	56.2	119	17.0	29.8	10.2	2.54	1.39	1.08	10.6	4.48	3.70	0.384	1.21	2.69
			8		9.867	7.75	0.254	62.8	136	18.9	34.3	11.4	2.52	1.38	1.07	11.9	5.03	4.16	0.381	1.25	2.73
9/5.6	90	56	5	9	7.212	5.66	0.287	60.5	121	18.3	29.5	11.0	2.90	1.59	1.23	9.92	4.21	3.49	0.385	1.25	2.91
			6		8.557	6.72	0.286	71.0	146	21.4	35.6	12.9	2.88	1.58	1.23	11.7	4.96	4.13	0.384	1.29	2.95
			7		9.881	7.76	0.286	81.0	170	24.4	41.7	14.7	2.86	1.57	1.22	13.5	5.70	4.72	0.382	1.33	3.00
			8		11.18	8.78	0.286	91.0	194	27.2	47.9	16.3	2.85	1.56	1.21	15.3	6.41	5.29	0.380	1.36	3.04
10/6.3	100	63	6	10	9.618	7.55	0.320	99.1	200	30.9	50.5	18.4	3.21	1.79	1.38	14.6	6.35	5.25	0.394	1.43	3.24
			7		11.11	8.72	0.320	113	233	35.3	59.1	21.0	3.20	1.78	1.38	16.9	7.29	6.02	0.394	1.47	3.28
			8		12.58	9.88	0.319	127	266	39.4	67.9	23.5	3.18	1.77	1.37	19.1	8.21	6.78	0.391	1.50	3.32
			10		15.47	12.1	0.319	154	333	47.1	85.7	28.3	3.15	1.74	1.35	23.3	9.98	8.24	0.387	1.58	3.40
10/8	100	80	6	10	10.64	8.35	0.354	107	200	61.2	103	31.7	3.17	2.40	1.72	15.2	10.2	8.37	0.627	1.97	2.95
			7		12.30	9.66	0.354	123	233	70.1	120	36.2	3.16	2.39	1.72	17.5	11.7	9.60	0.626	2.01	3.00
			8		13.94	10.9	0.353	138	267	78.6	137	40.6	3.14	2.37	1.71	19.8	13.2	10.8	0.625	2.05	3.04
			10		17.17	13.5	0.353	167	334	94.7	172	49.1	3.12	2.35	1.69	24.2	16.1	13.1	0.622	2.13	3.12

续表

型号	B	b	d	r	截面面积/cm²	理论重量/(kg/m)	外表面积/(m²/m)	I_x	I_{x1}	I_y	I_{y1}	I_u	i_x	i_y	i_u	W_x	W_y	W_u	$\tan\alpha$	X_0	Y_0
								惯性矩/cm⁴					惯性半径/cm			截面模数/cm³				重心距离/cm	
11/7	110	70	6	10	10.64	8.35	0.354	133	266	42.9	69.1	25.4	3.54	2.01	1.54	17.9	7.90	6.53	0.403	1.57	3.53
			7		12.30	9.66	0.354	153	310	49.0	80.8	29.0	3.53	2.00	1.53	20.6	9.09	7.50	0.402	1.61	3.57
			8		13.94	10.9	0.353	172	354	54.9	92.7	32.5	3.51	1.98	1.53	23.3	10.3	8.45	0.401	1.65	3.62
			10		17.17	13.5	0.353	208	443	65.9	117	39.2	3.48	1.96	1.51	28.5	12.5	10.3	0.397	1.72	3.70
12.5/8	125	80	7	11	14.10	11.1	0.403	228	455	74.4	120	43.8	4.02	2.30	1.76	26.9	12.0	9.92	0.408	1.80	4.01
			8		15.99	12.6	0.403	257	520	83.5	138	49.2	4.01	2.28	1.75	30.4	13.6	11.2	0.407	1.84	4.06
			10		19.71	15.5	0.402	312	650	101	173	59.5	3.98	2.26	1.74	37.3	16.6	13.6	0.404	1.92	4.14
			12		23.35	18.3	0.402	364	780	117	210	69.4	3.95	2.24	1.72	44.0	19.4	16.0	0.400	2.00	4.22
14/9	140	90	8	12	18.04	14.2	0.453	366	731	121	196	70.8	4.50	2.59	1.98	38.5	17.3	14.3	0.411	2.04	4.50
			10		22.26	17.5	0.452	446	913	140	246	85.8	4.47	2.56	1.96	47.3	21.2	17.5	0.409	2.12	4.58
			12		26.40	20.7	0.451	522	1 100	170	297	100	4.44	2.54	1.95	55.9	25.0	20.5	0.406	2.19	4.66
			14		30.46	23.9	0.451	594	1 280	192	349	114	4.42	2.51	1.94	64.2	28.5	23.5	0.403	2.27	4.74
15/9	150	90	8	12	18.84	14.8	0.473	442	898	123	196	74.1	4.84	2.55	1.98	43.9	17.5	14.5	0.364	1.97	4.92
			10		23.26	18.3	0.472	539	1 120	149	246	89.9	4.81	2.53	1.97	54.0	21.4	17.7	0.362	2.05	5.01
			12		27.60	21.7	0.471	632	1 350	173	297	105	4.79	2.50	1.95	63.8	25.1	20.8	0.359	2.12	5.09
			14		31.86	25.0	0.471	721	1 570	196	350	120	4.76	2.48	1.94	73.3	28.8	23.8	0.356	2.20	5.17
			15		33.95	26.7	0.471	764	1 680	207	376	127	4.74	2.47	1.93	78.0	30.5	25.3	0.354	2.24	5.21
			16		36.03	28.3	0.470	806	1 800	217	403	134	4.73	2.45	1.93	82.6	32.3	26.8	0.352	2.27	5.25

续表

型号	截面尺寸/mm				截面面积/cm²	理论重量/(kg/m)	外表面积/(m²/m)	惯性矩/cm⁴					惯性半径/cm			截面模数/cm³			tan α	重心距离/cm	
	B	b	d	r				I_x	I_{x1}	I_y	I_{y1}	I_u	i_x	i_y	i_u	W_x	W_y	W_u		X_0	Y_0
16/10	160	100	10	13	25.32	19.9	0.512	669	1 360	205	337	122	5.14	2.85	2.19	62.1	26.6	21.9	0.390	2.28	5.24
			12		30.05	23.6	0.511	785	1 640	239	406	142	5.11	2.82	2.17	73.5	31.3	25.8	0.388	2.36	5.32
			14		34.71	27.2	0.510	896	1 910	271	476	162	5.08	2.80	2.16	84.6	35.8	29.6	0.385	2.43	5.40
			16		39.28	30.8	0.510	1 000	2 180	302	548	183	5.05	2.77	2.16	95.3	40.2	33.4	0.382	2.51	5.48
18/11	180	110	10	14	28.37	22.3	0.571	956	1 940	278	447	167	5.80	3.13	2.42	79.0	32.5	26.9	0.376	2.44	5.89
			12		33.71	26.5	0.571	1 120	2 330	325	539	195	5.78	3.10	2.40	93.5	38.3	31.7	0.374	2.52	5.98
			14		38.97	30.6	0.570	1 290	2 720	370	632	222	5.75	3.08	2.39	108	44.0	36.3	0.372	2.59	6.06
			16		44.14	34.6	0.569	1 440	3 110	412	726	249	5.72	3.06	2.38	122	49.4	40.9	0.369	2.67	6.14
20/12.5	200	125	12	14	37.91	29.8	0.641	1 570	3 190	483	788	286	6.44	3.57	2.74	117	50.0	41.2	0.392	2.83	6.54
			14		43.87	34.4	0.640	1 800	3 730	551	922	327	6.41	3.54	2.73	135	57.4	47.3	0.390	2.91	6.62
			16		49.74	39.0	0.639	2 020	4 260	615	1 060	366	6.38	3.52	2.71	152	64.9	53.3	0.388	2.99	6.70
			18		55.53	43.6	0.639	2 240	4 790	677	1 200	405	6.35	3.49	2.70	169	71.7	59.2	0.385	3.06	6.78

注：截面图中的 $r_1 = 1/3d$ 及表中 r 的数据用于孔型设计，不用于交货条件。

附表 3　热轧工字钢

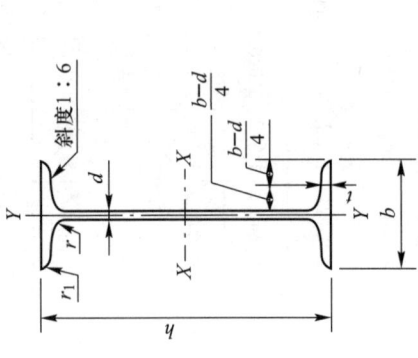

斜度 1:6

符号意义：
h—高度；
b—腿宽度；
d—腰厚度；
t—腿中间厚度；
r—内圆弧半径；
r_1—腿端圆弧半径。

型号	截面尺寸/mm						截面面积/cm²	理论重量/(kg/m)	外表面积/(m²/m)	惯性矩/cm⁴		惯性半径/cm		截面模数/cm³	
	h	b	d	t	r	r_1	cm²	(kg/m)	(m²/m)	I_x	I_y	i_x	i_y	W_x	W_y
10	100	68	4.5	7.6	6.5	3.3	14.33	11.3	0.432	245	33.0	4.14	1.52	49.0	9.72
12	120	74	5.0	8.4	7.0	3.5	17.80	14.0	0.493	436	46.9	4.95	1.62	72.7	12.7
12.6	126	74	5.0	8.4	7.0	3.5	18.10	14.2	0.505	488	46.9	5.20	1.61	77.5	12.7
14	140	80	5.5	9.1	7.5	3.8	21.50	16.9	0.553	712	64.4	5.76	1.73	102	16.1
16	160	88	6.0	9.9	8.0	4.0	26.11	20.5	0.621	1 130	93.1	6.58	1.89	141	21.2
18	180	94	6.5	10.7	8.5	4.3	30.74	24.1	0.681	1 660	122	7.36	2.00	185	26.0
20a	200	100	7.0	11.4	9.0	4.5	35.55	27.9	0.742	2 370	158	8.15	2.12	237	31.5
20b	200	102	9.0	11.4	9.0	4.5	39.55	31.1	0.746	2 500	169	7.96	2.06	250	33.1
22a	220	110	7.5	12.3	9.5	4.8	42.10	33.1	0.817	3 400	225	8.99	2.31	309	40.9
22b	220	112	9.5	12.3	9.5	4.8	46.50	36.5	0.821	3 570	239	8.78	2.27	325	42.7

续表

型号	截面尺寸/mm						截面积/cm²	理论重量/(kg/m)	外表面积/(m²/m)	惯性矩/cm⁴		惯性半径/cm		截面模数/cm³	
	h	b	d	t	r	r_1				I_x	I_y	i_x	i_y	W_x	W_y
24a	240	116	8.0	13.0	10.0	5.0	47.71	37.5	0.878	4 570	280	9.77	2.42	381	48.4
24b		118	10.0				52.51	41.2	0.882	4 800	297	9.57	2.38	400	50.4
25a	250	116	8.0				48.51	38.1	0.898	5 020	280	10.2	2.40	402	48.3
25b		118	10.0				53.51	42.0	0.902	5 280	309	9.94	2.40	423	52.4
27a	270	122	8.5				54.52	42.8	0.958	6 550	345	10.9	2.51	485	56.6
27b		124	10.5	13.7	10.5	5.3	59.92	47.0	0.962	6 870	356	10.7	2.47	509	58.9
28a	280	122	8.5				55.37	43.5	0.978	7 110	345	11.3	2.50	508	56.6
28b		124	10.5				60.97	47.9	0.982	7 480	379	11.1	2.49	534	61.2
30a	300	126	9.0				61.22	48.1	1.031	8 950	400	12.1	2.55	597	63.5
30b		128	11.0	14.4	11 0	5.5	67.22	52.8	1.035	9 400	422	11.8	2.50	627	65.9
30c		130	13.0				73.22	57.5	1.039	9 850	445	11.6	2.46	657	68.5
32a	320	130	9.5				67.12	52.7	1.084	11 100	460	12.8	2.62	692	70.8
32b		132	11.5	15.0	11.5	5.8	73.52	57.7	1.088	11 600	502	12.6	2.61	726	76.0
32c		134	13.5				79.92	62.7	1.092	12 200	544	12.3	2.61	760	81.2
36a	360	136	10.0				76.44	60.0	1.185	15 800	552	14.4	2.69	875	81.2
36b		138	12.0	15.8	12.0	6.0	83.64	65.7	1.189	16 500	582	14.1	2.64	919	84.3
36c		140	14.0				90.84	71.3	1.193	17 300	612	13.8	2.60	962	87.4

续表

型号	截面尺寸/mm						截面面积/cm²	理论重量/(kg/m)	外表面积/(m²/m)	惯性矩/cm⁴		惯性半径/cm		截面模数/cm³	
	h	b	d	t	r	r_1				I_x	I_y	i_x	i_y	W_x	W_y
40a	400	142	10.5	16.5	12.5	6.3	86.07	67.6	1.285	21 700	660	15.9	2.77	1 090	93.2
40b		144	12.5				94.07	73.8	1.289	22 800	692	15.6	2.71	1 140	96.2
40c		146	14.5				102.1	80.1	1.293	23 900	727	15.2	2.65	1 190	99.6
45a	450	150	11.5	18.0	13.5	6.8	102.4	80.4	1.411	32 200	855	17.7	2.89	1 430	114
45b		152	13.5				111.4	87.4	1.415	33 800	894	17.4	2.84	1 500	118
45c		154	15.5				120.4	94.5	1.419	35 300	938	17.1	2.79	1 570	122
50a	500	158	12.0	20.0	14.0	7.0	119.2	93.6	1.539	46 500	1 120	19.7	3.07	1 860	142
50b		160	14.0				129.2	101	1.543	48 600	1 170	19.4	3.01	1 940	146
50c		162	16.0				139.2	109	1.547	50 600	1 220	19.0	2.96	2 080	151
55a	550	166	12.5	21.0	14.5	7.3	134.1	105	1.667	62 900	1 370	21.6	3.19	2 290	164
55b		168	14.5				145.1	114	1.671	65 600	1 420	21.2	3.14	2 390	170
55c		170	16.5				156.1	123	1.675	68 400	1 480	20.9	3.08	2 490	175
56a	560	166	12.5				135.4	106	1.687	65 600	1 370	22.0	3.18	2 340	165
56b		168	14.5				146.6	115	1.691	68 500	1 490	21.6	3.16	2 450	174
56c		170	16.5				157.8	124	1.695	71 400	1 560	21.3	3.16	2 550	183
63a	630	176	13.0	22.0	15.0	7.5	154.6	121	1.862	93 900	1 700	24.5	3.31	2 980	193
63b		178	15.0				167.2	131	1.866	98 100	1 810	24.2	3.29	3 160	204
63c		180	17.0				179.8	141	1.870	102 000	1 920	23.8	3.27	3 300	214

注：表中 r、r_1 的数据用于孔型设计，不用于交货条件。

附表 4　热 轧 槽 钢

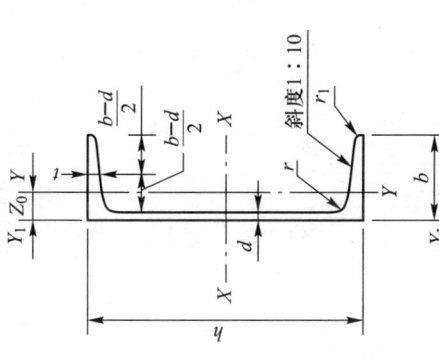

符号意义：
h—高度；
b—腿宽度；
d—腰厚度；
t—腰中间厚度；
r—内圆弧半径；
r_1—腿端圆弧半径；
Z_0—重心距离。

型号	截面尺寸/mm						截面面积/ cm²	理论重量/ (kg/m)	外表面积/ (m²/m)	惯性矩/ cm⁴			惯性半径/ cm		截面模数/ cm³		重心距离/ cm
	h	b	d	t	r	r_1				I_x	I_y	I_{y1}	i_x	i_y	W_x	W_y	Z_0
5	50	37	4.5	7.0	7.0	3.5	6.925	5.44	0.226	26.0	8.30	20.9	1.94	1.10	10.4	3.55	1.35
6.3	63	40	4.8	7.5	7.5	3.8	8.446	6.63	0.262	50.8	11.9	28.4	2.45	1.19	16.1	4.50	1.36
6.5	65	40	4.3	7.5	7.5	3.8	8.292	6.51	0.267	55.2	12.0	28.3	2.54	1.19	17.0	4.59	1.38
8	80	43	5.0	8.0	8.0	4.0	10.24	8.04	0.307	101	16.6	37.4	3.15	1.27	25.3	5.79	1.43
10	100	48	5.3	8.5	8.5	4.2	12.74	10.0	0.365	198	25.6	54.9	3.95	1.41	39.7	7.80	1.52
12	120	53	5.5	9.0	9.0	4.5	15.36	12.1	0.423	346	37.4	77.7	4.75	1.56	57.7	10.2	1.62
12.6	126	53	5.5	9.0	9.0	4.5	15.69	12.3	0.435	391	38.0	77.1	4.95	1.57	62.1	10.2	1.59

续表

型号	截面尺寸/mm						截面面积/cm²	理论重量/(kg/m)	外表面积/(m²/m)	惯性矩/cm⁴			惯性半径/cm		截面模数/cm³		重心距离/cm
	h	b	d	t	r	r_1				I_x	I_y	I_{y1}	i_x	i_y	W_x	W_y	Z_0
14a	140	58	6.0	9.5	9.5	4.8	18.51	14.5	0.480	564	53.2	107	5.52	1.70	80.5	13.0	1.71
14b		60	8.0	9.5	9.5	4.8	21.31	16.7	0.484	609	61.1	121	5.35	1.69	87.1	14.1	1.67
16a	160	63	6.5	10.0	10.0	5.0	21.95	17.2	0.538	866	73.3	144	6.28	1.83	108	16.3	1.80
16b		65	8.5	10.0	10.0	5.0	25.15	19.8	0.542	935	83.4	161	6.10	1.82	117	17.6	1.75
18a	180	68	7.0	10.5	10.5	5.2	25.69	20.2	0.596	1 270	98.6	190	7.04	1.96	141	20.0	1.88
18b		70	9.0	10.5	10.5	5.2	29.29	23.0	0.600	1 370	111	210	6.84	1.95	152	21.5	1.84
20a	200	73	7.0	11.0	11.0	5.5	28.83	22.6	0.654	1 780	128	244	7.86	2.11	178	24.2	2.01
20b		75	9.0	11.0	11.0	5.5	32.83	25.8	0.658	1 910	144	268	7.64	2.09	191	25.9	1.95
22a	220	77	7.0	11.5	11.5	5.8	31.83	25.0	0.709	2 390	158	298	8.67	2.23	218	28.2	2.10
22b		79	9.0	11.5	11.5	5.8	36.23	28.5	0.713	2 570	176	326	8.42	2.21	234	30.1	2.03
24a	240	78	7.0	12.0	12.0	6.0	34.21	26.9	0.752	3 050	174	325	9.45	2.25	254	30.5	2.10
24b		80	9.0	12.0	12.0	6.0	39.01	30.6	0.756	3 280	194	355	9.17	2.23	274	32.5	2.03
24c		82	11.0	12.0	12.0	6.0	43.81	34.4	0.760	3 510	213	388	8.96	2.21	293	34.4	2.00
25a	250	78	7.0	12.0	12.0	6.0	34.91	27.4	0.722	3 370	176	322	9.82	2.24	270	30.6	2.07
25b		80	9.0	12.0	12.0	6.0	39.91	31.3	0.776	3 530	196	353	9.41	2.22	282	32.7	1.98
25c		82	11.0	12.0	12.0	6.0	44.91	35.3	0.780	3 690	218	384	9.07	2.21	295	35.9	1.92

续表

型号	截面尺寸/mm						截面面积/cm²	理论重量/(kg/m)	外表面积/(m²/m)	惯性矩/cm⁴			惯性半径/cm		截面模数/cm³		重心距离/cm
	h	b	d	t	r	r_1				I_x	I_y	I_{y1}	i_x	i_y	W_x	W_y	Z_0
27a	270	82	7.5	12.5	12.5	6.2	39.27	30.8	0.826	4 360	216	393	10.5	2.34	323	35.5	2.13
27b	270	84	9.5	12.5			44.67	35.1	0.830	4 690	239	428	10.3	2.31	347	37.7	2.06
27c	270	86	11.5	12.5			50.07	39.3	0.834	5 020	261	467	10.1	2.28	372	39.8	2.03
28a	280	82	7.5	12.5			40.02	31.4	0.846	4 760	218	388	10.9	2.33	340	35.7	2.10
28b	280	84	9.5	12.5			45.62	35.8	0.850	5 130	242	428	10.6	2.30	366	37.9	2.02
28c	280	86	11.5	12.5			51.22	40.2	0.854	5 500	268	463	10.4	2.29	393	40.3	1.95
30a	300	85	7.5	13.5	13.5	6.8	43.89	34.5	0.897	6 050	260	467	11.7	2.43	403	41.1	2.17
30b	300	87	9.5	13.5			49.89	39.2	0.901	6 500	289	515	11.4	2.41	433	44.0	2.13
30c	300	89	11.5	13.5			55.89	43.9	0.905	6 950	316	560	11.2	2.38	463	46.4	2.09
32a	320	88	8.0	14.0	14.0	7.0	48.50	38.1	0.947	7 600	305	552	12.5	2.50	475	46.5	2.24
32b	320	90	10.0	14.0			54.90	43.1	0.951	8 140	336	593	12.2	2.47	509	49.2	2.16
32c	320	92	12.0	14.0			61.30	48.1	0.955	8 690	374	643	11.9	2.47	543	52.6	2.09
36a	360	96	9.0	16.0	16.0	8.0	60.89	47.8	1.053	11 900	455	818	14.0	2.73	660	63.5	2.44
36b	360	98	11.0	16.0			68.09	53.5	1.057	12 700	497	880	13.6	2.70	703	66.9	2.37
36c	360	100	13.0	16.0			75.29	59.1	1.061	13 400	536	948	13.4	2.67	746	70.0	2.34
40a	400	100	10.5	18.0	18.0	9.0	75.04	58.9	1.144	17 600	592	1 070	15.3	2.81	879	78.8	2.49
40b	400	102	12.5	18.0			83.04	65.2	1.148	18 600	640	1 140	15.0	2.78	932	82.5	2.44
40c	400	104	14.5	18.0			91.04	71.5	1.152	19 700	688	1 220	14.7	2.75	986	86.2	2.42

注：表中 r、r_1 的数据用于孔型设计，不用于交货条件。

郑重声明

高等教育出版社依法对本书享有专有出版权。任何未经许可的复制、销售行为均违反《中华人民共和国著作权法》，其行为人将承担相应的民事责任和行政责任；构成犯罪的，将被依法追究刑事责任。为了维护市场秩序，保护读者的合法权益，避免读者误用盗版书造成不良后果，我社将配合行政执法部门和司法机关对违法犯罪的单位和个人进行严厉打击。社会各界人士如发现上述侵权行为，希望及时举报，我社将奖励举报有功人员。

反盗版举报电话　（010）58581999　58582371

反盗版举报邮箱　dd@ hep. com. cn

通信地址　北京市西城区德外大街 4 号　高等教育出版社法律事务部

邮政编码　100120

读者意见反馈

为收集对教材的意见建议，进一步完善教材编写并做好服务工作，读者可将对本教材的意见建议通过如下渠道反馈至我社。

咨询电话　400-810-0598

反馈邮箱　gjdzfwb@ pub.hep.cn

通信地址　北京市朝阳区惠新东街 4 号富盛大厦 1 座

　　　　　高等教育出版社总编辑办公室

邮政编码　100029

防伪查询说明

用户购书后刮开封底防伪涂层，使用手机微信等软件扫描二维码，会跳转至防伪查询网页，获得所购图书详细信息。

防伪客服电话　（010）58582300